Wie war der Zweite Weltkrieg wirklich?

Dead Man

Atomic Blast

**Schweinfurt
1944**

Klaus-Peter Rothkugel

Dead Man

Schweinfurt 1944

Klaus-Peter Rothkugel

Fiktive Modelldarstellung

B-29 Atombomber geht in einer Atomexplosion vollständig unter.

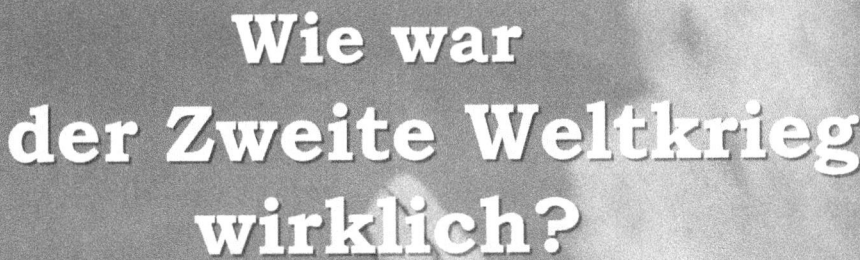

Wie war
der Zweite Weltkrieg
wirklich?

Klaus-Peter Rothkugel

Wie war der Zweite Weltkrieg wirklich?

Klaus-Peter Rothkugel

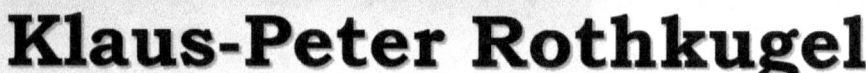

BT 1000

Atomtorpedo

Sensation!!!

Seitenleitwerk für

Hochgeschwindigkeitsjäger

HG III

auf

U.S. Scrap Yard, Freeman Army Air Field!

Wie in dem Buch
„Der Zweite Weltkrieg, Eine Rätselhafte Geschichte"
des Autor Klaus-Peter Rothkugel
richtig geschildert, muss es noch eine kleine Null-Serie von ggfs.
15 bis 20 neu gebauten und neu konstruierten Messerschmitt Me 262
Hochgeschwindigkeitsjäger HG II und HG III
mit überarbeiteter Oberflächengüte gegeben haben!

Hochgeschwindigkeitsjäger Pfeilflügler Me 262 HG III Seitenleitwerk auf Schrottplatz nach dem Krieg

Abb.:

Vergleiche die vordere Seitenleitwerkssektion der Messerschmitt Me 262 mit dem links dahinter stehen normalen Standard Seitenruder des Me 262 Düsenjägers für die HG II Version.

Das im Vordergrund stehende Leitwerk ist eine vergrößerte Ausführung, wie es für die Hochgeschwindigkeitsversionen HG III des Messerschmitt TL-Jägers vorgesehen war.

Beachte flacheren Winkel der Vorderkante im Vergleich zum hinteren Leitwerk.

Abb.:

Modellfoto der Hecksektion der 45 Grad HG III Version.

Vergleiche mit der Aufnahme eines Originalleitwerkes, die auf Freeman Army Air Base aufgenommen wurde!

Es ist identisch!

Warum wird die Existenz eines Null-Serienbaus des Messerschmitt Me 262 Hochgeschwindigkeitsjägers, und zwar beide Versionen, die HG II und HG III Varianten bis heute geheim gehalten? Weil diese Pfeilflügel-Maschinen heute immer noch technisch den heutigen Militärflugzeugen überlegen sind?

Nein!

Weil diese Maschinen, die alle nach dem Krieg in den USA wieder auftauchten, nicht für das Dritte Reich, die deutsche Luftwaffe oder den Endsieg gebaut wurden.

Sondern für den nächsten Krieg,

den die Angelsachsen mit willigen deutschen Kräften, z.B. auch mit deutschen Luftwaffenpiloten in Hochgeschwindigkeitsjägern im Anschluss an das Kriegsende in Europa, im Sommer 1945 bis mindestens ins Jahr 1955 führten wollten.

Es gibt somit mittlerweile drei Fotohinweise und Beweise, die dem Autor vorliegen, die zeigen, dass es HG-Versionen der Me 262 gegen Kriegsende gegeben haben muss!

Da wären zwei Fotos von unverspachtelten Neubau-Rümpfen, eines 1992 in einer U.S. Publikation über die Me 262 abgebildet, ein Foto taucht in einer Fernseh-Sendung, ausgestrahlt im Jahre 2019 auf und ein offizielles Foto der USAF, das 1946 auf der Freeman Air Base in den USA aufgenommen wurde, zeigt sowohl das normale, als auch das vergrößerte Heckleitwerk, wie es für die HG II und HG III Versionen vorgesehen waren.

Es gab diese Hochgeschwindigkeitsjäger und sie werden mit Absicht einer interessierte Öffentlichkeit vorenthalten und weiterhin geheim gehalten, obwohl es eine Menge Personen gegeben haben muss, und immer noch gibt, die davon auch heute noch Kenntnis haben!

Die Hochgeschwindigkeitsjäger Me 262 wurden bei Messerschmitt entworfen, ggfs. bei OBF in Oberammergau an Modellen und ersten Prototypen – auch was neue Oberflächengüte betrifft – erprobt und von der SS und ausgewählten Messerschmitt Mitarbeitern unter Oberaufsicht von SS-General Hans Kammler in einem geheimen Abschnitt der riesigen Untergrundanlage bei Gusen, St. Georgen in Ober Österreich in einer Kleinserie gefertigt.

Gegen Kriegsende schafften die Amerikaner diese Maschinen aus den Stollen in Gusen heraus, verfrachteten sie später in die USA, wo sie irgendwann der Verschrottung anheim fielen und somit für immer aus der Geschichtsschreibung getilgt wurden.

Bis der Autor dieses Buches diese „Leichen" zum Leidwesen aller, die die Wahrheit über den Zweiten Weltkrieg lieber bis in alle Ewigkeit ruhen lassen wollen, heute wieder ausgräbt!

Wo befinden sich die ausgemusterten Schrottteile deutscher Beuteflugzeuge?

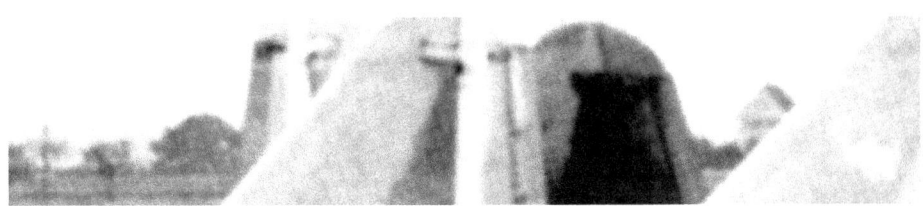

Freeman Army Air Field?

Wo wurde dieses offizielle USAAF Foto aufgenommen?

Im Hintergrund sieht man Bäume, ein zweistöckiges Gebäude und davor evtl. eine Straße und Graslandschaft.

Die Aufnahme macht *nicht* den Eindruck, es handele sich um ein Wüstengebiet; z.B. in Nevada

Wo auf dem nordamerikanischen Kontinent wurde diese Aufnahme mit dem bis heute unbekannten Heckteil einer Messerschmitt Me 262 HG III aufgenommen?

Auf dem Gelände des Freeman Army Air Field, Seymour, Indiana, USA?

Oder ist diese Aufnahme ggfs. gar in Groß Britannien gemacht worden?

Dagegen spricht, dass auf der Aufnahme ein Rumpf einer doppelsitzigen Schulversion der Fi-103 „Reichenberg III" zu sehen ist.

Diese Maschine, wahrscheinlich in Neu-Tramm im Wendland von U.S. Truppen erbeutet, könnte in die USA, zusammen mit anderen V-1 Flügelbomben gelangt sein.

Also müsste die Fi-103 Re III auf einem amerikanischen Schrottplatz zu finden sein.

Messerschmitt Me 262 Pfeilflügler

Meilenstein der Luftfahrtgeschichte

Vertuscht!

Fiktive Modelldarstellung

Es gibt weltweit unzählige Bücher, Hefte, Bildbände über die Messerschmitt Me 262 und ihre einzelnen Versionen. Jede Schraube, jede Markierung, jede Farbgebung und vieles mehr wird detailliert besprochen.

Wo sind die gebauten und im Flug erprobten Pfeilflügel-Varianten? Warum werden diese, damals hochmodernen Strahljäger mit Pfeilflügeln unerwähnt gelassen?

Weil diese Maschinen aktuell noch technologisch weit fortgeschritten sind?

Oder weil die Empfindlichkeiten und Interessen einer Großmacht berührt werden, vor der alle kuschen und deshalb die meisten Historiker wissentlich den Verlauf des Zweiten Weltkrieges unvollständig wiedergeben?

Wie weit ist her mit der Wahrheitsliebe, was die Aufarbeitung der jüngsten deutschen Geschichte angeht?

Geheime Flugerprobung in den USA 1945-1946?

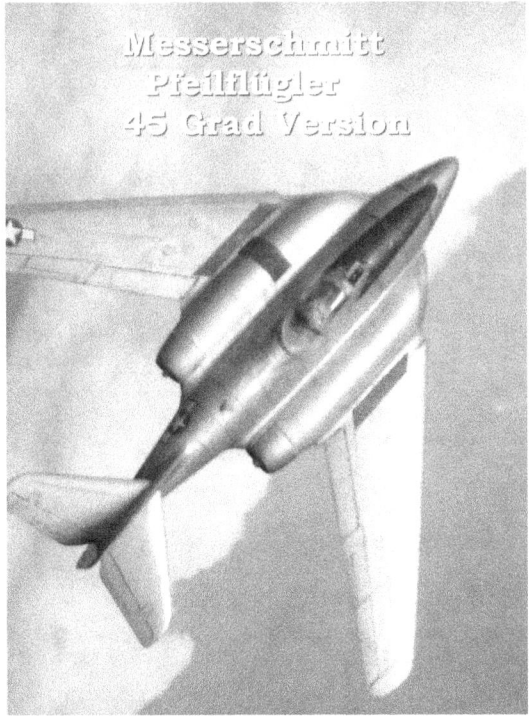

Fiktive Modelldarstellung

Flog ggfs. der Messerschmitt Cheftestpilot, Flugkapitän Hans Baur die Me 262 HG III in Wright Field und demonstrierte die überragenden Flugeigenschaften dieses Pfeilflüglers einer interessierten Schar von Personen aus dem U.S. Militär und der amerikanischen Luftfahrtindustrie?

Wurden die, aus Gusen, Nieder Österreich in die USA gebrachten, in unterirdischen Stollen von KZ-Häftlingen für die Angelsachsen vorproduzierten HG II und HG III Pfeilflügler auf einen geheimen Air Force Stützpunkt gelagert und nach Auflösung des Stützpunktes entweder verschrottet, oder in der Erde vergraben?

Warum interessiert sich heute niemand mehr für dieses phantastische Flugzeug aus der Blütezeit deutscher Luftfahrtentwicklung?

Alle, die u.a. auch diesen Teil der jüngsten deutschen Geschichte und deutscher Luftfahrttechnologie bis heute vertuschen helfen, wie soll man diese Leute bewerten?

Als wahrheitsliebende Normalbürger oder als Handlanger, Erfüllungsgehilfen unglaublicher Machenschaften. Haben diese Leute sich genauso schuldig gemacht, wie Akteure aus der damaligen Zeit, die heute von den Historikern als Kriegverbrecher gebrandmarkt werden?

Deutsche atomare Flugabwehrrakete

C-64 Chow Hund

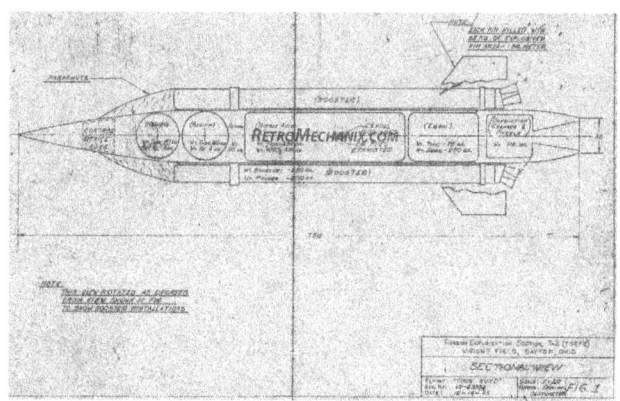

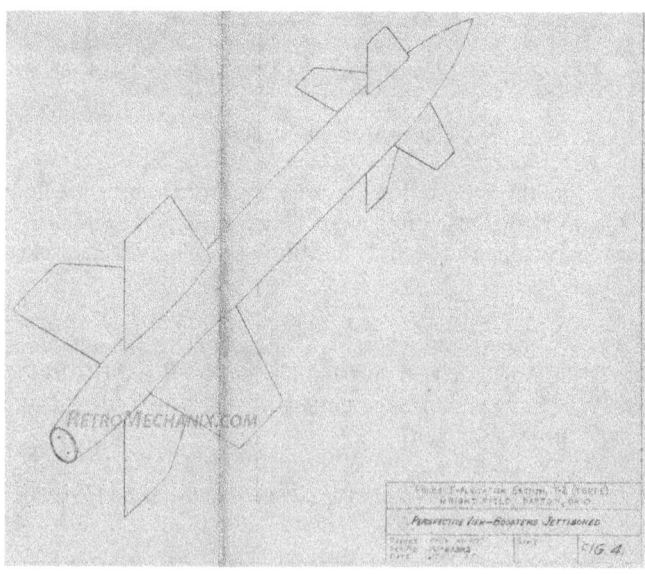

Wurde solch eine 4,5 m lange Flugabwehrrakete mit ggfs. 200 kg Uransprengstoff bei Schweinfurt gegen einen U.S. Bomberverband im Oktober 1944 eingesetzt, bzw. gegen einen Atombomber verschossen, der diesen und als Kollateralschaden weitere 145 U.S. Bomber auf einen Schlag vernichtete?

Fiktive Modelldarstellung

Abb.:

Boeing B-29 Atombomber über Schweinfurt, Unterfranken im Oktober 1944.

Wurde diese Vorserien B-29 mit einer Uranbombe an Bord von einer
deutschen Atom-Flab-Rakete
abgeschossen?

Waren an dem Experiment im Sommer 1944
angelsächsische Stellen involviert,
die den Versuch
über Deutschland
in deren Auftrag
durchführen ließen?

Fiktive Modelldarstellung

Wurde eine Vorserien Boeing B-29 so umgebaut, dass alle Waffenstände ausgebaut, eine AZON-Fernsteuerung eingebaut wurde, sodass eine Zwei-Mann-Crew bis zum Absprung aus der Maschine, diese bis kurz vor das Ziel steuern konnte?

Kam die Boeing B-29 aus Afrika, flog über die Alpen nach Österreich, wurde in Wagram aufgetankt und flog entweder weiter nach Frankreich oder nach Deutschland, um dort eine Uranbombe in den Bombenschacht eingehängt zu bekommen?

B-29 über Schweinfurt 1944

Fiktive Modelldarstellung

Hatte ein amerikanischer Bomber, der einen eindringenden feindlichen Atombomber simulierte, eine Uranbombe aus deutscher Produktion im Bombenschacht und wurde die Maschine in Deutschland, wie ggfs. auf Parchim in Mecklenburg damit beladen?

Benutze man Nazi-Deutschland, um mitten im Krieg, im Jahre 1944 einen Waffentest zur Vernichtung eines „Dead Man", einer Atombombe in einem Bomber durchzuführen?

Wurde für den Abschuss des Bombers, samt Zerstörung der mitgeführten Uran-Bombe bereits eine schnelle und hochfliegende Flugabwehrrakete verwendet, die man nach Kriegsende in Wright Field, Dayton, Ohio nochmals in allen Details nachkonstruierte?

Basierte die Entwicklung amerikanischen Flak-Raketen, wie die „Nike-Hercules" auf Erkenntnisse, die man 1944 in Deutschland gewinnen konnte?

Uranbombe in B-29 über Schweinfurt

Fiktive Modelldarstellung

Wurde die Uranbombe, aufgehängt im Bombenschacht einer Vorserien-Boeing B-29, in Deutschland produziert und befüllt?

Wurde der U.S. Bomber von einer Boden-Luft-Rakete mit Uransprengsätzen samt der Atombombe am Himmel über Schweinfurt im Oktober 1944 vernichtet?

War einer der Beobachter des nuklearen Holocaust über Unterfranken der Flak-Raketen Spezialist Dr. Rudolf Zinsser, der in einem Heinkel He 111 Beobachtungsflugzeug das Ereignis hautnah beobachten konnte?

War Dr. Zinsser an der neuen Flakrakete, die von der Luftwaffe unter Beteiligung der LuFo Braunschweig entwickelt und gebaut wurde, beteiligt?

Wer führte das Experiment über Schweinfurt durch, wer stellte den Atombomber, wer ließ eine U.S. Bomberstaffel über Schweinfurt nuklear einäschern?

Diejenigen, die nach Ende des Zweiten Weltkrieges einen Dritten Weltkrieg gegen die Sowjetunion anzetteln wollten?

Fiktive Modelldarstellung

Einschlag!

Deutsche Flugabwehrrakete mit nuklearer Uran-Sprengladung

zerstört

Boeing B-29

Testflugzeug

mit Uranbombe

an Bord

am Himmel

über

Schweinfurt

im Jahre 1944

Atomrakete in Schweinfurt?

DPM Lenkung auf Bomber?

Interessante Auszüge aus dem KTB/TLR von 1944/45

Ungewöhnliche Flugabwehr

Bombentorpedos mit Sondersprengstoff
an Nordseeküste als Pulkzerstörer?

Ardennen 1944,
Kampfhubschrauber im Kampfeinsatz?

NOTAR Ausblastechnik für deutschen Helikopter

Prof. Focke, Schweizer Patent von 1944

Schlacht-Kampfhubschrauber

Flettner Hubschrauber

Rad Lab

Mikrowellen für Weather Mod?

Vertuschte Luftwaffenmaschinen

Messerschmitt HG III
in Wright Field
und
Freeman Army Air Field

Kriegsvorbereitungen von
Wright Field Air Intelligence Mitarbeitern
nach dem Krieg in Deutschland?

Wie Rillen auf einer Schallplatte

Vorwort

Als Sensation kann das bereits seit Jahren sich im Internet befindliche Foto gelten, worauf eine Hecksektion des Messerschmitt Me 262 Hochgeschwindigkeitsjäger HG III, die dritte Bauausführung mit 45 Grad Pfeilflügeln und neuen Strahltriebwerken in überarbeiteten Triebwerksgondeln am Rumpf zu sehen ist.

Es hat sie gegeben, die Messerschmitt-Pfeilflügel!

Höchstwahrscheinlich beide Versionen!

Die HG II Version mit 35 Grad Pfeilflügeln und die HG III mit 45 Grad!

Beide Hochgeschwindigkeits-Varianten wurden in Gusen in Nieder Österreich heimlich gebaut und nach dem Krieg in die USA geschafft!

Hat es einen deutschen Schlacht-Kampfhubschrauber gegeben, der in der Ardennenschlacht zwei amerikanische Tanks vernichtete?

Hat es einsatzmäßige Messerschmitt Me 163 Raketenjäger mit untergehängten Atomtorpedos gegeben, die an der Küste Norddeutschlands U.S. Bomberverbände bekämpfen sollten?

Das KTB der Technischen Luftrüstung spricht von einer Billigversion der Dornier Do 335 Z.

Hat Wilhelm Landig auch in diesem Punkt recht und schrieb die Wahrheit? Sah zudem ein Augenzeuge am Bodensee solch eine Dornier Zwillingsmaschine im Überflug?

Warum werden bestimmte deutsche Luftwaffenmaschinen heute noch geheim gehalten und vertuscht?

Doch nicht wegen der damaligen Technik, die mittlerweile obsolet ist?

Oder wegen der Machenschaften unserer angelsächsischen Freunde, die den Zweiten Weltkrieg im schamloser Weise für ihre Zwecke manipuliert hatten?

Auszug aus dem Buch: „Atomexplosion über Schweinfurt", von K-P Rothkugel:

„Was ist Dichtung, was ist Wahrheit (betreffend des Abschusses von 145 Bombern am Himmel über Schweinfurt, Unterfranken im Sommer 1944)? Welche einzelnen Ereignisse werden zu einem Gesamtbericht zusammengefasst?

Was wollte der Artikelschreiber (des „Wochen-Echo" Berichts von 1950) sagen, durfte aber nicht und musste dies verklausulieren?

Interessant ist hier wieder, dass man, Anstelle des heutigen universellen Desinformationsbegriffs „UFO", den Begriff „Fliegende Untertasse" als weitere „Verschwörungstheorie" verwendet. Wie auch Ober-Ing. Georg Klein, der immer von Fliegenden Untertassen berichtet hatte.

Solche Begriffe, wie „Verschwörung", „UFO", usw. scheinen durch die allgemeine Zensur zu schlüpfen, und gelten als lächerlich, unglaubwürdig, als Unsinn und unseriös.

Deshalb konnte wohl der Artikel auch in dem „Wochen-Echo" veröffentlicht werden.

Klar ist, dass man mitten im Kalten Krieg, als der oben erwähnte Artikel in der österreichischen Zeitung im Mai 1950 erschien, keine geheime Waffentechnologie veröffentlichen konnte.

Deshalb erwähnt der Bericht auch nicht, wie genau die 145 U.S. Bomber vernichtet werden konnten."

Wurde der Atombomber über Schweinfurt im Oktober 1944 durch scheibenförmige Ramm-Flugkörper vernichtet, oder durch eine neu entwickelte, hoch-moderne Flak-Rakete?

Einer Flugabwehrrakete, die mehr als Mach 2 und eine Abfanghöhe von an die 70.000 m erreichen konnte?

War deshalb auch der Flak-Raketen Spezialist Dr. Rudolf Zinsser live bei dem Atom-Experiment über Schweinfurt dabei? Um hautnah mitzuerleben, wie sein Beitrag zur Entwicklung moderner „ABM", „Anti-Ballistic Missiles" funktionierte? Vermutlich eine Entwicklung eines Suchkopfs durch Zinsser. Wollte er beobachten, ob der Suchkopf ansprach und der Test erfolgreich durchgeführt werden konnte?

Dieser Test war wohl nur in Nazi-Deutschland während des Krieges möglich, weil kein anderes Land in der Welt so einen Atomtest mit lebenden Menschen als Versuchskaninchen zugelassen hätte! Noch nicht einmal die USA haben solch einen Versuch, Flugzeuge samt Besatzungen in der Luft atomar zu vernichten, nach Ende des zweiten Weltkrieges wiederholt!

Der Leser sollte sich fragen, in was für einer merkwürdigen Welt er lebt?

Ein freies Spiel der Kräfte scheint es hier nicht zu geben!

Dafür Propaganda, Lügen, Desinformation und Manipulation ohne Ende!

Klaus-Peter Rothkugel

Herbst 2019

Schweinfurt, die zweite!

„Der Probelauf war erfolgreich!", rief Major Bremer.

Die um 360 Grad schwenkbare Startlafette, ein Umbaut eines vorhandenen Artilleriegestells von der 8,8, drehte einem imaginären Ziel entgegen und wäre bereit gewesen, die kleine, leichte und sehr schnell fliegende Flugabwehrrakete mit den charakteristischen Kreuzleitwerken gen Himmel, dem zu bekämpfenden Ziel entgegen zu jagen.

„Seid vorsichtig mit den Flossen . . . !", hörte Major Bremer, der heute Oberst Rothe von der Sonderprojektgruppe Breslau vertrat, da dieser zur selben Zeit hoch oben in der Luft den Truppenübungsplatz umkreiste, um das Atomexperiment aus der Vogelperspektive mitzuverfolgen, einen verantwortlichen Ingenieur rufen.

Denn die Flossen für die Kreuzleitwerke wurden erst kurz vor Beginn des Abfangeinsatzes montiert und scharf gemacht.

Die 8, circa 40 cm langen und circa 4 cm dicken Metall-Steckrohre, die als Steckverbindungen die Flossen mit dem Raketenrumpf verbanden, enthielten zudem den explosiven Uransprengstoff.

Der Sprengstoff war nicht wie üblich in der Bugspitze der Rakete untergebracht, denn dort befand sich ein speziell neu konstruierter Infrarot-Suchkopf, um die kleine Rakete exakt auf das Ziel auszurichten.

Da auch kein weiterer Stauraum im Raketenkörper selbst wegen des Antriebssystems vorhanden war, mussten die innen hohlen Rohre, die als Steckverbindung für die Flossen dienten, zur Aufnahme des Uran-Sprengstoffes herhalten.

Was bei einer nuklearen Explosion unerheblich war, wo genau diese stattfand. Ob vorne am Bug, oder hinten am Heck. Die Rakete und alles in ihrer unmittelbaren Umgebung würde sowieso in einer nuklearen, heißen Wolke verdampft werden.

Die einzelnen, bereits mit Uranzylinder und Dorn befüllten Rohre lagen gut verpackt und gesichert in einem der LKW, der in einem befahrbaren, verbunkerten Unterstand hier auf dem Übungsgelände nördlich von Schweinfurt bereit stand und ständig von zwei grimmigen SS-Wachen im Auge behalten wurde.

Wenn der Einsatzbefehl kam, wurden die zwei mal 4 Flossen für die zwei Kreuzleitwerke montiert und die Rohre mit dem Nuklearsprengstoff an ein zentrales Zündsystem zum Auslösen des Kanonenprinzips innerhalb der Rakete angeschlossen.

„Alles einsatzbereit!", rief ein anderer begleitender Ingenieur aus Braunschweig, wo das große Hermann Göring Luftfahrtforschungsinstitut stand, das für den heutigen, hoch geheimen Versuch verantwortlich zeichnete.

„Was ist, wenn die Hochgeschwindigkeitsrakete ihr Ziel verfehlt und ins All davon fliegt?", wollte Bremer wissen.

„Dann sorgt ein eingebauter Sprengsatz dafür, dass unsere Rakete spätestens nach ungefähr 30 Sekunden Flugzeit sich selbst in die Luft sprengt . . . ! Wir haben hier extra die Zeitschaltuhr von normalerweise 50 bis 100 Sekunden reduziert, um die Selbstzerstörung heute relativ kurz zu halten, damit die Mach 2 schnelle Rakete uns nicht zu weit davonfliegt, falls ein Notfall auftaucht.“

Nach einer Weile des angespannten Wartens:

„Der U.S. Bomberverband kommt von Nord-Osten aus Leuna-Merseburg auf uns zugehalten. Geschätzte Ankunftszeit, circa eine halbe Stunde!“, rief ein Horchposten aus einem Funkwagen der Bedienmannschaft.

Nach einer weiteren viertel Stunde der Anspannung:

„Einsatz! Einsatz! Rakete abschussbereit machen!“

Die Rohre, mit dem befüllten Uransprengstoff wurden nun in die dafür vorgesehenen Öffnungen in den einzelnen Flossen eingeführt und arretiert. Danach wurden sie mit dem Raketenrumpf verbunden. Was auch das Ankoppeln an ein elektrisches Zündsystem betraf.

„Wir werden jetzt mit unserer Versuchsrakete genau den abzuschießenden B-29 Atombomber treffen. Woraufhin es zu einer atomaren Explosion kommen sollte, wenn die gesamte Rakete durch den Infrarotsuchkopf mit Aufschlagzünder zur Explosion gebracht wird, inklusive der acht Atomsprengsätze. Diese Explosionen der einzelnen Sprengsätze reicht aus, sodass auch die Uranbombe in der B-29 gezündet wird und hoch geht“, erklärte der Techniker aus Volkenrode.

„Wird der neu entwickelte Zielsuchkopf in Ihrer Rakete im Endanflug auf das Ziel denn richtig funktionieren?“

„Das hoffen wir stark. Dafür machen wir doch den ganzen Zinnober hier!“

„Wie bewerkstelligen Sie es im Einzelnen?“, fragte der Beobachter aus Breslau.

„Wir beleuchten das Ziel. Genauso, wie es die Flak macht, wenn bei Nacht ein englischer Bomber in die Leuchtfinger von mehreren Flak-Scheinwerfern gerät, und er nicht mehr aus den Leuchtkegel entkommen kann. Dann ballern die Kanoniere auf den Bomber, was das Zeug hält, bis der Feind getroffen ist und zu Boden stürzt.“

„Hier haben Sie aber keine Suchscheinwerfer . . . !“, grinste Maj. Bremer.

„Stimmt!“, lachte der Ingenieur. „Wir „beleuchten“ den Atombomber mit Funk-/Radarstrahlen. Wir markieren ihn mit der Methode des Dreipunkt-Deckungsfahrens so, dass unsere Flab-Rakete auf einem Radarstrahl in direkter Linie zum anvisierten Ziel auf einer Graden fliegt und die B-29 Maschine mit der Uranbombe zielsicher trifft . . . !“

„In der üblichen „Hundekurve“, ergänzte Bremer und meinte weiter: „Dafür haben sie das Radargerät da drüben aufgebaut, das auf den Bomber einschwenken wird, um diesen zu „beleuchten“, stimmt´s?“

„Gut erkannt, Herr Major!", grinste der Ingenieur wieder und erklärte weiter: „Dazu haben wir noch dort drüben auf dem Dach eines Bunkers eine hoch auflösende, schwenkbare Kamera aufgebaut, die bei jedem Wetter, gemäß hell dunkel Unterschied, ein Luftziel anvisieren und verfolgen kann . . . ! Ein Funkorter sitzt an dem Gerät und lenkt, bzw. nimmt Kurskorrekturen der Rakete vor."

„Dann bestimmt diese Kamera auch, wie das Radar dort vorne auf das Ziel einschwenkt und dieses mit dem Radarstrahl solange markiert, bis die Flab-Rakete nahe genug an dem Atombomber herangekommen ist!"

„Richtig! Feinkorrekturen bei Abweichung nimmt der Funker dort auf dem Bunkerdach bei der Kamera optisch über das Kamerabild, was Höhe und Seitenabweichung betrifft, nach dem Helligkeitsmaximum auf dem Sichtgerät vor, sodass die Rakete immer wieder exakt auf das Ziel gerichtet wird", dozierte der Entwicklungsingenieur wieder.

„Alarm! Achtung! Achtung! Feindlicher Bomberstrom nähert sich dem Zielgebiet aus Richtung Norden kommend! Achtung! Alarm."

„Kommen Sie, Major. Wir gehen dort vorne in dem Bunker in Deckung, bzw. schauen durch den Kinotheodoliten, was sich über uns zuträgt!"

Alle heute Anwesenden des Geheimversuches schauten mit Ferngläsern und Kinotheodoliten in die angegebene Richtung, wo die ersten Kondensstreifen der U.S. Bomber sich aus dem dunkelblauen Himmel herausschälten.

„Ganz am Ende des Pulks ist der olivgrüne B-29 Bomber positioniert, der unter den Tragflächen zwei gelbe Markierungsstreifen für eine bessere Erkennbarkeit trägt. Das ist unser Ziel, das die Kamera nun erfassen und verfolgen wird. Bei der Dreipunkt Methode brauchen wir keine Berechung der Entfernung zum Ziel, nur eine optische Erfassung mit Hilfe unserer Kamera und natürlich auch visuell durch unsere Bodenmannschaft an den entsprechenden optischen Geräten und dem Funkorter an der Kamera selbst."

Ein Techniker drehte die von der „Gesellschaft für elektroakustische und mechanische Apparate mbH", kurz GEMA genannt, entwickelte Kamera in die Richtung des zu erfassendes Zieles und überprüfte noch einmal den bereits laufenden Stromgenerator zur Stromversorgung des Luftziel-Beobachtungsgerätes.

Der Funkorter bestätigte, dass die Kamera einwandfrei funktionierte und das Ziel erfasst hatte.

Die Spezialkamera war mit dem Zielerfassungs-Radar verbunden, das den Radarstrahl solange auf das Ziel richtete, bis die Flab-Rakete in direkter Linie vom Startgestell auf den Bomber zuhielt, um dann per Annäherungszünder einzuschlagen.

Überall an den aufgebauten, und vor Fliegersicht gut getarnten Anlagen, die den Abschuss der B-29 mit der Atombombe herbeiführen sollten, standen Techniker sowie die Bedienmannschaften und sorgten für einen reibungslosen Ablauf. Wobei die Ingenieure alles gleichzeitig dokumentierten, damit später die Daten gründlich ausgewertet werden konnten, um ggfs. weitere Verbesserungen vornehmen zu können.

Als ein Techniker, der neben dem Stand des Funkorters, auf dem Sichtgerät das Bild der letzten Maschinen des Bomberverbandes exakt erkennen konnte, gab er das Zeichen zum Start der Rakete.

Die neue Hochgeschwindigkeitsrakete hatte vier absprengbare Feststoff-Starthilferaketen seitlich am Rumpf montiert bekommen, die nun, zusammen mit dem Haupttriebwerk gezündet wurden.

Sekunden später hob die Flugabwehrrakete fauchend und zischend mit weißer Rauchspur von der Lafette ab, stieg in einem gewissen Winkel steil nach oben. Bereits nach 500 m wurden die vier Hilfsraketen abgesprengt.

Denn ab dieser Höhe konnte bereits eine Lenkung der Rakete vorgenommen werden.

Diese leeren „Boosters" von Rheinmetall gefertigt, kehrten an Fallschirmen hängend zum Boden zurück, um später wiederverwertet zu werden.

Die leichtgewichtige Rakete sauste nun mit fast Mach 2 auf Höhe des Bombers. In weinigen Sekunden erreichte sie bereits das Ziel, wo nun ein Infrarot-Suchkopf, nachgebaut von Rheinmetall auf Basis der Entwicklungen der Wiener Firma Kepka, die Steuerung auf den letzten Metern zum Ziel übernahm.

Auf dem Truppenübungsgelände der Wehrmacht bei Schweinfurt, das gut von SS-Wachmannschaften abgeschirmt worden war, standen alle Beteiligten dieses heutigen, hochgeheimen Experiments in der Nähe von Bunkern und Unterständen und schauten gespannt auf das Schauspiel, das sich ihnen in weinigen Sekunden am Himmel über Unterfranken darbieten würde.

Alle auf dem Übungsgelände beobachteten gespannt die Rakete, die sich nun immer schneller dem amerikanischen Großbomber näherte, der eine mit Uransprengstoff gefüllte Bombe im vorderen Bombenschacht aufgehängt hatte, um mitzuerleben, wie zuerst einige kleinere atomare Detonation der acht Sprengsätze in der Rakete erfolgten, als das Geschoß in der B-29 einschlug.

Auf den letzten Metern des Fluges übernahm ein Infrarotsuchkopf in der Nasenspitze der Flugabwehrrakete die Zielerfassung des Bombers und steuerte sie in Richtung der heißesten Stellen des Bombers, den heißen Auspuffgase der mächtigen Wright „Cyclone" Doppelsternmotoren, wo das Geschoß unterhalb, zwischen Rumpf und Tragflachenwurzel mit mehr als 2.000 km/h krachend einschlug.

Alle Akteure am Boden hatten inzwischen Spezialbrillen aufgezogen. Überall aufgebaute Filmkameras, teilweise automatisch laufend, teilweise von Soldaten bedient, die gut verteilt auf dem Gelände das Ereignis in der Luft aus verschiedenen Perspektiven und Winkeln filmen sollten, begannen nun zu surren.

„Einschlag! Einschlag!", brülle jemand ganz aufgeregt.

„Der Bomber ist getroffen! Die nuklearen Sprengsätze in der Rakete gehen hoch. Achtung! Jetzt sollte gleich die eigentliche große Detonation der „Little Boy" erfolgen!"

Alle am Boden hörten zuerst einen dumpfen Schlag und kurz danach eine große laute und bedrohlich rauschende Explosion, gefolgt von einem hellen Lichtblitz, der sich am ganzen Himmel gleißend ausbreitete, als wäre die Sonne explodiert und würde die Erde verschlingen.

Einige Beobachter gingen zur Sicherheit in die, überall auf dem Übungsplatz verteilten Bunker und Panzerhallen in Deckung, neben denen sie sich im Freien positioniert hatten, um gleich wieder neugierig weiter zu schauen, was sich jetzt über ihren Köpfen abspielte.

Die atomare Detonation des Atombombers, inklusive des „Dead Man", breitete sich sekundenschnell aus und erfasste die meisten Bomber, die sich vor der B-29 in der Luft befanden. Die Druck- und extrem heiße, unheilschwanger wirkende Explosionswolke „fraß" sozusagen alle Maschinen wie ein gieriges Vielfraß-Monster auf. Augenblicke später war die gesamte Bomberformation, die bis eben noch ruhig ihre Bahnen in circa 5.000 über dem Gelände zog, einfach von der Bildfläche verschwunden.

Ausgeknipst! Einfach weg.

Einige der Beobachter am Boden schauten fasziniert, ja teilweise ganz schön angsterfüllt und verstört in den Himmel.

Das Firmament blitze, war in ein merkwürdiges rotes, gelbes und blaues Farbenspiel getaucht und es donnerte und grollte die ganze Zeit über.

Eine Hölle, statt auf Erden, nun im Himmel. Einige glaubten, eine Hitzewelle für einen kurzen Moment verspürt zu haben. Obwohl das Inferno sich in fünf Kilometer Höhe abspielte und etwa vier Kilometer von ihrem Standort am Boden entfernt lag.

„Da, was ist das, was da durch die Luft wirbelt!", rief einer ganz aufgeregt, als er durch sein Fernglas den Himmel über ihm absuchte.

„Ja, was ist das? Silbern . . . Das scheint Aluminiumschlacke zu sein. Mensch, flüssiges Aluminium von den geschmolzenen Bombern. Die Bomber sind total eingeschmolzen . . . Wahnsinn! Schaut mal, es ballst sich zu Kugelhaufen zusammen, wenn das Metall in tiefere Luftschichten herunterfällt und langsam abkühlt! Das ist ja total verrückt!"

„Das Zeugs wird bei uns runterkommen! Also aufpassen. Alles ist radioaktiv verstrahlt."

Ein Wachposten einer SS-Sondereinheit, der die Grenze des Truppenübungsplatzens in ihrem zugeteilten Abschnitt bewachen sollte, und die sich in einen verbunkerten Unterstand am Waldrand zurückgezogen hatten, linsten neugierig in den Himmel über ihnen.

„Wie das da oben aussieht. Komisch!"

Da hörten sie ein merkwürdige „Plopp", als wäre in der Nähe etwas zu Boden gefallen.

Wieder gingen die zwei Wachen aus dem Unterstand heraus und schauten sich neugierig um.

Nicht weit entfernt auf einem Kartoffelacker, der bereits abgeerntet war, lag etwas dampfendes, Stinkendes und Heißes herum.

Beide SS-Wachen, denen man bereits besondere Schutzkleidung verpasst hatte, weil sie auch für das Aufräumkommando eingeteilt waren, staunten nicht schlecht.

Sie wusste, dass Flugzeugtrümmer der feindlichen Bomberstaffel auf ihr zu bewachendes Gebiet und in der näheren Umgebung herunter fallen würden, und sie helfen sollten, den Schrott zu bergen und zu den Panzerhallen innerhalb des Übungsplatzes zu transportieren.

Die beiden Männer hatten die üblichen Trümmerreste bei einer normalen Absturzstelle einer durch Flak oder durch deutsche Jäger abgeschossene B-17 oder B-24 vor Augen: Wo Teile des Rumpfes, Tragflächen, Fahrwerksteile, Räder und was sonst noch so vom Himmel von den auseinander montierten Bombern herunter regnete, am Boden verteilt herumlag und von einem Luftwaffen-Bergetrupp zur weiteren Verwertung aufgesammelt wurde.

Aber hier?

„Das da sieht aus, wie ein riesiger, dampfender Knödel!", staunte einer der SS-Leute und wollte schon zum Acker herüberlaufen."

„Mensch, bleib hier, du Arsch! Wer weiß, wie gefährlich das Zeugs da drüben ist. Das schien mal ein Ami-Bomber gewesen zu sein. Alles verbrannt und geschmolzen. Da verbrennst du dir noch deine Fingerchen, wenn du den Scheiß anfasst. Komm, das melden wir jetzt unserem Gruppenführer. Der wird entscheiden, was gemacht wird. Der soll die Spezialisten holen, die hier überall herumlaufen . . . !"

„Vielleicht sind da noch Menschen drin?"

„Höchstens die verbrannte Asche von den Ami-Piloten . . . !"

„Das ist ja ekelhaft!"

Insert

Eine andere Methode zur Zielerfassung ist das Dauerstrich-Radar, „Continious Wave, CW-Radar, oder "Pulsed-Radar":

„Radargestütztes Flugabwehrraketensystem mit **Puls- und Dauerstrich gestützte Zielsuche, Dauerstrich-Radar** gestützte Zielbeleuchtung.

Nach der Erfassung eines Flugobjektes erfolgt eine Freund- /Feindabfrage. Wird das Flugobjekt als zu bekämpfendes Ziel eingestuft, wird es vom **High-Powered Illuminator Radar**, kurz HPIR **beleuchtet**. Nach dem Abschuss fliegt der Lenkflugkörper **auf die vom Ziel reflektierten Strahlen** zu."

Anmerkung:

War der Direktor des britischen Ablegers des MIT, USA, Professor Trump vom „Rad Lab" deshalb in Europa, in Paris beim U.S. Hauptquartier, weil er auch neueste Radar/Mikrowellentechnik testete, wie die Zielerfassung von schnell fliegenden Feindmaschinen und Raketen durch Beleuchtung?

Neuartige Flugabwehr

Lt. Adams und sein Wingman, First-Lt. Bakker flogen mit ihren P-38 „Lightning" Doppelrumpf-Jagdmaschinen heute ausschließlich eine „Target of Opportunity Mission" über Nazi-Deutschland.

Jetzt, im März 1945 war „Freie Jagd" angesagt, da sich die Luftwaffe so gut wie gar nicht mehr am deutschen Himmel zeigte.

„Hey, Ken! Over there! Left-hand, 11 o´clock! A Luftwaffe airfield!"

„I can see it! Come-on, Rick, let's buzz the dammed Luftwaffe planes on the ground!"

Beide P-38 drehten nach Backbord, gewannen leicht an Höhe, um dann im Tiefflug mit über 400 km/h und aus allen Rohren schießend, über den Fliegerhorst der deutschen Luftwaffe zu preschen.

Als sich die beiden Amerikaner der Flugplatzgrenze näherten, sahen beide plötzlich, wie ein oder mehrere Scheinwerferlichter angingen und einen sehr hellen, gleißenden Lichtstrahl, eine Lichtsäule gen Himmel reckten.

Sekunden später schwenkten zwei Lichtstrahlen automatisch auf die herannahenden U.S. Jäger ein.

Sie erfassten die beiden P-38 Maschinen, umhüllten sie mit einem weißen, grellen Lichtkegel etwa in die Mitte, im Zentrum der Flugzeuge und die Lichtkegel fingen plötzlich an, in schneller Abfolge zu pulsieren, wie ein Stroboskop.

Der Pilot in der voraus fliegenden P-38, Lt. Adams riss instinktiv seine linke Hand, die sonst den Knauf des Gashebel umschloss, vor seine Augen, um sie vor der Blendwirkung zu schützen.

Trotzdem wurden seine Augen, die hinter einer Fliegerbrille waren, die das helle Licht noch zusätzlich reflektierten, stark geblendet.

Sodass Adams nichts mehr sah, nicht mehr die Szenerie vor ihm aus dem Cockpit heraus wahrnehmen konnte, außer einem weißen, milchigen Nebel vor seinen, nun fest zusammengekniffenen Augen. Trotz geschlossener Augen sah er Lichtblitze, die auch noch schmerzten. Adams wurde urplötzlich schlecht und er fühlte sich, als hätte er eine ganze Flasche Schnaps auf ex getrunken.

Adams nahm auch die zweite Hand vom Steuerhorn, um die Augen zu schützen.

Das war sein schlimmster Fehler in seiner Pilotenlaufbahn, der ihm nun sein Leben kosten sollte.

Da er seine P-38 für den Tieffliegerangriff auf gerade einmal 150 ft, 50 m herunter gedrückt hatte, war dieser instinktive Reflex von Adams sein schnelles Ende.

Die „Lightning" kippte bei über 450 km/h seitlich ab. Die rechte Tragfläche berührte augenblicklich den Boden und die P-38 überschlug sich mehrmals krachend.

Wie ein Feuerrad raste die „Lightning", mit Vollast aufheulenden Motoren über den Platz, zerlegte sich in unzählige kleinere und größere Trümmerteile, bis ein Explosionsblitz und eine Feuerwalze der berstenden Benzintanks die Überreste der P-38 in ein loderndes Inferno einhüllten.

Der U.S. Fighter Pilot, Lt. Rick Adams war auf der Stelle tot.

Sein Wingman Bakker hatte etwas mehr Glück. Auch er wurde schmerzhaft durch ein Stroboskoplicht geblendet, konnte aber seine „Lightning" geistesgegenwärtig hochziehen, an Höhe gewinnen und aus dem Lichtstrahl entfliehen.

Auch Bakker hatte schmerzende Lichtblitze vor seinen Augen, die ihm die Sicht nach draußen nahmen. Er drückte den Zwei-Achsen-Autopilot an seinem Steuerhorn und nahm Gas zurück.

Andauern rieb er sich die Augen. Die Fliegerbrille hatte er achtlos von sich geworfen. Bakker spürte, wie in ihm eine Übelkeit aufstieg und er sich übergeben musste.

Er kotze das halbe Cockpit voll.

Später mussten die fluchenden Bodenwarte auf der Fighter Base in England den Dreck wegwischen, was Bakker einige Stangen an Zigaretten und Bier kostete.

Für fast zehn Minuten saß First-Lt. Bakker in sich zusammengesunken in seiner langsam dahin dröhnenden „Lightning", bis er wieder halbwegs handlungsfähig war.

Er hatte immer noch das Bild vor Augen, wie sein Kamerad und Freund mit der P-38 in den Tod stürzte.

„Verflucht! Was war das? Was haben die Deutschen da gemacht? Neue Flak-Scheinwerfer?"

Nachdem er, trotz das er immer noch leicht benommen war und wieder halbwegs aus den Augen schauen konnte, den Heimatkurs auf ein englisches Flugfeld gesetzt hatte, die „Lightning" mit Mühe und Not auf der Graspiste, die mit PSP-Platten verstärkt war, aufgesetzt hatte, schaltete er die Motoren ab und relaxte für wenige Augenblicke.

Dann kam ein Bodenwart und öffnete die Kanzelhaube.

Erschreckt von dem üblen Gestank von Erbrochenem im Cockpit zuckte der Mechaniker zurück und winkte augenblicklich eine Ambulanz herbei.

„Fliegerkrankheit?", grinste der G.I. mit den Roten Kreuzen auf seinem Stahlhelm und zog den völlig erschöpften Piloten aus der Maschine.

Nach einem De-briefing nickt der zuständige Intelligence Offizier.

„War klar, dass die Deutschen früher oder später unser „CDL" nachahmen und weiterentwickeln!"

...

„Ist die Anlage betriebsbereit?"

Oberst Rothe begutachtete neugierig die so genannte „Lichtlanze".

Auf einem Anhänger, dessen Achsen hochgeklappt waren, stand ein spezieller Scheinwerfer, der mit einem Stromkabel mit einem fahrbaren Dieselgenerator verbunden war.

Insgesamt sechs Anhänger mit, um 360 Grad drehbaren Scheinwerfern waren an der Platzgrenze des Scheinflughafens in getarnter Position aufgestellt worden.

„Besonders die Maschine da hinten interessiert mich!", musste Oberst Rothe grinsen, der heute an diesem Vorversuch einer neuen Abwehr für Tiefflieger teilnehmen durfte.

„Die hängenden Flügel, das schiefe Fahrwerk und der herausgerutschte Propeller, das macht Eindruck!"

„Sie haben recht, Herr Oberst!", und Feldwebel Schmitt winkte zwei Bodenwarte herbei, um das Flugzeug wieder einigermaßen flugfähig herzurichten.

„Was für eine Luftwaffenmaschine soll das denn sein?", musste Rothe immer noch grinsen.

„Na, eine unserer erfolgreichen Messerschmitts, die den Luftraum unsicher machen!"

„Besser wäre es, wenn Sie eine Abdeckplane um die Holzattrappe werfen, dann fällt das misslungene Flugzeug, das eine Me 109 darstellen soll, nicht gleich unangenehm auf!"

„Ihr habt es gehört, Jungs! Plane drüber . . . Und nächstes mal baut ihr nicht wieder so einen Scheiß zusammen, das man sich schämen muss. Was ist aus unserer glorreichen Luftwaffe nur geworden . . . !"

Rothe grinste nicht mehr, er musste laut auflachen.

„Fliegeralarm! Tiefflieger. Achtung Tiefflieger! Deckung, Deckung!", brülle jemand von einem notdürftig wieder hergerichteten Kontrollturm an einem Ende des zerstörten und aufgegebenen Fliegerhorstes, wo die zwei nebenstehenden Flugzeughallen nur noch aus den verkohlten Seitenwänden bestanden. Die Hallendächer waren eingestürzt und teilweise durch die schweren Bombenangriffe verbrannt.

Oberst Rothe von der „Sonderprojektgruppe Breslau", der sich zuvor mit seinem in rot und gelb gehaltenen Sonderausweis, ähnlich den „Blue Eisenhower Pass" bei der Versuchsgruppe hier auf dem Platz ordnungsgemäß gemeldet hatte, hechtete, zusammen mit seinem Begleiter in einen vorbereiteten Graben, um vor den Tieffliegerangriffen Deckung zu suchen.

...

In dem Buch von Rudolf Lusar über die deutschen Geheimwaffen heißt es auf Seite 238 in der Rubrik „Deutsche Flak-Kanonen", Absatz „Scheinwerfer":

„Während des Krieges wurde ein 200 cm Scheinwerfer entwickelt, der eine Lichtstärke von 2,4 Milliarden HK besaß, bei 450 Ampere und 110 Volt.

Ein **300 cm Scheinwerfer** befand sich bei Kriegsende noch in der Entwicklung; er sollte eine Lichtstärke von **10 Milliarden HK** hergeben."

Anmerkung:

1 HK ist ungefähr ein Candela.

Hk bedeutet „Hefner-Einheit" und ist seit Ende des 19. Jahrhunderts als Maßeinheit zur Lichtmessung gebräuchlich gewesen.

Ob der von Autor Rudolf Lusar erwähnte 30 cm Scheinwerfer mit der sehr starken Lichtstrahlung für die „Lichtlanze" Verwendung fand?

…

Rothe konnte jetzt das Surren von Elektromotoren der in der Nähe aufgebauten Gema Zielverfolgungskamera wahrnehmen, die aufgrund Geräusch- und Bewegungsmelder, dazu mit Restlichtverstärker automatisch auf das herannahende Ziel, die zwei P-38 im Tiefflug einschwenkte.

Weiter hinten tuckerten drei Benzinmotoren von BMW, um den benötigten Strom für die Blend-Scheinwerfer und die Bahnverfolgungskamera zu liefern.

„Die Scheinwerfer haben an die 10 Milliarden HK, Herr Oberst! Vorsicht, nicht in die Linse schauen!"

Gleichzeitig schwenkten die automatisch gekoppelten Blendscheinwerfer in dieselbe Richtung wie die Kamera und richteten ihren Lichtkegel auf die Feindmaschinen.

Nachdem die „Lightnings" erfasst und die Maschinen in einen gleißenden Lichtkegel eingehüllt waren, fingen die Stroboskop-Scheinwerfer an, in schneller Abfolge starke Lichtimpulse auszusenden.

Denn jetzt fing eine Drehscheibe mit eingestanzten, bestimmten Loch- und Schlitzmustern in schneller Folge an zu rotieren. Diese Scheibe hatte eine bestimmte, zuvor in Versuchen erprobte Struktur aufzuweisen, damit eine gewollte negative, auch psychologisch ungünstige Beeinflussung des Feindpiloten, ob über die Augen, oder das Eindringen von - farbigen - Lichtstrahlen in die Haut hervorgerufen werden konnte. Außerdem waren einige Löcher mit einem farbigen Glas versehen, denn auch farbiges Licht kann einen Menschen negativ beeinflussen und ihn außer Gefecht setzten.

Oberst Rothe kannte die in schwarz gehaltenen Propellerhauben deutscher Jagdflugzeuge, die in Weiß eine Spirale aufgepinselt bekamen, damit ein feindlicher Bordschütze, der eine heran nahende Me 109 oder FW 190 auf sich zufliegen sah, von der sich schnell drehenden Spirale verwirrt und abgelenkt wird.

(Die weiße Spirale wird heute noch bei allen modernen Verkehrsflugzeugen vorne beim Lufteinlauf an der Narbe des Verdichterrades einer Turbine verwendet, um Vögel davon abzuhalten, von den riesigen Triebwerken eingesaugt zu werden.)

Das Flackern des äußerst grellen Lichtstrahls, der auch durch eine Sonnebrille dringen sollte, bzw. die getönten Gläser durch die hohe Frequenz des Flackern blickundurchsichtig machen sollte, sollte den Feindpiloten auch körperlich und mental außer Gefecht setzen können.

Rothe sah eine eigenartige Szenerie.

Der heutige Märztag war bewölkt, leicht diesig und grau.

Die sechs Scheinwerfer erhellten den Platz in einem grellen unnatürlichen Licht, dazu das eigentümliche Pulsieren der Stroboskop-Einstellung. Es sah aus, als würden, wie bei einem Gewitter, der Flugplatz von allen Seiten mit zuckenden, hellen Blitzen eingehüllt. Auch am Boden konnte man kaum noch etwas erkennen, bei dem unregelmäßigen, schnellen Geflacker!

Die Blitze wurden von allem reflektiert, was sich am Platz und in der Umgebung am Boden befand. Der nahe Wald war mit Blitzen illuminiert, die Gebäude auf dem Fliegerhorst warfen die Lichtstrahlen zurück, alles war für Momente in ein zuckendes grelles, unheimliches Licht getaucht.

Rothe selbst konnte ein langsames Aufsteigen von Brechreiz spüren. Er musste die Augen zukneifen. Seine „Ray-Ban" hatte er schon bei der Luftalarm-Meldung aufgesetzt. Trotzdem half die Sonnenbrille nicht, dass er geblendet wurde, da sich die pulsierenden Lichtblitze andauernd auf den Sonnengläsern reflektierten.

Dazu kam das Nerven zerreibende Aufheulen der Allison-Reihenmotoren der schnell über den Platz hereinkommenden Feindmaschinen.

Rothe sah mit offenem Mund, wie sich der Rottenführer der U.S. Jäger, geblendet durch den pulsierenden Lichtkegel zur Seite neigte und sofort Bodenberührung bekam.

Augenblicke später krachte und jaulte es ohrenbetäubend und einige Trümmerreste der völlig zerstörten P-38 sausten über den Graben hinweg, wo Rothe und der Feldwebel sich tief in die Erde krallen mussten. Dann spürten beide eine Feuerwalze über sich hinwegfauchen.

„Die Mühle hat es komplett zerlegt, mit samt dem Piloten!", schrie der Feldwebel und linste vorsichtig über den Grabenrand.

Auch Rothe kam aus der Deckung und hielt mit seiner Filmkamera drauf. Dabei dachte er, dass die Kamera, außer einigen hellen Lichtblitzen sowieso nichts aufnehmen wird, falls der Rollfilm eh nicht überbelichtet werden würde.

Er bekam gerade noch mit, wie die zweite Maschine steil hochzog und mit hohem Tempo davon zog.

„Die Anlage funktioniert! Die Kamera schwenkt auf das bewegliche Ziel ein und löst die Stroboskope aus! Herr Oberst, ist das nicht wunderbar!"

Der Wingman, First Lt. Bakker zitterten die Hände. Er hatte unerklärliche Angstgefühle, Schweißausbrüche, dazu andauernd das Würgen. Verzweifelt versuche er, ein Erbrechen zu verhindern. Was ihm nicht gelang.

Er hatte Schwindelgefühle und musste sich zusammenreißen, nicht andauernd im Kreis zu fliegen und dabei an Höhe zu verlieren.

Lt. Bakker wusste nicht, wo er sich befand. Flog er tiefer in das Feindgebiet der Nazis hinein? Würde jetzt eine deutsche Jagdmaschine auftauchen, er hätte sich nicht wehren können und man hätte ihn ganz leicht abschießen können.

Die Augen waren immer noch geblendet. Er hatte andauernd einige weiße Blitze oder Kreise vor seinen Augen. Es fiel ihm schwer, die Instrumente abzulesen.

Wie hoch war, wie schnell flog die P-38? Lt. Bakker stellte die Drehzahl gemäß dem Dröhnen der Motoren so ein, dass er glaubte, Reisegeschwindigkeit halten zu können.

Andauernd musste Bakker sich die Augen reiben, die schon seit geraumer Zeit unaufhörlich tränten. Er atmete tief durch, machte Atemübungen, um sich zu erholen. Die unerklärlichen Angstgefühle, sie gingen einfach nicht weg.

Als er etwas mehr erkennen konnte, versuchte er, den Kurs zu bestimmen.

Bakker hatte Glück. Er flog mit seiner, ansonsten unbeschädigten P-38 Richtung Nord-Westen und konnte zugleich die Frontlinie überqueren. Da er noch genügend Sprit in den Tanks hatte, kreist er in sicherer Höhe solange über dem Kanal, bis er wieder in der Lage war, seinen Heimathafen auf der Insel sicher ansteuern zu können.

Später, als er nach seinem Entkommen von diesem merkwürdigen deutschen Flugfeld von seinem Sicherheitsoffizier auf der Heimatbasis in England befragt wurde, gab Bakker an, dass er meinte, er hätte ein Gefühl erlebt, als hätte ein geschickter, versierter Hypnotiseur versucht, ihn zu beeinflussen.

Insert

Mit der Gema gab es eine Zusammenarbeit mit Telefunken, siehe hier Kamerafernsteuerung von Flugkörpern oder zur Flugabwehr.

Es soll auch eine spezielle Kamera von der Gema entwickelt worden sein, die sowohl stationär, wie auch tragbar mit eigenem Generator, ortsfeste Artillerieziele, als auch **bewegliche Luftobjekte unabhängig von den atmosphärischen Bedingungen lokalisieren konnte.**

Außerdem wurden Versionen der Kamera für die deutsche Kriegsmarine hergestellt.

Die „**Gema-Werke**", „Gesellschaft für elektroakustische und mechanische Apparate mbH", war in Berlin Köpenick, mit Standorten u.a. in Lauban/Luban und weiteren Versuchsanlagen in Neumark bei Jüterbog, Montagewerke in Kiel, Bremen, Gotenhafen/Hexengrund (Schiffziele mit Torpedos) und Paris (A-4/V-2?) vertreten.

Anmerkung:

Eine weitere denkbare Variante der „Lichtlanze" zur Bekämpfung von Tieffliegern über dem Reich wäre, dass ein UV-Strahl, der nicht sichtbar ist, auf Feind- und Tiefflieger gerichtet wurde. Ob die Technologie schon soweit war, dass man gerichtete Lichtstrahlen, sprich Laserwaffen entwickeln und bauen konnte, die z.B. Plasmawolken entstehen ließen, in die, die zu bekämpfenden Flugzeuge hinein flogen und Motoraussetzer bekamen, ist unklar.

Ein Verbot von Blendwaffen, oder auch Lasergewehren, wie durch das Internationale Rote Kreuz, scheiterte immer wieder am Widerstand einzelner Staaten, die gerne solche geächteten Waffen weiter in ihren Waffendepot haben möchten. Allen voran die USA!

Genauso geächtet sind allerlei Chemiewaffen, wie das berühmte „Lost", nach den Erfindern Lommel und Steinkopff, einem Senfgas, das im Ersten Weltkrieg eingesetzt wurde und mit dem auch Adolf Hitler in Berührung kam.

So heißt es in dem Buch „*Waffen und Geheimwaffen des deutschen Heeres, 1933-45*" Fritz Hahn. Band I, Gernard & Graefe Verlag, 3. Auflage, Bonn 1998:

„Vorbereitungen für einen Gaskrieg, bzw. für die Gasabwehr **wurden und werden von *allen* Staaten getroffen.**

Einsatzpläne für eine angriffsweisen Gaskriegsführung sind aber die deutsche Wehrmacht *nicht* nachweisbar.
...
Churchill hatte zwar schon im Mai 1942 mir einem Großeinsatz von Kampfstoffen für den Fall gedroht, wenn die Deutschen Kampfstoffe an der Ostfront eingesetzt würden.

Mehr Details enthielt ein amerikanischer Plan vom April 1944 für einen Vergeltungsangriff gegen 30 große deutsche Städte für den Fall, daß von deutscher Seite Kampfstoff eingesetzt werden sollte.
...
Nach dem Einsatz der V-1 wurde in England erneut ein Kampfstoffeinsatz vorgeschlagen, aber am 5. Juli 1944 vorerst von Churchill abgelehnt.

Ein acht Tage später eingereichter neuer Plan wurde ebenfalls verworfen – man fürchtete, daß nach einem Angriff auf Deutschland mit Gas gefüllte V-1 in London einschlagen würden."

Bezüglich Unfälle, versehendlich bombardierte oder getroffene Giftgasbestände schrieb Fritz Hahn in o.g. Buch:

„Auf der Gegenseite (Alliierten) gab es in der Nacht zum 3. Dezember 1943 einen schweren Zwischenfall.

Bomber der deutschen Luftwaffe waren zu einem Angriff auf den italienischen Hafen Bari gestartet. Der amerikanische Frachter „John Harvey" der Kampfstoffe geladen hatte, die insgesamt 60to Senfgas enthielten (was die deutsche Seite nicht wusste), wurde getroffen. Doch noch viele andere Schiffe sanken, insgesamt 19 mit 73.345 BRT, dachte in der allgemeinen Verwirrung niemand an die Verseuchung mit Kampfstoff. Wieviel der 83 toten und 534 schwerverletzten Amerikaner

auf das Konto des Senfgases entfielen, lässt sich heute ebenso wenig ermitteln, wie die Verluste unter der Zivilbevölkerung."
-Ends-

In einem Spiegel-Bericht von 24.10.1988 heißt es, dass die Amerikaner angeblich bereit gewesen sein sollten, einen Großteil der deutschen Bevölkerung mit Giftgas zu vernichten.

Junkers Ju 88 Bomber griffen am 2. Dezember 1943 am Abend eine halbe Stunde lang den Hafen von Bari an. Die deutschen Bomber versenkten 17 Schiffe und beschädigten acht weitere schwer. Dazu gehörte auch die 10.617 Bruttoregistertonnen große „John Harvey", die Feuer fing und brannte.

Dazu heißt es im „Spiegel":

„Kurz darauf wurden Verletzte mit sonderbaren Symptomen in die Lazarette eingeliefert: Sie hatten Hautschäden, Augenschmerzen, geschwollene Geschlechtsteile, extrem niedrigen Blutdruck bei stark erhöhter Pulsfrequenz. Die Ärzte tippten auf eine spezielle Art von Hautentzündung - eine folgenschwere Fehldiagnose.

In dem US-Frachter lagerten, was Beckström, der bei dem Angriff getötet wurde, auf Weisung von oben hatte verschweigen müssen, 540 Tonnen Senfgas. Über 1.000 Soldaten und Zivilisten kamen in den Schwaden des hochgiftigen Kampfstoffes ums Leben. Die Alliierten vertuschten, wie es zu dem Massensterben kommen konnte: Sie gaben „Verbrennung", „Bronchitis" oder „Lungenkomplikation" als Todesursachen an."

Anmerkung:

Autor und Geheimwaffenspezialist Fritz Hahn spricht von nur 60t Kampfstoffbomben und nicht 540 Tonnen!

Hahn erwähnt 83 Tote und 534 Schwerverletzte bei dem Bombenangriff auf den Hafen.

Außerdem gibt es Gerüchte, dass das Giftgas im italienischen Hafen von Bari angeblich als Vergeltung für einen vermuteten deutschen Atombombenangriff gegen Alliierte Ziele eingesetzt werden sollte.

Hatte Nazi-Deutschland im Jahre 1943 schon Atombomben, die gegen die Alliieren zum Einsatz gelangen konnten?

Warum sollte Hitler, der doch ein - heimlicher - Verbündeter der Angelsachsen war, seine zukünftigen Kriegsherren brüskieren?

So sollten doch die Angelsachsen erst einmal in Deutschland einmarschiert und sich der „Wunderwaffen" bemächtigen, die SS-General Hans Kammler und andere für die Amerikaner und Briten bereitgestellt hatte, wie ja auch nach Kriegende, dem „VE-Day" geschehen.

Außerdem sollten willige deutsche Kräfte doch Seite an Seite mit den West-Alliierten die Sowjetunion bekämpfen.

Weder könnte Hitler vorgehabt haben, die Alliierten mit Atombomben anzugreifen, noch hatten die Amerikaner Interesse, die deutsche Bevölkerung mit Giftgas bereits im Zweiten Weltkrieg auszurotten.

Das wäre eventuell spätestens in den 10 Jahren des Totalen Atomkriegs ab Sommer 1945 geschehen. So, wie heute Deutschland mit samt seinem 80 Millionen Einwohnern in einem zukünftigen Atomkrieg in Europa komplett untergehen würde.

Auch hier gilt zu bedenken, dass alliierte Personen, wie Allen Dulles vom OSS in Bern in der Schweiz saßen und die neutrale Schweiz ein Teil der zukünftigen Kriegsplanung war oder sogar immer noch ist.

Bei einem großflächigen amerikanischen Giftgaseinsatz auf 30 deutsche Großstädte wäre es zu nie gekannten Folgeschäden gekommen, die auch die Nachbarländer von Deutschland in Mitleidenschaft gezogen hätte. Ganz zu schweigen von einer großen Flüchtlingswelle, die auf andere Staaten in Europa zugerollt käme, so wie wir diese heute wieder kennen.

Man brauchte Deutschland noch. Dafür hatte Kammler doch die vielen atombombenfesten U-Anlagen bauen lassen, dazu die drei großen, autarken Festungsanlagen in Thüringen, Eulengebirge und Nieder-Österreich. Weiterhin Waffenlager und Produktionsstätten hochmoderner Waffen für einen Nuklearkrieg aufgebaut.

Dass das Giftgas, dazu die großen Bestände, die in Deutschland produziert und eingelagert waren, ggfs. in dem alles vernichteten Dritten Weltkrieg irgendwann innerhalb der 10 Jahre von 1945-1955 ohne Rücksicht auf Verluste eingesetzt worden wäre, wäre denkbar.

So, wie auch heute oder in Zukunft die Unmengen an A-, B- und C-Kampfstoffe, die weltweit in den Arsenalen der Großmächte lagern, immer noch in einem Dritten Weltkrieg zum Einsatz kommen könnten.

Zudem machten die West-Alliierten im Sommer 1944 einen Atomtest über Schweinfurt, den ja der Augenzeuge Rudolf Zinsser in einem offiziellen U.S. Dokument insoweit bestätigt, dass er bei der Atomexplosion als Augenzeuge zugegen war.

Was darauf hin deutet, dass die Amerikaner das deutsche, mit ihrer Hilfe aufgebaute Atomprogramm, fest im Griff hatten. Und ganz bestimmt hatten die Amis und die Engländer das Personal, die Atomforscher und die Produktionsstätten in Nazi-Deutschland unter ihrer Kontrolle, sodass ein Angriff mit Atombomben gegen die Alliierten als unwahrscheinlich gelten kann.

Hier haben wir wieder die üblichen Ablenkungsgeschichten, die die Propaganda und deren willigen Handlanger gerne kolportieren:

- das „Vierte Reich"
- Deutschland hatte die Bombe und die USA nicht
- Außerirdische beherrschen die Erde

Alles eine Desinformation, um von den angelsächsischen Machenschaften abzulenken und diese allen anderen in die Schuhe zu schieben, nur nicht den rücksichtslosen Kriegstreibern, den Briten und den USA.

Denn niemand aus der weltweiten Bevölkerung soll bis heute wissen, was schon damals, nach Ende des Zweiten Weltkrieges versucht wurde und man im Kalten Krieg erneut versuchte:

Durch einen globalen Totalen Krieg, der mit nur allen erdenklichen, schrecklichen Waffen, wie A-Bomben, Kampfstoffe, elektromagnetischen Waffen, Weltraumwaffen, geächteten Waffen usw. geführt worden wäre, eine weltweite Vernichtung der menschlichen Bevölkerung herbeizuführen.

Heute tun alle so, als wollte man die Menschheit retten, jedes ungeborene Leben wird zäh verteidigt, eine Überbevölkerung wird billigend in Kauf genommen, obwohl man schon in den 1960/70er Jahren davor gewarnt hatte. Ja sogar das Klima wird gerettet, obwohl es, zumindest von den natürlichen Abläufen, gar nicht am Umkippen ist.

Der Normalbürger wird eingelullt, ihm wird glauben gemacht, man tue alles erdenklich für ihn und sein Wohl. Gleichzeitig werden die Menschen brutal von einer weltweit eingespielten Propaganda und Desinformation für dumm verkauft. Jeden Tag auf neue. Es wird weiterhin militärisch aufgerüstet, als dritte Partei haben wir heute China als neue waffenstarrende Großmacht, sodass man die Erde gleich mehrmals in die Luft sprengen kann.

China hat mittlerweile mehr als 5.000 Kilometer an unterirdischen Tunnelanlagen gebaut, um dort Waffen für einen Großen Krieg zu stationieren. Wahrscheinlich sind dies mehr Anlagen unter der Erde, als in den gesamten USA. Warum geben sich die Chinesen so viel Mühe und investieren Unsummen, wenn es doch gar keinen neuen, globalen Krieg mehr geben soll?

Was stimmt hier nicht?

Siehe hier die bereits öfter angesprochene These des Autors über die Wahre Raumfahrt und die Besiedelung des Universums durch eine neue Menschheit, die bereits seit Jahrzehnten im Gange zu sein scheint.

Attacke in den Ardennen

Die Gasturbinen der fünf Helikopter liefen eine nach der anderen hoch.

Es war noch dunkel und kalt draußen, an diesem Wintermorgen. Der Boden war gefroren. Am Himmel funkelten die Sterne. Es war kaum bewölkt. In zwei Wochen war Weihnachten.

Reif lag auf den runden, betonierten Startplattformen. Man musste vorsichtig sein, nicht auszurutschen.

In einer Waldlichtung am Rande eines Flugplatzes in Norddeutschland hörte man sehr früh morgens ein ungewöhnlich lautes und markdurchdringendes Dröhnen, Kreischen und Jaulen, als würden tausende von Personen laut aufheulen und wie irre schreien.

Man gewahr das Pfeifen und Gejaulte von mehreren, auf Vollast hochgefahrenen Turbinen, und der Krach war ohrenbetäubend. Zum Glück hielt der dichte Wald, in der extra eine Lichtung geschlagen worden war, um Start- und Landeflächen für die Hubschrauber auf Betonplatten zu schaffen, den Lärm der Motoren vor neugierigen Ohren fern.

Mehrere aufgespannte Tarnnetze schirmten die neu geschaffene Waldlichtung am Rad eines geheimen Flugplatzes vor neugierigen Blicken aus der Luft ab.

„Ein großes Problem, die verdammte Luftüberlegenheit der Alliierten . . . !" Rothe machte dies Kopfzerbrechen. „Wenn es neblig bleibt, dann fliegen die Amis und Briten nicht . . . Das war ja auch unsere Idee. Ob unsere amerikanischen Freunde das Zeugs in der Atmosphäre ausgebracht hatten?", überlegte Oberst Rothe, der den heutigen Geheimeinsatz als Beobachter in einem „Kolibri" Hubschrauber mitmachte.

„Ja, Herr Oberst! Die Amis sind so um den 16. Dezember herum in der Nacht mit mehreren Spezialflugzeugen in unserem Operationsgebiet, also dem Areal, wo unsere siegreiche Wehrmacht den Vorstoß beginnt . . ."

„Wie viele Divisionen von uns sind denn an dem Vorstoß beteiligt?", unterbrach Rothe neugierig.

„Ich glaube, an die 14 Infanterie-Divisionen, dazu Panzereinheiten mit Sturmgeschützen, Tiger und Panther Panzerkampfwagen.

Zudem hat der Wachtel einige Salven an FZG 76 abfeuern lassen, um unseren Vormarschweg, sowie unser Angriffsziel Antwerpen und Lüttich schon einmal sturmreif zu schießen.

Insert

„Diese Wetterlage entwickelte sich dann **Mitte Dezember**. Zu dieser Zeit lag in den westlichen deutschen Mittelgebirgen nur eine dünne Schneedecke, im Flachland lag überhaupt kein Schnee. Im Lauf des 16. Dezember **drehte die Strömung auf West-/Südwest** und **milde Luftmassen mit Regen, Tauwetter und schlechter Sicht griffen auf das Gebiet der Ardennen über**, so dass die Bodeneinheiten durch Luftangriffe weitgehend unbehelligt würden agieren können."

Aus: Wikipedia über die Ardennenschlacht.

…

„Wie war das nun mit dem, für uns günstigen Wetterbedingungen?", bohrte Rothe weiter.

„Ab dem 16. Dezember hatten wir, wie uns die Amis richtig voraussagten, da unsere angelsächsischen Freunde ja bis zu den Azoren runter genügend Wetterdaten sammeln können, eine südwestliche, milde Strömung, die Tauwetter brachte."

„Wenn die Südwest-Strömung erst eine Woche später oder so erfolgt wäre . . . ?"

„Dann, Herr Oberst, wäre der Angriff erst am 25. Dezember oder danach erfolgt!"

„Also die West-Wetterlage war ausschlaggebend für unseren Angriff!"

„So ist es, Herr Oberst!"

„Dazu dann das „Nachhelfen", dass der Wettergott uns gewogen ist!", grinste Rothe.

„Sie haben von Prof. Trump vom „Rad Lab" gehört? Der mit seiner Mannschaft in einem „Advanced Field Laboratory" in Nordfrankreich und im HQ der Amerikaner in Paris sitzt und die Experimente koordiniert?

„Andeutungsweise!"

„Das angloamerikanische Massachusetts Institute of Technology . . . , die sind doch auch mit der Veränderung der Wetterverhältnisse über Kriegsgebieten beschäftigt . . ."

„Ganz genau! Und zwar u.a. mit Hilfe von Mikrowellenstrahlung aus der Radar-Technik!", nickte Oberst Rothe.

„Da gibt es doch auch dieses Silber . . . , was weiß ich für ein Zeugs, das man in die Luft ausbringen kann!"

„Sie meinen Silber-Jodid!", grinste Rothe, der von ähnlichen Forschungen in Deutschland wusste, die im Zusammenhang mit der Veränderung der Atmosphäre für bestimmte Flugkörper durchgeführt wurden. „Man kann mit einem, oder mehreren Flugzeugen oder mit Artillerie-Kanonen diese Silber-Jodid-Partikel in die Atmosphäre ausbringen, um künstlich Regenwolken entstehen zu lassen.

Es werden winzige, im Mikron Bereich kleine Partikel in die Luft abgegeben, damit Wolkenformationen, oder gar eine ganze, geschlossene Wolkendecke entstehen kann.

Eine 10/10tel Bewölkung, die die Sicht auf den Boden nimmt und für Luftoperationen des Feindes ungünstig ist, sodass die meisten Flüge zur Luftnahunterstützung vorrückender Bodentruppen eingestellt werden muss, bis sich das Wetter bessert und aufklart."

(Hinweis: Aktuell wird in China das Tibetanische Hochplateau mit künstlicher Wolkenbildung beregnet, um es fruchtbarer zu machen. Tausende von Kammern am Boden, die winzige Silber-Jodid Partikel in die Atmosphäre entlassen, sollen für eine künstliche Regenwolkenbildung sorgen, so durch Erzeugung von Wasserdampf in der darüber liegenden Atmosphäre.)

Rad Lab

Das „Radiation Laboratory", allgemein als „Rad Lab" bezeichnet, war ein Mikrowellen- und Radar-Versuchslabor, angesiedelt beim Massachusetts Institute of Technology, MIT, in Cambridge, MA, USA.

Gegründet im Oktober 1940, arbeitete das Labor bis zum 31. Dezember 1945. Danach wurde es aufgelöst und auf andere Stellen in der Industrie verteilt, oder zum MIT Lincoln Laboratory verlagert.

Bereits lange vor dem Krieg interessierte man sich für die Anwendung von Mikrowellenstrahlen im Bereich Funktechnik und RADAR. Bestehende Geräte, wie das Klystron waren aber noch zu schwach in der Leistung, um brauchbare Ergebnisse zu liefern.

Der Millionär Alfred Lee Loomis (siehe Hinweis über Rockefeller und wer „reich stirbt, stirbt ohne Gnade", was soviel heißt, „Du musst Geld abgeben, um unsere Nation, die USA zu stärken, um die Weltherrschaft auszubauen. Was man auch mit Hilfe des Wetters kann, um andere Länder zu unterdrücken, Anm.d.Autors) unterhielt ein eigenes Labor, das „Loomis Laboratory" in New York und er gründete das so genannte „Microwave Committee" und die Erforschung des Magnetrons.

Loomis war unter anderem der Erfinder des LORAN, „Long Range Navigation System" und er war in die Radar-Entwicklung verwickelt. Loomis nahm auch an Treffen bezüglich des Manhattan Projects, der Entwicklung der Atombombe teil.

Lee A. DuBridge fungierte als Direktor des „Rad Lab".

Das Labor am MIT expandierte sehr schnell und nach wenigen Monaten hatte das Rad Lab die Bemühungen und Anstrengungen der Briten in Sachen Radar-Forschung um Längen überholt.

Ab 1943 lieferte das U.S. Labor immer weiter verbesserte Radar-Gerätschaften, die in großer Anzahl von der U.S. Industrie in Produktion gingen.

Hier sieht man sehr schön, wie die USA ihr Potential ausschöpfen konnte und in allen Forschungsbereichen der Mikrowellentechnik und in Zusammenarbeit mit der Industrie sehr schnell die eigene Militärrüstung hochfahren konnte.

Wie war es bei der - wahren - Raketenentwicklung in den USA?

Wie groß war bereits das Potential der USA im Krieg, was insbesondere die Entwicklung und den Bau von Langstrecken- und Flugabwehrraketen betraf?

Wie schnell konnte das Prinzip der Flüssigkeitsrakete, die Robert Goddard bereits in den 1920er Jahren in New Mexico an kleinen, funktionierenden Raketen erfolgreich demonstriert hatte, in große Militärraketen, entweder für den Angriff auf die Sowjetunion, oder zur Verteidigung der USA als „ABMs" , als „Anti-Ballistic Missiles" umgesetzt werden?

Nicht nur mit Hilfe von Wernher von Braun, der auf dem europäischen Kriegsschauplatz für die Amerikaner die V-2 und andere, bis heute geheim gehaltene Raketen entwickelte und erprobte, sondern von U.S. amerikanischen Firmen selbst, wie General Electric, GE, die neue Raketen für den kommenden Dritten Weltkrieg projektierten und ggfs. bereits heimlich bauten und erprobten.

Leider ist die Geschichte der Raketenentwicklung auf dieser Welt genauso zensiert und heftig manipuliert, wie viele andere Aspekte bestimmter Waffenentwicklungen, oder auch der Wahren Raumfahrt.

Wie weit war die USA wirklich in Sachen Militärraketen im Jahre 1945, wäre im Sommer „Operation Unthinkable" tatsächlich angelaufen?

Weiter, als uns heute vorgegaukelt wird?

Die Manipulation ging, was die offizielle Geschichtsschreibung ganz eindeutig beweist, ja so weit, dass man die Nazis, Wernher und Braun und sein Team dafür benutzte, der Welt vorzuspielen, die USA hätten sich einzig und alleine auf die Deutschen verlassen, um letztendlich eine Landung auf dem Mond zu erreichen.

Wernher von Braun war nur das propagandistische „Feigenblatt" für die USA, um ihre gigantischen Machenschaften hinter einem Nazi zu verstecken, der eh schon im Zweiten Weltkrieg eine „Ami-Marionette" war und willig für seine zukünftigen Herren, den USA tätig war.

Wie war der Stand der Militärraketen-Entwicklung in den USA nach Kriegsende 1945 wirklich?

Wann flogen die ersten U.S. Militärs mit Raumstationen in einem Orbit um die Erde und wann errichtete man eine erste militärisch genutzte Mondstation?

Welche U.S. Langstreckenraketen waren in den 1940er Jahren bereits in der Lage, Ziele in der UdSSR zu treffen und welche schnell fliegenden Flugabwehrraketen hätten die USA vor eindringenden sowjetischen Atombombern schützen können?

Siehe hier die „Chow Hund", die Mitte 1945 auf Wright Field nochmals auf dem Papier nachkonstruiert wurde!

Wie hoch waren der Entwicklungsstand und die Produktivität des U.S. militärisch/industriellen Komplexes in den 1940er Jahren wirklich und was wird bis heute diesbezüglich weiterhin vehement geheim gehalten?

Auf der Höhe der Produktivität hatte das MIT Rad Lab bis Kriegsende an die 4.000 Mitarbeiter, und viele andere Labore rund um die Welt forschten für die Amerikaner. Dabei kamen ungefähr die Hälfte aller Radargeräte aus den USA und wurden vom Rad Lab mitentwickelt.

Gegen Ende des Krieges war die USA führend in mehreren Anwendungsbereichen, was die militärische Anwendung von Mikrowellen betrifft.

Hier stellt sich die Frage, ab auch schon damals in den USA erkannt wurde, dass man durch Aufheizung der Atmosphäre mit Mikrowellen eine Beeinflussung des Wetters vorgenommen werden konnte und inwieweit der zivile Direktor Prof. Trump, der in Paris und in den Ardennen weilte, darin verwickelt war?

Anmerkung:

Eine andere Methode, das Wetter und das Klima im Sinne der Mächtigen zu beeinflussen, kam von Wissenschaftlern des Argonne National Laboratory. Die Forscher machten den Vorschlag, Hitze direkt in eine Regenwolke oder feuchte Luftmassen zu strahlen, um das natürliche Abregnen aus Wolken in einem bestimmten Gebiet zu verändern.

Dafür sollten große, schwebende Atomreaktoren sorgen, wo immer diese aus Sicherheitsgründen zulässig waren, um eine große Menge an atomarer Hitze auszustrahlen.

Entsprechende Flugzeuge mit Atomreaktoren waren, zumindest offiziell, nicht verfügbar, um ein solches Experiment auszuführen.

Aber große Hitze kann man auch mit Mikrowellenstrahlen, siehe HAARP ausstrahlen, um das Wetter oder gar das Klima der Erde zu verändern.

Ein anderer amerikanischer Protagonist in Sachen Wettermanipulation war Vincent Joseph Schäfer, seines Zeichen Chemiker und Meteorologe.

Schäfer arbeitete für General Electric und wollte künstlichen Schneefall erzeugen. Offiziell gelang ihm dies im November 1946, in dem er Trockeneis in unterkühlte Wolken einspritzen ließ.

Bereits im Jahre 1943 reichte der U.S. Forscher Vincent Schäfer im Auftrag von General Electric ein Patent über „METHOD AND APPARATUS FOR PRODUCING AEROSOLS" Methode und Apparate, um Aerosole zu erzeugen, ein.

So heißt es u.a. im o.g. U.S. Patent aus 1943:

„Briefly stated, in accordance with our invention we provide methods and apparatus for the **production of suspended matter**, such as **vaporized liquids**, in an atmosphere which may be air, and in which the average size of the suspended particles or droplets of the suspended matter is readily determinable and controllable, Although not limited thereto, one example of a use of our invention is the production of **visually opaque smoke screens or fogs** for **naval or military purposes**.
...
As mentioned generally above, our described methods and apparatus may be employed to produce aerosols which are discriminatory to radiations of predetermined wave lengths. "

Es wird auf die Erzeugung von Nebel- und Rauchwänden, auch großflächig in der Atmosphäre ausgebracht, hingewiesen.

Sodass man schlussfolgern könnte, dass die USA genauso große Anstrengungen, wie z.B. in der Radartechnik auch in Sachen Wetterbeeinflussungen im Krieg vorgenommen hatten. Um militärische Vorteile für ihre vorrückenden Armeen in Europa und Fernost zu erhalten.

Und das in offiziellen Darstellungen, wie über die Geschichte des „Radiation Laboratoriums", oder bei GE keine diesbezüglichen Information über die Manipulation des Wetters für Kriegszwecke aus Geheimhaltungs- und Vertuschungsgründen zu finden sein wird.

Denn solche „Weather Mod" Aktionen werden auch aktuell (Stand 2019) weltweit in bestimmen Gebieten vom U.S. Militär vorgenommen, um den „Herren der Welt" sowohl militärische, als auch kommerzielle Vorteile zu bringen.

Was also könnte Direktor Trump vom Radation Laboratory neben Aufgaben betreffend der üblichen Radartechnologie noch unternommen haben, was bis heute der allgemeinen militärischen Vertuschung unterliegt?

BBRL Advanced Service Base

"Secret, Letter from **G. Trump, Director, BBRL Advanced Service Base Laboratory,** APO-887 – **U.S. Army** to Dr. A. DuBridge, Director, Radiation Laboratory, Massachusetts Institute of Technology, MIT, Cambridge, Mass

"Probably inspired by the German development of V-1, V-2 and other military devices such as jet aircraft and rockets, there appear to have developed a very strong "new weapons" psychosis which leads to reports of new and amazing phenomena every week.

I have recently been looking into the evidence for a reported **radiation capably of interfering with aircraft** ignition up to 3.000m and operating in certain high-priority areas.

...

Not so long ago (nach Weihnachten 1944, Anm.d.A.) several pilots reported flying through **thousands of transparent glasslike bubbles** which, although they had no adverse effect, were thought to be a new weapon.

A considerable number of ground and air observers **saw new weapon possibilities in an unusual pink cloud phenomenon** which persisted for about an hour over the front line, but without a noticeable adverse effect.

The explanations for the latter two items seem to be **bundles of window** dropped by a preceding high-altitude bomber formation and an actual pink-colored cloud respectively.

...

-Ends-

Anmerkung:

Prof. Trump, der als Direktor der britischen Sektion des Radiation Laboratoriums in Europa fungierte, erwähnt die Staniolstreifen, „Düppel", in englisch „Windows" genannt, die bündelweise über der Frontlinie zur Verwirrung der deutschen Radaroperateure abgeworfen wurden.

Wäre es möglich, dass die, in Mengen abgeworfenen Glaskugeln eine ähnliche Wirkung, wie die Staniolstreifen bewirken sollten?

Supreme Headquarters Allied Expeditionary Forces. Dec. 13

"A new German weapon has made its appearance on the **western air front**, it was disclosed today.

Airmen of the American Air Force report that they are encountering **silver colored spheres in the air** over German territory. The spheres are encountered either **singly or in clusters**. Sometimes they are **semi-translucent**."

Siehe dazu das Zitat aus der „Auslegungsschrift 1 226 227" vom 6. Oktober 1966, „Verfahren zur Herstellung eines Trägers für **künstliche elektrische Raumladungen** in der Atmosphäre", Anmelder: Hans Werner von Engel, Erfinder: Erich Halik:

„Als besonders brauchbare Materialien kommen z.B. **Naturseide** als natürliche organische und **Basalte** als natürliche anorganische Stoffe, **Kunststoffe** als künstliche organische und **Gläser** als künstliche anorganische Stoffe in Frage.
...
… die **Ausbreitung von Radarstrahlen** oder durch **Wolken** und **Nebelbildung** das **Wetter zu beeinflussen**."

Anmerkung:

Hätten die Glaskugeln, die sich in der Atmosphäre reiben und eine künstliche elektrostatische Aufladung der Luft bewirken, auch mit Radar-, sprich mit Mikrowellenstrahlen beschossen werden können?

Um die Radarastrahlen an den Glaskugeln in alle möglichen Richtungen abprallen, reflektieren zu lassen, damit die Mikrowellenstrahlung dasselbe bewirkt, wie die Staniolstreifen?

Heute machen dies „Welsbach Materialien", oder z.B. Salze von Schwermetallen, wie Barium, die sehr fein gemahlen, im Mikronbereich in der Atmosphäre ausgebracht werden, um als „Radar Screen", für Operationen von HAARP oder andere Ionosphärenerhitzer für „Weather Mod" und ähnliches zu dienen.

Versuchten die Amerikaner und Prof. Trump in Europa, auf dem Kriegsschauplatz, bzw. *dem* Experimentierfeld Nazi-Deutschland, was unter anderem das Ausprobieren von neuen Waffen betrifft, etwas Ähnliches?

Mit Mikrowellenstrahlen entweder gegnerische Radarsysteme „Blind" zu machen oder gar in das Wettergeschehen an der Front einzugreifen?

Nämlich, das auf deutschen Radarschirmen eine großflächige Störung auftrat und man auf deutscher Seite nicht mehr wusste, welche Flugroute genau ein eindringender angloamerikanischer Bomberverband nimmt, um diesen bekämpfen zu können?

Hätte eine elektrostatische künstliche Aufladung der Atmosphäre in einem bestimmten Operationsgebiet ebenfalls, bombardiert mit einer flächenförmigen Mikrowellenstrahlung, ein deutsches Radar „blind" gemacht?

Hätte man mit den Mikrowellenstrahlen die, in einem bestimmten Planquadrat elektrisch aufgeladene Atmosphäre zudem stark aufheizen können, um darin Wettermanipulationen vorzunehmen?

Welche anderen Forschungen, neben der Radartechnologie könnte das MIT und das Rad Lab bezüglich elektrostatischer Effekte, gegnerischer Radarstörung mit Hilfe einer künstlich manipulierten Atmosphäre, Effizienzsteigerung eigner Radarbeobachtungen durch Erweiterung des Radar-Horizontes („Over the Horizon") mit einer künstlich leitfähig gemachten Atmosphäre usw. noch heimlich unternommen haben, was man bis heute geflissentlich aus der Historie heraushält?

"**Not so long ago** several pilots reported flying through **thousands of transparent glasslike bubbles** which, although they had no adverse effect, were thought to be a new weapon."

Anmerkung:

Da Ausbringen bestimmter Substanzen in der Atmosphäre, um diese elektrostatisch leitfähig zu machen, damit man sie u.a. erhitzen kann oder bestimmte Flugkörper darin zu suspendieren oder bestimmte Rundkurse fliegen zu lassen.

„A considerable number of ground and air observers saw new weapon possibilities in an unusual pink cloud phenomenon which persisted for about an hour over the front line, but without a noticeable adverse effect.

The explanations for the latter two items seem to be bundles of window dropped by a preceding high-altitude bomber formation and an actual pink-colored cloud respectively.

Anmerkung:

Die Staniol-Streifen, „Düppel", engl. "Windows" stören das Radar und man wird nach Gegenmaßnahmen geforscht haben, um doch mit Hilfe des Radars den Flugweg einer Bomberstaffel nachvollziehen zu können.

So heißt es im Kriegstagebuch, Technische Luftrüstung:

„Die Forschungsführung reicht in ihren Wochenberichtführung: vom 7. bis 14.12. und 15. bis 21.12.1944 Kurzberichte über folgende Arbeitsgebiete ein:
...
5. **Entdüppelung** von Panoramageräten
6. Engl. Navigationsverfahren"

Zu Punkt 5:

Flakartillerie-Gerät „Egerland" auf 9 cm Welle, bestand aus einem Panoramagerät, umschaltbar auf 30 oder 60 km Reichweite (Kulmbach, Rundum-Übersichtsgerät), Überblick über gesamte Luftlage in einem Umkreis von 50 Kilometer Radius.

Was wusste man auf deutscher Seite bezüglich gewisser Wirkungsweisen von Mikrowellenstrahlung, da auch die Firma Siemens Magnetrone für diverse Radaranlagen produzierte?

Siehe hier zum Beispiel die Störanlagen auf dem Feldberg/Taunus nahe Frankfurt am Main, die, wenn in Betrieb, um den Funkverkehr alliierter Bomber zu stören, zudem durch die harte Mikrowellenstrahlung auch die in der Nähe operierenden P-38 Aufklärer, die zum Zeitpunkt der Strahlung in und um Frankfurt Luftaufklärung flogen.

Hatte auch das „Rad Lap" und der Direktor der europäischen Sektion des MIT, Prof. Trump von den Aussagen eines der betroffenen Piloten, Lt. Hitt gehört und dessen Einsatzbericht ausgewertet?

Wollte man von West-Alliierter Seite ebenfalls deutsche Flugmotoren mit Mikrowellen stören und tat dies auch?

Waren dazu die Weihnachtskugeln ausgebracht worden, damit deutsche Jäger sich nicht den U.S. Bomberpulks nähern konnten?

Dienen die „Chemtrails", giftige Schwermetallpartikel heute noch unter anderem dazu, gegnerische Flugzeuge der Russen oder Chinesen mit Mikrowellenstrahlen und einer elektrisch leitfähig gemachten Atmosphäre durch Aerosole, deren Flugzeuge flugunfähig zu machen („Motorstop")? Dazu als Nebeneffekt auch noch eine Gesundheitsschädigung der Flugzeugbesatzungen, die u.a. das Reaktionsvermögen feindlichen Piloten beeinträchtigt? Eine andere, weniger nachweisbare Methode, im Gegensatz zu Stroboskopwaffen.

Wurden auch heute, aktuell solche Versuche an russischen Bombern, die z.B. vor den Küsten der Ostsee provokante Patrouillenflüge vornehmen, unternommen?

Strahlenwaffen spielen bis heute in der Öffentlichkeit keine Rolle in den gelenkten Medien, sodass, wenn es solch einen Vorfall gegeben haben sollte, darüber nicht öffentlich berichtet wurde.

…

„Was ist eigentlich mit der Sonderoperation von General Skorzeny und Eisenhower in Paris?"

„Ja, Herr Oberst. Die Sache läuft. Wissen Sie, Herr Oberst, dass Eisenhower mal geäußert haben soll, dass das Wetter immer günstig für die Nazis bei bestimmten Militäroperationen war . . . ?"

„So, wie jetzt in den Ardennen!", grinste Rothe. „Wird man es schaffen, dass Eisenhower liquidiert wird?"

„Er ist ja unser schärfster Gegner, was den nächsten Krieg gegen die Russen betrifft . . . !"

Der Flettner Hubschrauber, in dem Rothe als Passagier den heutigen Sondeeinsatz mitverfolgen wollte, stand auf einem Vorplatz, wo eine in den Untergrund versenkbare Flugzeughalle gerade überirdisch hochgefahren worden war.

Zuvor hatte man aus der großen Flugzeughalle, die man komplett in der Erde versenken konnte, die fünf Drehflügler untergebracht, bevor man sie vorsichtig im Dunkeln der Nacht auf die Startflächen am Waldrand mit Kettenkrädern gezogen hatte.

Insgesamt 15 Besatzungsmitglieder machten sich nun für den Geheimeinsatz bereit. Sie hatten alle ihre Winter-Fliegerkombinationen übergestreift, einige mit Pelzkragen, dazu Pelzstiefel und gefütterte Arbeitshandschuhe.

„Dann werden wir die „Wacht am Rhein" mal ein wenig verstärken . . . !", grinste einer der Piloten und schaute sich eine Karte der Gegend an, wo der heutige Angriff stattfinden sollte.

„Hoffentlich haben unsere Kameraden, die armen Schweine, auch ordentlich die militärische Lage in unserem Abschnitt aufgeklärt . . . !"

„Die Meldung über den letzten Stand wurde vor einer Stunde von einem Kradmelder hereingebracht. Darauf müssen wir uns verlassen."

Dann kam der Einsatzbefehl.

Die fünf Kampfhubschrauber mit je einer Drei-Mann-Besatzung hoben einer nach dem anderen ab und flogen ihrer zugewiesenen Kampfzone in den Ardennen entgegen.

Oberst Rothe hatte den Fl 282 letztendlich selbst geflogen und befand sich mit den anderen fünf Schlacht-Kampfhubschraubern in einem bewaldeten Gebiet in den Ardennen, wo sich amerikanische Truppen und „Sherman" Panzer aufhielten.

Rothes „Kolibri" war eine voll verkleidete Version, sodass er nicht im Freien und den ungemütlichen Temperaturen des heutigen Wintertages ausgesetzt war.

Über Funk war er mit dem Staffelführer des Kampfhubschrauberverbandes verbunden, um lohnende Ziele am Boden sofort zu melden.

Der Oberst einer Sonderprojektgruppe, die ihr Hauptquartier in Breslau hatte, bekam vor einiger Zeit in Schweidnitz einen Schnellkurs im Hubschrauberfliegen.

Die Fl 282 war ein sehr einfach zu fliegendes Fluggerät.

Ein PR-Gag von Anton Flettner war, das man eine ganz normale durchschnittliche deutsche Hausfrau in den Flugzeugführerstand des „Kolibri" setzte und ihr in weniger als einer Stunde die Handhabung des Helikopter beibrachte und die gute Frau nun Lage war, das einsitzige Fluggerät alleine zu steuern.

Rothe, der also heute den „Forward Air Controller", den Späher spielte, entdeckte an einer Kreuzung zweier Feldwege am Wegesrand ein U.S. „Sherman" Panzer stehen. Er gab zugleich die Position des Panzers durch. Der Staffelführer persönlich flog seine FA 283 zum Angriff.

Der Pilot des Angriffshubschraubers rief seinem Ladeschützen zu, der hinter dem Flugzeugführerstand auf einem Klappsitz saß:

„Mach die Granaten fertig, Egon! Es ist soweit."

Egon, der Bordmechaniker und Ladeschütze stand auf, holte eine Granate aus dem Rost am hinteren Schott und steckte das 7,7 cm Geschoß in die Abschussvorrichtung des Sonder Gerätes 113 am Boden des Rumpfes.

Inzwischen hatte Rothe eine rote Signalmunition per Leuchtpistole durch einen Abschusskanal vorne am Instrumentenbrett schräg nach unten aus dem „Kolibri" auf den von ihm entdeckten „Sherman" abgefeuert und als Ziel beleuchtet, es gut sichtbar markiert.

Der Flugzeugführer, der wie üblich links im Rumpf des Focke Achgelis Versuchshubschraubers saß, erkannte die hell und grellrot abbrennende Signalmunition am Waldesrand und hielt darauf zu. Der Pilot versuchte gleich beim ersten Anflug sich parallel zu dem Panzer unter ihm auszurichten, was bei einem langsam schwebenden Hubschrauber kein Problem darstellte.

Nur wenige Meter über den Baumwipfeln schwebte der Schlachtkampfhubschrauber immer näher an den Feindpanzer heran. Egon schaute aus dem seitlichen Sichtfenster und hörte dann, wie die Automatik den Schuss, der senkrecht nach unter führte und vom gemessenen Magnetfeld des Tanks ausgelöst wurde.

Die Magnetsonde zum Auslösen der senkrecht nach unten schießenden Granate war unterhalb des Hubschrauberrumpfes eingelassen.

Als der FA 283 über den Panzer hinweg gezogen war, konnte Egon freudig und erregt melden, dass der „Sherman" in Flammen stand:

„Abschuss! Direkter Treffer! Feindpanzer vernichtet!"

„Der langsame Überflug, das direkte Schweben über einem zu bekämpfenden Ziel ist für das exakte Auslösen und den Treffer vorteilhafter, als bei schnell fliegenden Flugzeugen, wie bei der FW 190 oder der Hs 129!", überlegte der Versuchspilot, der in Tarnewitz bei den ersten Versuchen mit der „Förstersonde" dabei gewesen war.

Rothe konnte mittlerweile einen weiteren, am Waldrand versteckten U.S. Panzer ausmachen und beleuchtete ihn ebenso, nachdem er die Position über Funk weitergeleitet hatte.

„Macht richtig Spaß, mit dem wendigen, kleinen „Kolibri" dicht über den Bäumen oder entlang den Wiesen und Feldern zu rauschen, oder zur Beobachtung kurzzeitig in der Luft zu verharren, um sich umzuschauen", dachte Oberst Rothe vergnügt, als er Beschuss mit Leuchtspur aus einem nahen Waldabschnitt erhielt.

Sofort zog er den Steuerknüppel an sich und ging fahrstuhlartig nach oben.

„Beschuss aus 11 Uhr, nahe dem südlich gelegenen Waldrand, das an eine große Wiese grenzt!", rief Rothe per Funk und löste wieder die Signalpistole aus, die rechts unten an der Instrumententafel ihren Abzug hatte.

Augenblicklich trat an der verkleideten Nasenspitze eine rote Signalpatrone aus und sauste in Richtung des Waldabschnittes.

Einer der fünf fächerförmig ausgeströmten Fa 283 Kampfhubschrauber sah die Leuchtmarkierung und drehte bei.

Im Rumpf machte der Bordschütze zwei Maschinengewehre bereit, die nun seitlich aus extra dafür vorgesehenen Öffnungen in den Plexiglas-Sichtscheiben gesteckt wurden. Er hängte die vorbereiteten Patronengurte ein und lud die MGs durch.

Dann schaute er aus einem der drei Sichtfenster nach draußen und dirigierte den Piloten in Richtung des markierten Ziels.

Als der Focke-Achgelis Helikopter parallel, entlang eines Feldweges am Waldrand entlang schwebte, löste der Bordschütze die zwei Maschinenkanonen aus.

Da jede fünfte Patrone ein Leuchtspurgeschoss war, konnte er erkennen, wie die MG-Garben von schräg oben nach unten Richtung der feindlichen Truppen einschlugen.

Unten am Boden gingen die G.I.s in Deckung.

Einer der amerikanischen Infanteristen, der in einem Graben in Deckung ging, schnappte sich eine bereit liegende Bazooka, legte an und feuerte in Richtung des vor ihm in circa 50 m Höhe schwebenden Hubschraubers, der gerade dabei war, wieder zu beschleunigen, um schnells möglich abzudrehen.

„Achtung! Rauchspur!", rief der Bordschütze an Bord der FA 283 und ging in Deckung.

Da schlug bereits das amerikanische Raketengeschoß hinten im Heck des Hubschraubers ein und riss die Heckdüse ab.

Der Focke Achgelis Helikopter geriet daraufhin sofort ins Schlingern, drehte sich um die eigene Achse und sauste nach ein paar Metern, die die Maschine noch durch die Luft in niedriger Höhe wirbelte, gen Boden und schlitterte über eine leicht verschneite Wiese.

„Verdammt, hoffentlich kein Aufschlagbrand", rief Rothe voller Entsetzen aus.

Doch dem Oberst in dem kleinen, wenigen „Kolibri" blieb nicht viel Zeit, weiter über das Geschehen nachzudenken.

Denn plötzlich stießen zwei englische Spitfire aus einer Wolkenlücke heraus und umkreisten in niedriger Höhe das Waldgebiet, wo eben zwei U.S. Panzer und einige amerikanische Truppen erfolgreich von deutschen Kampfhubschraubern vernichtet werden konnten.

Rothe wollte einen Warnruf über Funk an die restlichen vier Hubschrauber ausrufen, doch er kam nicht dazu.

Leuchtspurgeschosse pfiffen über seinen geschlossenen Flugzeugführerstand, die ihn nur um Haaresbreite verfehlten.

Eine der britischen Spitfire hatte aus einer Messerkurve heraus auf ihn gefeuert.

Die zweite Supermarine Spitfire nahm einen der FA 283 ins Visier, der gerade versuchte nach rechts abzudrehen, um hinter einer Waldlichtung in Deckung zu gehen.

Doch es war zu spät. Als der Hubschrauber ausgerechnet seine Breitseite beim schnellen Kurvenflug zeigte, schlugen einige Geschosse des Engländers in die ganze Länge des Rumpfes ein.

Die Propellerturbine wurde getroffen und geriet in Brand.

Der Pilot versuchte noch, die Maschine nach unten zu drücken, um auf einer Wiese niederzugehen. Was auch teilweise gelang.

Der Rumpf schlitterte das nasse Gras entlang. Die zwei seitlichen Einstiegstüren rechts und links am Cockpit flogen davon und Oberst Rothe sah, wie zwei Körper sich ins Gras fallen ließen.

Ob der Bordschütze ebenfalls aus dem nun lichterloh brennenden Helikopter entkommen konnte, sah Rothe nicht mehr, denn er wurde schon wieder attackiert.

Eine der zwei britischen Spitfire, die anscheinend von den U.S. Bodentruppen zur Luftnahunterstützung zur Hilfe gerufen wurden, drehte auf Roth und seinen Kolibri ein und wollte feuern.

Da schoss einer der drei verbliebenen FA 283 Angriffshubschrauber aus der Deckung senkrecht in die Höhe. Der Bordschütze hatte beide MGs geladen und auch der zweite Flugzeugführer schnappte sich ein MG, das aus einer der Lafetten der Seitenfenster steckte und hielt auf die Spitfire vor ihnen drauf.

Beide feuerten was das Zeug hielt, sodass der Pilot der britischen Jagdmaschine notgedrungen abdrehen und Reißaus nehmen musste.

Rothe hatte inzwischen den Kolibri nach unten auf dem Boden aufgesetzt und wartete bei laufendem Motor, bis die Feindmaschinen verschwunden waren.

Die flogen wieder durch die Lücke in der Wolkendecke davon und der Spuk, so plötzlich, wie er gekommen war, war auch ganz schnell wieder vorbei.

Rothe hob ein paar Meter vom Boden ab und versuchte am Waldrand zu erkennen, ob die vorhin abgeschossene Hubschrauberbesatzung irgendwo zu entdecken war.

Tatsächlich, einer der Piloten feuerte seine Leuchtpistole ab und Rothe gab schnell den Standort der Deckung suchenden Hubschrauberpiloten durch.

Alle drei FA 283 flogen zur Waldlichtung. Zwei der Hubschrauber kreisten und schwebten langsam über der Lichtung und der dritte setzte knapp vor dem Waldrand auf.

Sogleich hechteten alle drei, zuvor abgeschossenen Besatzungsmitglieder, die dem Absturz ohne größere Verletzungen entkommen konnten, zur wartenden Maschinen.

Die rechte Seitentür war geöffnet und alle drei sprangen in den hinteren, geräumigen Rumpf, wo sie sich an den Rumpfseiten auf den Boden hockten.

Draußen hörte man MG-Salven der zwei anderen, Deckung gebenden Helikopter, die auf die Amis schossen, die versuchten, die Rettungsaktion zu verhindern.

Alle angreifenden U.S. Soldaten konnten erfolgreich zurückgedrängt werden, sodass die drei FA 283 sich schnell aus der Gefahrenzone entfernen konnten und ihren Heimflug antraten.

„Trotz, dass zwei Helikopter abgeschossen wurden, wobei eine komplette Besatzung gerettet werden konnte, war der erste volle Kampfeinsatz der neuen Schlacht-Kampfhubschrauber ein voller Erfolg!", resümierte Oberst Rothe, der schon fleißig am Berichte schreiben war.

Der Oberst der Sonderprojektgruppe Breslau empfahl, die Focke-Achgelis FA 283 in Großserie als Schlachthelikopter und Truppentransporter zu produzieren, damit man die Maschinen zur Bekämpfung sowjetischer Panzerverbände einsetzen, und Kampf- und Sondertruppen mit den Senkrechtstartern hinter feindlichen Linien absetzen konnte.

Insert

> "…, but re: the use of the **FI 282** as an attack helicopter, a certain
> crowdsoured is quoting a generic 2005 book on "Military, Civilian
> and Rescue Rotorcraft" as the basis for a claim that,
>
> "During the Battle of the Bulge a formation of **five of these**
> **aircraft** conducted the world's **first helicopter strike against**
> **armour**.
>
> Operating low over the Ardennes Forest they destroyed **two American**
> **tanks** at a **loss of two of their own**, one to a British Spitfire, the
> other to ground fire."

Anmerkung:

Waren es tatsächlich nur Flettner Fl 282 "Kolibri" Kleinhubschrauber, die zwei
amerikanische Tanks vernichten konnten, oder gar ein anderer, neuer und größerer deutscher
Hubschrauber, der bis heute erfolgreich von der Militärzensur vertuscht werden konnte?

BT 1000 für Luft-
und Bodenziele

Der Schatztaucher Vinz Cramer hatte gerade seinen Tauchgang beendet und robbte sich
wieder in das ganz in schwarz gehaltene Schlauchboot mit dem starken Außenborder.

Vinz nahm seine Kamera, die er extra für gestochen scharfe Unterwasseraufnahmen
angeschafft hatte und schaute sich auf dem Display die letzten Aufnahmen genauer an.

„Es sind Placken aus Aluminium, die dort unten auf dem Grund der Nordsee zuhauf
herumliegen! Woher kommt das viele Aluminium?", wunderte sich Cramer und wollte später
einer seiner Kollegen fragen, der sich, wie er auf Schatzsuche spezialisiert hatte.

Nachdem er seinen Kollegen wegen dem geschmolzenen Aluminium angesprochen hatte und
dieser sich bei bestimmten Leuten erkundigte, erhielt er die lapidare Antwort, dass sei nicht
weiter wichtig und kaum von Bedeutung.

„Hunderte von geschmolzenen Aluminiumfladen auf dem Grund des Ärmelkanals und alles
hat keine besondere Bedeutung? Merkwürdig!"

Der Pilot, der den heutigen, hoch geheimen Sondereinsatz mit den zwei untergehängten
Lufttorpedos durchführte, überprüfte nun schon zum x-ten Mal die Aufhängung der zwei
BT 1000 unter den Tragflächen seines „Kraftei" Raketenjägers.

Oberfeld Karl Dörfler war deshalb so nervös, da er wusste, dass beide Raketentorpedos mit je 200 kg hochexplosivem Uransprengstoff befüllt waren, der durch einen Infrarotzünder bei Annäherung an ein Zielobjekt gezündet wurde.

Der Me 163 Raketenjägerpilot des JG 400, der sich mit drei anderen freiwillig für den heutigen Sondereinsatz gemeldet, und sich, wie auch seine drei Kameraden zur strikten Verschwiegenheit und Geheimhalten verpflichtet hatte, bekam von einem Experten aus dem RLM erklärt, dass das „Kanonenprinzip" einen Urandorn in einen Uranzylinder drückt und das zuvor unterkritische Uran nun überkritisch wurde und somit eine enorme Sprengkraft ausgelöst werden sollte.

„Kameraden, ihr müsst mit euren 163ern schnell genug abdrehen und vom Bomberstrom davonfliegen, wenn ihr beide BT 1000 abgeschossen habt . . . !", schärfte man Dörfler und seinen Rottenfliegern immer wieder ein.

„Sonst fliegt ihr vier bei der enormen Explosion selbst mit in die Luft und eure Krafteier werden gebraten, wie Spiegeleier in einer heißen Pfanne!", grinste der Mann vom RLM und lachte über sein eigenes Wortspiel.

Dann fuhr er fort: „Und bei der mehr als 1.000 Grad großen Hitzeentwicklung schmilzt eure Raketenflugzeug zusammen wie Eis in der Sonne, und ihr seid nur noch ein kleines Häuflein Asche, die im Winde davon geweht wird! Das wollt ihr doch nicht, oder?"

Alle vier Jagdpiloten schüttelten ihre Kopf und murmelten irgendwas vor sich hin.

„Jawohl! Wir schießen unsere BTs ja schon an die 3.000 m vor, bzw. hinter dem Bomberstrom ab und gehen dann sofort in einen steilen Sturzflug über und ziehen entgegengesetzt, 180 Grad weg von den Ami-Bombern . . . So sollen wir das doch machen, oder?", meinte Dörfler kleinlaut

Die drei anderen, sich freiwillig gemeldeten Raketenjäger-Piloten nickten zustimmend.

„Ganz genau, Kameraden! Sofort weg von den Feindbombern . . . Mindestens 5, eher 10 Kilometer Abstand zur Atomexplosion. Dann seid ihr alle auf der sicheren Seite, klar? Aber passt auf, dass ihr mit euren Mühlen nicht über 1.000 km/h kommt, sonst kriegt ihr alle Probleme mit der Kompressibilität und die Holztragflächen eurer 163er montieren ab!"

Oberfeldwebel Dörfler malte sich in Gedanken immer wieder aus, wie er und seine drei Mitstreiter den heutigen Versuchseinsatz am besten ausführen sollten. Er hatte Angst.

Den anderen schien man auch ein gewisses Fracksausen in ihren Gesichtern anzumerken.

Die große Hitzeentwicklung und der Atomblitz, den man ihnen auf Filmaufnahmen eines Lehrfilmes von einem Versuchseinsatzes, der zuvor in Unterfranken bei Schweinfurt stattfand, gezeigt hatte, machte alle tief betroffen.

Dörfler schaute sich seine Spezialbrille an, die er bei Zündung der Atomtorpedos über die Augen ziehen würde. Die Sonderanfertigung war extra getönt und sollte seine Augen vor dem grellen, weißen Blitz schützen, wenn die insgesamt 8 BT 1000 die anvisierten Bomber treffen und eine nukleare Detonationen auslösen sollten.

Der Pilot des JG 400 überlegte:

„Jeder Raketen-Torpedo hatte 200 kg Uransprengstoff in der Bugspitze . . . Bei acht Torpedos sind das 1.600 kg Supersprengstoff . . . Die Hälfte mehr, als in den Sonder-V-2 Raketen, die bis zu 1.000 kg Atomsprengstoff tragen können. Das kracht ganz schön und wird wohl alle Ami-Bomber zu flüssigem Aluminium abschmelzen . . . Aus der Hölle müssen wir rechtzeitig durch den Schnellflug der „Komet" entkommen . . . !"

Der Raketenjägerpilot Oberfeldwebel Dörfler hoffte aber, dass er und seine Rotten-Kameraden bei der Detonation, dem anschließenden Blitz und der anrollenden Druckwelle bereits durch eine 180 Grad Wende und dem Sturzflug runter auf ungefähr 1.000 m Flughöhe bei mehr als 950 km/h Höchstgeschwindigkeit schon so weit vom Ort des nuklearen Grauens entfernt war, dass sie weder den Blitz, noch die Druckwelle zu spüren bekommen sollten.

„Achtung, Leute! Sitzbereitschaft!"

Alle vier Freiwilligen des Sondereinsatzes legten sich auf ihre Liegestühle, die vor der Baracke der Einsatzleitung aufgestellt waren und harrten mit mehr oder minder mulmigen Gefühlen der kommenden Dinge.

Dörfler geriet in einen Halbschlaf und sah im Traum seinen heutigen Einsatz bereits ablaufen:

„Alarm! Alarm! Feindlicher Bomberverband von mehr als 800 B-17 Bombern im Anflug auf die Reichsgrenze in Richtung Hamburg. Los, in die Maschinen und Startbereitschaft!"

Alle vier Jagdpiloten hasteten zu ihren Raketenjägern, schwangen sich in den Flugzeugführerstand und wurden von Bodenwarten festgeschnallt. Ihre feuer- und säurefesten Overalls hatten sie schon zuvor übergestreift. Gespannt warteten alle auf den Startbefehl.

Dann stellte eine Radar-Mannschaft fest, dass der Bomberstrom gerade noch rund 50 Kilometer vor Auftreffen auf die Küste Norddeutschlands entfernt war.

„Alarmstart! Alarmstart!"

Die fahrbaren Anlasser ließen die Walter-Raketentriebwerke hochlaufen. Als alle Me 163 startbereit waren, hoben alle Raketenjäger nahezu gleichzeitig ab und schossen augenblicklich mit voll laufenden Raketentriebwerken auf Einsatzhöhe des Bomberstroms, der um die 8 bis 9.000 m Flughöhe ungestört den heutigen Zielgebieten im Reich entgegensteuerten.

In leichter Überhöhung von vielleicht 500 m oberhalb des herannahenden U.S. Bomberpulks gingen die vier Raketenjäger aus dem Steigflug in die Horizontale über.

Über Funk hatte man die Abfangpiloten an das Ziel, die mehr als 800 „Fliegenden Festungen" herangeführt, die etwa 5 Kilometer vor ihnen, im fast wolkenlosen Herbsthimmel ruhig ihre Bahnen mit den langen, weißen Kondensstreifen hinter sich her zogen.

Oberfeldwebel Dörfler als Anführer der Viererkette gab nun den Angriffsbefehl:

„V-Formation einnehmen und bei circa 3.000m Distanz die Bombentorpedos aus leichter Überhöhung am Anfang und in die Mitte des Pulks abfeuern!"

Sekunden später zischten die acht BT 1000 mit eingeschalteten Raketenantrieben auf die unzähligen, in der Sonne Silber funkelnden B-17 Bomber zu.

Leider hatten Dörfler und seine Kameraden keine Zeit, das Ergebnis ihres Beschusses zu kontrollieren.

Sofort drehten alle vier Me 163 nach rechts ab und gingen auf Gegenkurs. Dabei drückten die Piloten ihre Steuerknüppel bis zum Anschlag nach vorne und gingen in einen Sink- und Sturzflug über, der alle Raketenflugzeuge bei noch laufenden Raketentriebwerken auf annähernd 1.000 km/h brachte.

„Rechtzeitig abfangen, sonst versinkt ihr im Meer!", brüllte Dörfler in sein Mikrofon.

Aufgrund der hohen Geschwindigkeit und der hervorragenden Flugeigenschaften der Messerschmitt „Komet", die ja von Dr. Lippisch, der vom Segelflug kam, konstruiert worden war, konnten alle vier Sondereinsatz-Piloten sehr schnell aus der Gefahrenzone der nun erfolgenden nuklearen Explosionen entkommen.

In der „Texas Blonde", einer B-17 die rechts außen, ganz vorne im Bomberverband ihrem heutigen „Target" im Deutschen Reich entgegen flog, blickte Second Pilot John Dillinger gerade auf die Karte und prägte sich die weitere Flugroute genau ein.

„Wir drehen beim Überqueren der Küstenlinie nach Osten, Richtung Reichshauptstadt Berlin ab . . . !"

„Right! Mit uns noch 274 andere Bomber . . . Wir werden die verdammten „Krauts" schon klein kriegen . . . !", antwortete der Flugzeugführer und schaute gelangweilt aus der vorderen Cockpit-Verglasung.

„Mit größerer oder gar heftiger Flugabwehr aus der Luft, zumindest bis Berlin werden wir wohl kaum mehr zu rechnen haben . . . !"

„No, Sir! Die hinter uns gestarteten 800 P-51 und P-47 Jagdflugzeuge werden uns über dem Festland als Vorhut den Weg zum Ziel ebnen und die One-O-Nines alle herunterholen . . . Falls es überhaupt noch welche gibt."

"Nur vor Berlin, . . . this dreaded airfield at Parchim. There are those incredible Messerschmitt jet fighters, which can make some trouble . . . !

"Those bloody krauts . . . !"

Da sah der Flugzeugführer der „Texas Blonde" plötzlich ein Lichtblitz vor sich in leichter Überhöhung am Himmel über dem Bomberverband auftauchen.

„Was it the reflection of a canopy . . . !"

"Ich habe keine deutschen Jäger gesehen, bis jetzt . . . Ground Control Intercept hat auch noch nichts gemeldet!"

„Strange! Very strange!"

Da sahen beide Flugzeugführer plötzlich mehrere Rauchspuren am Himmel auftauchen. Einige flogen über ihre B-17 hinweg, Richtung des Zentrums des großen, lang gestreckten, Kilometer langen Bomberverbandes.

Zwei andere Rauchspuren dagegen hielten direkt auf die Mitte der ersten Maschinen ihrer Staffel zu.

„What the hell is this?"

Einer der BT 1000 schlug mit voller Wucht in die Bugsektion eines der weiter links gestaffelten B-17 Bomber ein und zündete augenblicklich.

Erstaunt sahen die beiden Piloten in den wenigen Sekundenbruchteilen, in denen sie noch nicht in eine riesige, rote Explosionswolke eingehüllt wurden, wie eine nie zuvor gekannte starke Detonation mit darauf folgender gigantischer Explosionswolke den Bomber atomisierte.

Beide B-17 Piloten sahen wie in Zeitlupe die Explosion und wie sich eine enorme Hitzewelle auf sie ausbreitete.

Dann war auch die „Texas Blonde" wie von der Bildfläche verschwunden.

Bis auf einige größere und kleinere, flüssige Aluminiumtropfen, die durch die Luft geschleudert wurden und dann langsam in tiefere, wärmere Luftschichten herunter segelten. Um sich dort als abgekühlte Schlackereste zusammenzuballen und nach einem weiteren freien Fall vom Himmel, auf der fast ruhigen, glatten Meeresoberfläche der Nordsee aufzuschlagen, um zischend und fauchend im Wasser zu verschwinden, blieb von der „Texas Blonde" nicht mehr viel übrig.

So erging es hunderten von weiteren B-17 Maschinen, die durch die nukleare Explosion einfach zu flüssigen Aluminiumresten abfackelten und als Schlackereste in der Nordsee versank. Mit kleinen und größeren, spontanen Explosionen, wenn das heiße, immer noch teilweise leicht flüssige Aluminium im kalten Wasser aufklatschte, sanken die Aluminiumplacken zischend und fauchend mit aufschäumender Gischt auf den Grund des Ärmelkanals.

Da liegen die Aluminiumplacken heute immer noch am Meeresboden, im Sand und Schlick steckend und keiner weiß, was die Reste einmal zu bedeuten hatten. Es waren nicht die Überreste eines untergegangenes, versunkenes Schiffes aus einer der vielen Seeschlachten des Zweiten Weltkrieges, sondern Flugzeugaluminium von einer nuklear geführten Luftschlacht, kurz vor Ende des Zweiten Weltkriegs.

Keiner hatte je die Überreste geborgen, gar erstaunt noch eine atomare Reststrahlung festgestellt und sich gewundert, warum auf einem bestimmten, gradlinigen Weg auf dem Meeresboden vor der deutschen Nordseeküste soviel geschmolzenes Aluminium den Boden der Nordsee übersäte.

„Wie das heiße Aluminium mit dem Meerwasser reagiert und Explosionen hervorruft! Sollten wir nicht daraus eine Waffe machen und das Zeugs beispielsweise über deutsche Städte abkippen, so wie wir das mit Phosphor machen? Da können die Deutschen löschen so viel sie wollen, dass flüssige Aluminium reagiert dann erst richtig zerstörerisch!", meinte mal ein

Beobachter, der von Vorversuchen mit abgefackelten Flugzeugen durch nuklearen Beschuss Kenntnis erhielt.

Dörfler wachte leicht verstört aus seinem Traum auf und schaute sich verwirrt um.

Kein Alarmstart. Alles war ruhig. Die sonne schien schön warm, und die Uhr zeigte schon frühen Nachmittag.

„Heute wird nichts mehr mit einem Einsatz. Ihr habt Dienstschluss, klar?"

„Jawohl!"

Ein Einsatz gegen feindliche, angloamerikanische Bomberpulks, die über der Nordsee mit Atomtorpedos bekämpft werden sollten, hat es nicht mehr gegeben.

Die Torpedos wurden an eine unbekannte Stelle abtransportiert, und die Raketenjägerpiloten gingen bei den Engländern in Kriegsgefangenschaft.

Dort hatte man dem Geheimkommando des JG 400 eingeschärft, niemals über den geplanten Sondereinsatz zu reden und ihr Wissen mit ins Grab zu nehmen.

Daran hielten sich Dörfler und die anderen zeitlebens und niemand hatte je Kenntnis erhalten, was sich im Zweiten Weltkrieg noch so alles Verrückte abgespielt hatte.

…

Aus dem Internet:

Kriegstagebuch Chef TLR
vom
18.12.44 bis Kriegsende

Hier einige wichtige und interessante Auszüge aus o.g. Kriegstagebuch der Technischen Luftrüstung aus den letzten Kriegsmonaten.

Wobei in diesem Kriegstagebuch bestimmte Sonderwaffen nicht erwähnt wurden, weil diese entweder nicht in eine offizielle Berichterstattung einfließen sollten, nicht von der Luftwaffe und dem RLM kontrolliert wurden, oder weil das genannte Dokument im Nachhinein an bestimmten Stellen zensiert wurde.

Das „Originaldokument, dessen verbrannte Seiten man im Internet bestaunen kann erinnern einen an die MJ-12 Dokumente, die auch angesengt wurden, um sie als „echt" zu verkaufen.

Wie stark das o.g. Kriegstagebuch wirklich ist, was weggelassen oder zensiert wurde, ist unklar. Trotzdem bietet dieses Dokument einige schöne Indizien, die mit den Thesen des Autor konform gehen:

...

15.12.1945, Aussprache unter Leitung von über 1 TL-Jäger mit 109.011 (Heinkel TL-Triebwerk, Axialturbine, Anm.d.A.) am Entwurf beteiligten Firmen ?? Blohm & Voss, Heinkel und ??

8-248: Attrappenbesichtigung in ?? (Junkers Ju 248, Strahlflugzeug von Junkers, verbesserte und neu konstruierte Maschine auf Basis Me 163 mit größerer Reichweite. Drei bis fünf Prototypen wurden gebaut, Anm.d.A.)

...

8,8 cm Leuchtgranaten-Flak-Munition.

Die Entwicklung 8,8 cm **Leuchtgranaten mit gelbem, grünen oder roten Leuchtkörper am Fallschirm** sowie der 8,8 cm Signalgranaten mit 2 freifallenden Leuchtkörpern in den Farben gelb, grün oder rot ist abgeschlossen und die Fertigung voll angelaufen.

Anmerkung:

Auch alliierte Flugzeuge hatten entweder in den Tragflächenenden oder am unteren Rumpf (P-38) drei Blinkleuchten in den Farben Rot, Gelb und Grün zur Signalgebung.

...

Automat 5,5/4,1 konisch:

Vortrag des Chef-Ing. Flak über die Entwicklung einer **automatischen Waffe 5,5/4,1 konisch** in der Sonderkommission **Automatische Kanonen**.

Erhöhung der Anfangs-, Flug- und Richtgeschwindigkeit notwendig.
Projekt 5,5/4,1 konisch mit v_0 = 1.350 m/sec.

TLR-Flak/Chef gibt Konstruktionsbedingungen an die Firmen.

Die Forschungsführung reicht in ihren Wochenberichtführung: vom 7.
bis 14.12. und 15. bis 21.12.1944 Kurzberichte über folgende
Arbeitsgebiete ein:

1. Leistungssteigerung des Argus-Schmidt-Rohres
2. **Gruppenmotor 5.000 PS**
3. 12,8 cm Flakschrapnell
4. 21 cm Bordrakete mit Schrapnell
5. Entdüppelung von Panoramageräten
6. Engl. Navigationsverfahren
7. 8-162 (Heinkel He 162 „Volksjäger, Anm.d.A.) Flugeigenschaften
8. Deichselschlepp

(Mappe D/Wochenberichte Forschungsführung Nr. 1 und 2)

Anmerkung:

Interessant ist die Automatisierung von Waffen, wie eine Flak-Kanone oder auch die vom Autor bereits besprochenen Flugkörper.

Auch MG-Stände bei Flugzeugen wurden mehr und mehr automatisiert, ferngelenkt, bzw. die MG-Stände richteten sich selbständig auf das zu bekämpfende Ziel, wie ein angreifendes Jagdflugzeug aus.

So hatte auch der sehr innovative Großbomber Boeing B-29 automatisierte Geschützstände. Die gesamte, sehr aufwändige Entwicklung der B-29 soll übrigens an die 3 Milliarden U.S. Dollar gekostet haben, mehr als das Manhattan Projekt.

Die Boeing B-29 war so fortschrittlich, dass eine B-29 Bombercrew 79 attackierende feindliche, japanische Maschinen bekämpfte und abhielt, den Bomber abzuschießen. Die U.S. Besatzung schaffte es sogar, 7 Japaner abzuschießen.

Die Waffenplattformen der B-29 waren so überlegen, dass eine Eskorte von Jagdflugzeugen, wie bei den B-17 und B-24 Bomber, eigentlich unnötig war. Und Major General Curtis LeMay, ein Russenhasser seines gleichen, der u.a. den „Crome Dome", die 24/7/365 B-52 Patrouille um die ganze Welt anlaufen ließ, um im Kalten Krieg die Russen vor einem Angriff auf die USA abzuhalten, meinte bezüglich der B-29:

„These big boys can take care of themselves."

"Die großen Jungs können sich um sich selbst kümmern!"

Da die Boeing B-29 groß und geräumig war, konnte sich die Besatzung bei den stundenlangen Langstreckenflügen halbwegs wohl fühlen.

Wobei der Rumpf druckbelüftet war, wie bei den heutigen Airliner, sodass die Besatzungsmitglieder auch in großen Höhen „hemdsärmelig" sich im Flugzeug aufhalten konnten, ohne dicke, gefütterte Fliegerkombinationen tragen zu müssen.

Durch den großzügig gestalteten Innenraum konnten auch noch sperrige Computeranlagen verbaut werden, die die Abwehrtürme, die Abwehrbewaffnung des Bombers gezielt steuern und auf Feindmaschinen ausrichten konnten.

So mussten die „Gunner" nicht mehr physisch die Abwehrstände bedienen und sich in enge Kanzeln hineinzwängen. Die Türme wurden elektrisch betrieben und folgten den manuell oder Computer gesteuerten Visiereinrichtungen.

Fünf Visierstationen waren im ganzen Rumpf der B-29 verteilt. Jeder dieser Stationen hatte einen eigenen Computer, der die Ziel- und Treffergenauigkeit beim Abschuss von Feindflugzeugen unterstützte. Der Computer berechnete und berücksichtigte Faktoren, wie Windeinflüsse, Außentemperatur, Feuchtigkeit, die Entfernung zum Ziel, die Fluggeschwindigkeit des Feindflugzeuges und natürlich den Vorhalt, damit eine MG-Garbe auch das sich bewegende Flugziel im richtigen Winkel trifft.

Ein revolutionäres Feuerleitsystem, das so genannte „General Electric Central Fire Control System" machte dies möglich.

Ob bei einem geheimen Technologieaustausch auch, z.B. über Lissabon in Portugal, diese neuartige Feuerleitanlage als Blaupausen an deutsche Techniker und Luftfahrt- und Waffenfirmen gingen, ist unklar, aber denkbar.

Es ist ja auch an die Sowjets gegangen, damit der druckbelüftete TU-4 Atombomber ebenfalls mit derselben Abwehrtechnologie ausgestattet werden konnte, da frühere, herkömmliche Abwehrstände nicht mit einem Drucksystem ausgestattet waren und die Kanoniere entweder im Freien oder in zugigen MG-Türmen hockten.

Die „Gunner" in der B-29 konnten sogar mehrere Abwehrtürme gleichzeitig bedienen und auf die Feinflugzeuge ausrichten, die dann automatisch die Jagdflugzeuge verfolgten und abschossen.

Dieses zentrale, fern- und Computer gesteuerte, innovative Abwehrsystem wurde auch in andere U.S. Flugzeuge eingebaut, so in die P-61 "Black Widow" Nachtjäger.

Wobei man sich fragt, ob auch in der Sowjetunion man sich diesen gigantischen Aufwand leisten konnte und auch die notwendigen technologischen Kapazitäten besaß, um so ein komplexes Großflugzeug, inklusive des neuartigen Abwehrsystems mal so mir nichts, dir nichts, aufgrund erbeuteter Exemplare einfach so zu kopieren, zu klonen.

Da hätte sich die U.S. Firma Boeing aber ärgern können, wenn man so viel Mühe und Energie in die hunderte Millionen teure Entwicklung steckte und die Russen kopierten locker die ganze neue (Computer) Technik, ohne die zuvor aufwändigen Vorarbeiten leisten zu müssen.

Man wird den Russen diese Technologie „geschenkt" haben (wohlmöglich später kompensiert mit „Naturalien", wie Öl und Gas über Rockefellers „Standard Oil"). Gut denkbar, dass sich sogar russische Techniker und Ingenieure in den USA bei Boeing im Rahmen des „Lend-Lease Programms" aufhielten und lernten, wie man eine B-29 baut, oder die komplexe

Computer unterstützte Selbstverteidigungsanlage zur Abwehr gegnerischer Flugzeuge zu beherrschen und richtig und effektiv anwenden zu können.

So, wie russische Experten bei der Flugzeugfirma Bell Aircraft weilten (die auch die B-29 in Lizenz fertigten), um sich ihre Bell P-39 „Aeracobra" verbessern und den Luftkampf-Bedingungen über der Sowjetunion anpassen zu lassen.

Der Autor hält das einfache Kopieren, das „Clonen" amerikanischer B-29, die den Sowjets im Osten in die Hände gefallen waren, als ein schönes Märchen im Rahmen der allgemeinen Vertuschung kompromittierender Kriegsereignisse innerhalb des Zweiten Weltkrieges.

Denkbar wäre, dass deutsche Fernlenksysteme für automatische Abwehrwaffen, die z.B. in die Junkers Ju 388 eingebaut wurden, wie die FA 15 Fernbetriebsanlage mit den dazugehörigen Periskopvisieren, in der Sowjetunion von Junkers Mitarbeitern fertig gestellt wurden und in das sowjetische Junkers Entwicklungsflugzeug, EF 140 eingebaut und erprobt wurde, als Vorbild und Anhaltspunkt für das Verständnis der komplexen Anlage in der B-29 hergehalten hatte.

Wobei das amerikanische Computersystem und dessen Programmierung trotzdem nicht auf Anhieb in der Sowjetunion verstanden worden sein konnte, sodass Rücksprache mit den U.S. Entwicklern hätte erfolgen müssen (was gffs. auch heimlich unternommen wurde).

In Deutschland wurden ebenfalls an so genannten „Fernantriebe", FA gearbeitet. Insbesondere waren diese ferngesteuerten Waffenstände interessant für Maschinen mit Druckkabinen (wie auch die B-29) und Flugzeuge, die in großen Höhen operierten.

Denn bemannte Waffenstände und -türme hätte man sonst ebenso druckbelüftet gestalten müssen, was aufwändig und schwer umzusetzen war und außerdem zusätzliches Gewicht eingebracht hätte.

Eine ähnliche Maschine wie die amerikanische Superfortress war die Heinkel He 177 und deren Nachfolger, die mit FA-Systemen ausgestattet wurden.

Der Strahlbomber Junkers Ju 287 sollte FA-Stände erhalten, wie auch die Nachfolger der Junkers Ju 88 Bomber, wie Ju 288 und Ju 388.

Bekannt ist der zweimotorige Zerstörer Me 210/410. Die Maschine hatte hinten am Rumpf auf jeder Seite einen ferngelenkten MG-Stand zur rückwärts gerichteten Flugabwehr.

Die Fernbetriebsanlage FA 15, die in Brandenburg bei Arado gefertigt werden sollte, konnte aufgrund der schlechten Kriegslage nicht mehr fertig gestellt werden.

Dagegen wurde die FA 15 Anlage in der Sowjetunion mit Hilfe deutscher Mitarbeiter von Junkers gebaut und erprobt. Zusammen mit den Periskopvisieren PVE 8 und 11 wurde die Fernbetriebsanlage FA 15 in das Entwicklungsflugzeug EF 140 von Junkers eingebaut.

Hier hätten also die Junkersleute den Russen beratend zur Seite stehen können, um auch zu versuchen, die amerikanische Visieranlage in der Boeing B-29 zu verstehen.

Ob aber die geheime Kopie der „Superfortress" mit deutscher Hilfe erstellt wurde, ist unklar, da dieses Flugzeug ja eine entscheidende Rolle als Atombomber mit großer Reichweite im

Dritten Weltkrieg gespielt hätte und für die Sowjets im Kalten Krieg ebenso von Bedeutung war, bis bessere Eigenkonstruktionen verfügbar waren.

Da aber der Dritte, fast ausschließlich nuklear geführte Weltkrieg, so wie er aus dem Hintergrund heraus vorgesehen zu sein schien, schon im Sommer 1945 anlaufen und etwa 10 Jahre anhalten sollte, hätten die Russen schnellstmöglich einen brauchbaren Langstreckenbomber benötigt, um den Westen mit Atombomben anzugreifen.

Wohlmöglich war diese Tatsache im Jahre 1944 allen zukünftigen Kriegsteilnehmern (USA, SU) des Dritten Totalen Weltkrieges bewusst und man übte schon einmal innerhalb der Kriegswirren des zweiten Weltkrieges bei den willigen Deutschen und dem zukünftigen Hauptschlachtfeld die Bekämpfung dieser Großbomber, der B-29, bzw. der TU-4.

Beide Großmächte hätten wissen wollen, wie sich eine „Dead Man" Explosion in der Atmosphäre in circa 5-10.000 m auswirkte, welche Gegenmaßnahmen erforderlich sein würden und wie sich eine nukleare Detonation am Himmel und deren Folgewirkungen auf die Umgebung, die Bevölkerung oder bei EMP-Effekten auf, z.B. die Kommunikation auswirkte.

Da der Dritte Weltkrieg, wie er in den 1930/40 noch angedacht gewesen sein könnte, so nicht kam, schien man sich die Option offen gehalten zu haben, den Kalten Krieg, der von nie gekannter Hochrüstung mit atomaren Waffen und Raketen gekennzeichnet war, irgendwann „heiß" werden zu lassen.

Inwieweit heute noch die Gefahr besteht, dass gewisse Gruppen und Kreise, Nachfolger derjenigen, die bereits vor mehr als 70 Jahren die Welt in eine nukleare Verwüstung stürzen wollten, den eventuell nur aufgeschobenen WK III doch noch auszulösen, ist unklar.

Das dieser „letzte Krieg auf Erden" von anderen Kreisen zu verhindern versucht wird, zeigen ja die Überflüge von „UFOs", von unkonventionellen, unbemannten und autonom agierenden EM-Aufklärungsdrohnen, die bis heute (Stand 2019) immer noch sensible Atomanlagen in Ost und West kontrollieren und ggfs. funktionsuntüchtig machen können!

Höchstwahrscheinlich bekamen also die Russen tatkräftige Unterstützung aus Amerika, um die Kopie der angloamerikanische „Superfortress" anständig ausführen und zum Erfolg bringen zu können.

Bei der beginnenden Automatisierung des zukünftigen Gefechtsfeldes, auch und insbesondere bei einem Nuklearkrieg, sei hier an die automatische Kamera der Firma Gema erinnert, die automatisch, sowohl stationär, wie auch tragbar mit eigenem Generator, ortsfeste Artillerieziele, als auch bewegliche Luftobjekte unabhängig von den atmosphärischen Bedingungen lokalisieren konnte.

Zudem könnte der Flugkreisel, die kleine 3m durchmessende Drohen später ferngelenkt worden sein, dazu die autonom fliegende elektrostatische und elektromagnetische Flugkörper, die entweder ferngesteuert von Piloten und „Operateuren" am Boden, oder in der Luft von anderen Flugzeugen (Mutterflugzeuge, wie He 111 oder „Fliegende Zigarren", die kleinere Flugkörper ausstoßen, die dann selbstständig ihre in Auftrag gegebene Mission ausführen.

Dieses autonome Fliegen hat man nach dem Krieg erfolgreich bei den „UFOs" umgesetzt, den elektromagnetische Drohnen in unkonventioneller Bauart, die die Propaganda und das Militär gerne als außerirdische Raumschiffe dem unwissenden Publikum verkauft.

Ein großartiger Propaganda-Coup, der weltweit bestens funktioniert und eine hoch geheime Aufklärung feindlicher Militärziele und Atomstützpunkte im Feindesland kaschiert, die insbesondere im Kalten Krieg als Hochverrat angesehen worden wäre.

Da aber niemand bis heute weiß, dass eine russische Aufklärungsdrohne in Scheibenform über NATO-Anlagen ungestört Aufklärung betreiben darf, regt sich auch niemand ernsthaft darüber auf.

...

Flugzeugausrüstung:

Das für 8-162 (Heinkel He 162 „Salamander/Volksjäger") entwickelte **billigste Bordfunkgerät** hat folgende Erprobungsergebnisse ergeben:

Funkreichweite wie beim FuG 16 Zy (=optische Sicht), Zielflugreichweite = 50%. Dieser Wert wird ab 1.000. Gerät auf 75%, ab 3.000. Gerät auf 110% gebracht. Damit löst es das FuG 16 Zy und FuG15 ab. Arbeitsaufwand 20-25% dieser Geräte.

Nachtjagdbordsuchtechnik:

Gerät FuG 218 V ist mit Mindest-Reichweite von 5 km gegen Flugziele freigegeben worden.

Tonne

Trotz dringendster Anforderung 8-262 bisher nicht erstellt, daher Einbau von **Tonne für Mistel** stark verzögert.

Anmerkung:

Auch hier wollte man wohl ein Mistel-Flugzeug, die untere Komponente, die entweder mit herkömmlichen, oder atomaren Sprengkopf bestückt war, mit einer Kamera fernsteuern. Was besonders Sinn macht, wenn eine nukleare Explosion einen größeren Abstand zu der Fernlenkmaschine erforderte.

...

20.12. **Hubschrauberfertigung:**

Forderung für Anlauf der Serienfertigung

1. **FA 223** in Auftrag gegebene 30 Flugzeuge werden in jetzigem Ausrüstungszustand übernommen. Für Erprobung und Schulung. Anlauf der Serie, dass ab **Juni 1945 25-30 Flugzeuge monatlich** ausgeliefert werden. Flugzeug muss schlechtwetterflug- und landefähig sein und FT-mässig mit Funktrupps des Heeres zusammenarbeiten können.

2. **FL 339 Forderung ungefähr wie FA 223.**

Genaue Stückzahl und Ausrüstungsforderung folgt.

(Mappe A/Meldungen B Nr. 1)

Anmerkung:

Im Jahre 1944 forderte das RLM in Berlin einen Hubschrauber, der eine höhere Zuladung aufweisen sollte, als der Flettner Fl 282 „Kolibri".

So wurde der Mehrzweckhubschrauber Flettner Fl 339 entworfen.

Das ineinander kämmende Prinzip mit zwei Rotoren aus der Fl 282 wurde beibehalten, der Rotordurchmesser dagegen wurde auf 13 Meter erhöht. Ansonsten wurde der Hubschrauber in seiner Konstruktion vereinfacht, was der Mangelwirtschaft im Krieg geschuldet war. Der Aufbau der Rotoren wurde vom „Kolibri" übernommen. Weil durch die einfache Bauweise die Maschine leichter wurde, konnten dadurch bessere Flugeigenschaften und -leistungen erzielt werden.

Die Antriebseinheiten, wie Argus AS 10 C Reihenmotor mit 240 PS und das Rotorgetriebe waren der Einfachheit halber in einer Gondeleinheit zusammengefasst worden, die oberhalb der Piloten angebracht war.

Die beiden Hubschrauberpiloten saßen Rücken an Rücken innerhalb eines unverkleideten Stahlrohrgerüstes (das evtl. später genauso verkleidet werden konnte, wie auch bei der Fl 282 „Kolibri" und anderen Hubschrauber-Modellen, die ggfs. bis heute von der Zensur vertuscht werden.).

Insgesamt waren sechs unterschiedliche Versionen des Flettner Fl 339 vorgesehen:

- Borderkunder

- Aufklärungs- und Beobachtungshubschrauber

- Kurierflugzeug

- Sanitätsflugzeug

- Transport und Arbeitsflugzeug

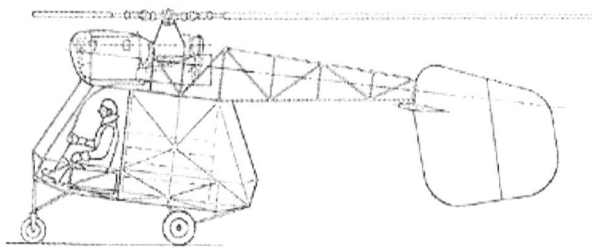

Diese Transportversion konnte eine Last bis 300 kg anheben und schleppen.

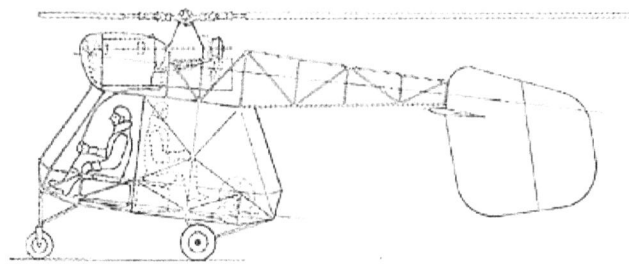

Die Allzweck-Version war in der Lage, z.B. Telefonkabel aus der Luft heraus in einem unzugänglichen Geländeabschnitt zu verlegen.

Die Aufgaben aller genannten Fl 339 Varianten wäre also ähnlich des Fi 156 "Storch" gewesen.

Ein Allzweck-Flugzeug, das als Senkrechtstarter in unterschiedlichen Situationen, z.B. die Bodentruppen unterstützte, kleinere Einheiten von Kampf- und Elitesoldaten hinter die feindlichen Linien brachte, Seenotrettung durchführte, als Beobachtungsflugzeug auf dem Gefechtsfeld diente, Artilleriebeobachtung und Zielerfassung für Geschützbesatzungen ausführte, U-Boot-Jäger im Zusammenspiel mit Flugbooten oder Wasserflugzeuge, wie die Arado Ar 196, Luftnahunterstützung für Bodentruppen oder als Angriffshubschrauber leisten konnte, oder Kurierflüge an die Front durchführte und so weiter und so fort.

Ob diese Maschine noch in einer Kleinserie aufgelegt wurde, ist unklar. Ein Produktionsauftrag von 30 Maschinen wurde noch Ende 1944 erteilt.

Leicht und unkompliziert zu fertigen und endzumontieren wäre die Maschine gewesen. Argus Reihenmotoren waren aus der Fertigung für Fi 156 oder Bf 108 noch genügend vorhanden.

Eine Produktion im Eulengebirge, entweder in Schweidnitz oder einer geheimen U-Anlage in der Gegend von „Riese", unentdeckt von alliierten Flugzeugen, wäre durchaus denkbar gewesen.

Anton Flettner hatte ja guten Kontakt zur SS und Himmler. Ob die SS für ihre Kampfsoldaten eben diesen Fl 339 für eine Luftnahunterstützung noch aus Dringlichkeitsgründen (Führerbefehl oder dringliche Anordnung von Gen. Kammler) anforderte und ob die Kriegslage es noch hergab, dass einige der Fl 339 Hubschrauber gefertigt und ausgeliefert werden konnten, gibt die momentan heftig zensierte Geschichtsschreibung des Zweiten Weltkrieges leider nicht her.

Denn auch und gerade in einem, ab Sommer 1945 angelaufenen Dritten Weltkrieg wären Hubschrauber unterschiedlichster Ausführung für den Vormarsch deutsch/angelsächsischer Truppen auf die Russen in den östlichen Landesteilen des Reiches von großem Vorteil gewesen, was die Vernichtung von sowjetischen Bodentruppen und deren stationierten Panzereinheiten betraf.

Aber es gibt Gerüchte, dass es zumindest bei der Ardennenschlacht es zu einem Hubschrauberangriff der Deutschen (unter SS-Kommando?) auf U.S. Bodentruppen und Panzer kam.

Ob dabei der zweisitzige Flettner Fl 339 eine Rolle spielte, oder gar ein anderer, bis heute vertuschter deutscher Helikopter daran beteiligt war, der auch „Gun-Ship-Eigenschaften" gehabt haben soll, gilt es noch herauszufinden.

Abb.:

Flettner Fl 339 im Gebirge. Siehe auch Gebirgsübungen mit der Focke Achgelis „Drache".

Focke-Achgelis Fa 283 Hubschrauber

In dem Buch „*Die deutsche Luftrüstung 1933 – 1945*" von Heinz J. Nowarra heißt es zu o.g. Hubschrauber:

„Bei diesem Projekt, über das nichts weiter bekannt ist und das als „Tragschrauber mit Blasheck" bezeichnet wurde, dürfte es sich um ein Gerät mit **Strahlturbinenantrieb** gehandelt haben, bei dem die Ansaugschächte sich seitlich am Rumpf befanden."

EIDGENÖSSISCHES AMT FÜR GEISTIGES EIGENTUM

PATENTSCHRIFT

Veröffentlicht am 16. Juni 1944

Gesuch eingereicht: 4. Mai 1942, 17 ¼ Uhr – Patent eingetragen: 15. März 1944

Hauptpatent

Prof. Dr. Ing. e.h. Henrich Focke, Bremen (Deutsches Reich)

Hubschrauber mit Einrichtung zum Ausgleich des Rückdrehmoments

----

Die Erfindung betrifft einen Hubschrauber mit Einrichtung zum Ausgleich des Rückdrehmoments durch **den Rückdruck** mindestens eines entfernt von der Hoch- bzw. Querachse in **regelbarer** Weise **austretenden Strahls** von gasförmigem Medium.

Es sind **Hubschrauber bekannt**, bei denen das Rückdrehmoment ganz oder teilweise entfällt, weil der **Antrieb durch Gasstrahlen erfolgt**, die durch Düsen an der Hinterkante der Schraubenblätter austreten.

Bekannt ist auch die Herbeiführung eines Rückdrehmomentausgleiches an Luftfahrzeugen mittels am **Rumpfende angeordneter, allseits sichtbarer Ausströmdüsen.**

Ferner sind an Hubschraubern schon Einrichtungen vorgeschlagen worden, bei welchem der **Auspuffstrahl der Antriebsmotoren** über **Steuerflächen** geleitet wird, die zum Ausgleich des Rückdrehmomentes wie auch zum Zwecke der **Steuerung** vom Führer aus **verstellt** werden können.

Anmerkung:

Der Antrieb durch Gasstrahlen ist von dem österreichischen Baron Friedrich von Doblhoff, der dieses Konzept bereits in seiner Studienzeit 1937 bis 1939 entwickelt hatte, von der WNF 342 bekannt, die in Wiener Neustadt entwickelt und gebaut wurde.

Bei WNF sahen Augenzeugen auch unkonventionelle Fluggeräte, ob den Flugkreisel oder elektrostatische Flugkörper unterschiedlicher Bauart. Ob dort auch ein scheibenförmiger Düsenhelikopter entwickelt und erprobt wurde, ist unklar, entbehrt aber nicht einer gewissen Logik, da einige Techniken des Doblhoff Helikopters 1:1 auf den Scheibenhelikopter übertragbar waren.

Bei diesem konventionellen Hubschraubervorschlag wird an den Blattspitzen durch Düsen/Brennkammern mit Glühkerzen, ein Treibstoff-/Luftgemisch ausgestoßen und gezündet, um den Dreiblatt-Rotor in eine schnelle Drehbewegung zu versetzten.

Eine Abwandlung dieses Konzeptes von Doblhoff ist ein (bis heute geheim gehaltener und zensierter) scheibenförmiger Hubschrauber, der Anstelle von einzelnen Rotorblättern eine drehbare Scheibentragfläche besitzt.

Wo ebenfalls an mehreren Enden Treibstoff/Luftleitungen - in z.b. im Uhrzeigersinn ausgerichtete Düsenaustrittsöffnungen (Nozzles) die Fläche in eine Rechtsdrehung versetzen - mit der ringförmigen Außenkante bündig abschließen und unter hohem Druck stehenden Gasstrahlen ausströmen, die die Scheibentragfläche in eine schnelle Rotation versetzten, um Auf- und Vortrieb zu erzeugen.

Andere Hubschraubermodelle hatten an Heck des Rumpfes Düsenaustrittsöffnungen, wo ggfs. unter einem bestimmten Druck stehende Zapfluft vom Motor, ob ein Stern- oder Reihenmotor, durch Rohrleitungen am Rumpfende dieser Luftstrahl zur Stabilisierung des Fluggerätes um die Längs- und Querachse ausgeblasen wurde. Ob der Luftstrahl ebenfalls mit Treibstoff vermischt und gezündet wurde, um somit noch zusätzlichen Schub zu generieren, müssten entsprechende Dokumente aufzeigen.

Ob solche Dokumente bereits öffentlich zugänglich sind, ob bis jetzt unentdeckt von der Forschung, weil keiner mehr Ahnung hat, dass es solche Entwicklungen in Deutschland vorhanden waren, oder die technischen Unterlagen weiter geheim gehalten und zensiert werden, ist dem Autor leider nicht bekannt.

Welche Modelle von welchem Hersteller diese Methode anwendeten und ob es Prototypen gab, bedarf hier einer weiterführenden Recherche!

Da wohl diese Ausblastechnik - wozu interessanterweise auch die gesamte Technologie der „Grenzschichtabsaugung", also das Ausblasen von Zapfluft an Rumpf und Tragflächen zur Widerstandsreduzierung, was zur Geschwindigkeits- und Reichweitenerhöhung erheblich beiträgt - „Reibungsloser Luftstrom", sowie das Anblasen von Steuerflächen zur Erhöhung der Ruderwirksamkeit, bis heute der allgemeinen Militärzensur unterliegt und wenig bis gar nicht bekannt ist und bekannt werden soll.

Praktisch könnte man heute z.B. bei der europäischen Flugzeugfirma Airbus eine Passagiermaschine mit einer einfachen Grenzschichtanlage ausstatten, um den Treibstoffverbrauch durch den Reibungslosen Luftstrom zu senken. Der damit erzielte reduzierte Treibstoffverbrauch könnte sich positiv auf die Ticket-Preise niederschlagen, und weniger Treibstoff hilft zudem der Umwelt.

Hier kann das Militär, insbesondere das federführende U.S. amerikanische Militär, die „Herren der Welt" ausgestattet mit unbegrenzter Macht, die Hand darauf halten, um allen Flugzeugherstellern der Welt vorschreiben zu können, bestimmte Luftfahrttechniken außer Acht zu lassen, um gewisse Machenschaften („UFOs" und andere Geheimflugzeuge mit solchen Techniken, dazu Raumschiffe) weiterhin vor der Öffentlichkeit vertuschen zu können.

Weiter heißt es bei Henrich Focke zu diesem speziellen Hubschrauber mit Blasheck:

„Gemäß Erfindung zeichnet sich der Hubschrauber durch **Verdrehbarkeit** des mit **der Strahlaustrittsöffnung** versehenen Rumpfendes um die Rumpflängsachse aus. Damit wird bezweckt, dass die **Seitensteuerung**, die **Höhensteuerung** und der **Ausgleich des Rückdrehmoments** in einfacher Weise durch **Drehung des Rumpfendes** erwirkt werden können.

Befindet sich beispielsweise die **Strahlaustrittsöffnung an der Rumpfseite**, nach welcher das Rückdrehmoment der Hubschraube das Rumpfende zu drehen bestrebt ist, wo wirkt Rückdruck des austretenden Gas- oder Luftstrahls diesem Drehmoment entgegen.

Da das auf den Rumpf wirkende Rückdrehmoment der Hubschraube naturgemäß mit der Drehmomentaufnahme der Hubschraube vom Triebwerk aus schwankt, sind vorteilhaft Mittel vorgesehen, die eine Änderung des vom austretenden Strahl erzeugten Momentes um die Hochachse ermöglichen. Es können zum Beispiel die **Strahlrichtung beeinflussende**, in oder **vor der Austrittsöffnung** angeordnete **verstellbare Leitflächen** vorhanden sein.

Eine andere Lösung besteht darin, dass an der, der Hauptaustrittsöffnung gegenüberliegenden Rumpfseite eine oder mehrere **Hilfsaustrittsöffnungen** vorgesehen sind, durch die ein vom **Hauptstrahl regelbar abgezweigter Gas- oder Luftstrahl** austritt.

Durch willkürliche **Über- oder Unterbemessung** dieser Verstellung zur Anpassung des Momentausgleiches kann eine **Seitensteuerung** bewirkt werden.

Mit dem um die **Rumpflängsachse drehbaren Rumpfende** ist aber **ebenfalls die Höhensteuerung** möglich, wenn durch Verdrehen des Rumpfendes der **Strahl nach unten oder nach oben gerichtet wird** und somit die Reaktionskraft des Strahls wenigstens eine senkrechte Komponente hat, die dem Hubschrauber ein Moment um die Querachse erteilt.

...

Mit Rücksicht auf die Erhaltung der Steuerbarkeit im Tragschrauberzustand kann das bekannte, aus Höhen- und Seitensteuer bestehende Leitwerk auf dem Rumpfende beibehalten und gegebenenfalls im Hubschrauberzustand zusätzlich verwendet sein.

...

Hubschrauber mit Einrichtung zum Ausgleich des Rückdrehmomentes

vom 15.03.1944

PATENTANSPRUCH:

Hubschrauber mit Einrichtung zum **Ausgleich des Rückdrehmomentes** durch den **Rückdruck** mindestens eines entfernt von der Hoch- bzw. Querachse in regelbarer Weise **austretenden Strahls** von: **gasförmigem Medium, gekennzeichnet durch Verdrehbarkeit des mit der Strahlaustrittsöffnung versehenen Rumpfendes um die Rumpflängsachse.**

UNTERANSPRÜCHE:

1. Hubschrauber nach Patentanspruch, dadurch gekennzeichnet, dass mit jeder **Drehung des Rumpfendes** um die Längsachse zwangläufig eine **Änderung der Strahlstärke** zu dem Zweck bewirkt wird, die durch die **Richtungsänderung des Strahls** beim Drehen hervorgerufenen unerwünschten Seitensteuermomente auszugleichen.

2. Hubschrauber nach Patentanspruch, dadurch gekennzeichnet, dass mit jeder Drehung des Rumpfendes um die Längsachse zwangläufig eine Änderung des Winkels zwischen dem Strahl und der Längsachse zu dem Zweck bewirkt wind, die durch die Richtungsänderung des Strahls beim Drehen hervorgerufenen unerwünschten Seitensteuermomente auszugleichen.

3. Hubschrauber nach Patentanspruch, dadurch gekennzeichnet, dass mit jeder Drehung des Rumpfendes um die Längsachse sowohl eine Änderung des Winkels zwischen dem Strahl und der Längsachse als auch eine Änderung der Strahlstärke zu dem Zweck bewirkt wird, die durch die Richtungsänderung des Strahls beim Drehen hervor gerufenen unerwünschten Seitensteuermomente auszugleichen.

4. Hubschrauber nach Patentanspruch und Unteranspruch 2, dadurch gekennzeichnet, **dass zur Regelung des Ausgleiches der Seitensteuermomente ein Kreiselgerät** vorgesehen ist."

Anmerkung:

Die An- und Ausblastechnik ist aus der Grenzschichtforschung und von anderen, auch normalen Flächenflugzeugen seit den 1920er Jahren aufwärts bekannt.

Zudem nutzen Flugscheiben und unkonventionelle Fluggeräte solche Techniken, um zum Beispiel den Manöverstand im Zentrum eines rotierenden Flugkörpers in Ruhestellung halten zu können. Außerdem liegen Strahlruder im Strahl- oder Abgasbereich, um Richtungsänderungen vornehmen zu können.

Welches Wissen Prof. Henrich Focke aus der deutschen Luftfahrtforschung aus all diesen Einzelbereichen gehabt hatte, um seine Hubschrauberprojekte zu verwirklichen, ist unklar. Aber Prof. Focke und andere Ingenieure in seinem Werk könnte eben Zugriff auf solche

Technologien gehabt haben, bzw. wurden beratend von anderen Forschungsinstituten, entweder in Luftfahrtpublikationen oder Geheimkonferenzen darauf hingewiesen.

Da diese spezielle Technologie der Grenzschichtabsaugung und alle angrenzenden Teilbereiche immer noch der militärischen Geheimhaltung unterliegen, sind Informationen über die Fluggeräte der Flugzeugfirma Focke-Achgelis, sowie anderer Firmen bis heute (Stand 2019) schwer zu erhalten.

So wie es aussieht, wurde sicherlich nicht nur eine Labor-Versuchsanordnung zum Ausblasen der Luft- und Gasstrahlen vorgenommen, sondern es könnte auch ein funktionierender Prototyp des Fa 283 gebaut und erprobt worden sein.

Kurioserweise sind die deutschen Forschungsunterlagen mitten im Krieges in der neutralen Schweiz als Patent angemeldet worden (neben einem weiteren deutschen Reichspatent?) und ggfs. war nun das interessierte Ausland und der Rest der Welt (z.B. der OSS und Allen Dulles in Bern, Schweiz, die mitgelesen hatten) spätestens mit Veröffentlichung des Patents von Prof. Focke im Jahre 1944 in der Lage, Kenntnis von solch einem besonderen Hubschrauber zu erlangen, was gegen eine sonst übliche Praxis einer strikten Geheimhaltung militärischer Sonder-Entwicklungen spricht.

Welche anderen deutschen Patente aus der Kriegszeit wurden in der Schweiz bereits während des Krieges offen gelegt und waren allgemein zugänglich?

Eine Praxis, die heute noch gilt, sodass man sehr wohl Informationen über die Funktionsweisen der „UFOs" oder über Wettermanipulation, ect., zumeist aus nicht geheimen, offen gelegten U.S. Patentunterlagen erfahren kann und man sich nicht mit einer absoluten, undurchdringlichen Geheimhaltung herausreden kann, nach dem Motto, wir haben ja nichts gewusst.

Spekulativ könnte man annehmen, dass nach erfolgreicher Erprobung eines ersten Prototyps bei Focke-Achgelis in Bremen eventuell bereits eine kleine Vorserie von mehreren solcher Blas-Düsen-Hubschraubern aufgelegt worden war.

Wenn dem so war, hat die Militärzensur dieses und andere, ähnlich Hubschraubermodelle, auch von anderen deutschen Herstellern, wie Flettner, aus der Luftfahrtgeschichte gestrichen.

Warum?

Hier wieder die Vermutung, dass solche modernen, mit überragender Technik ausgestatteten Fluggeräte eben für einen nächsten Krieg vorgesehen waren, und dass ggfs. die Fa 283 sogar einsatzmäßig bei einer Kriegshandlung, in einem Gefecht „live" erprobt worden war.

Nach dem Krieg hat sich der U.S. Hersteller Hughes dieser Technik des Ausblasens am Heck eines Hubschraubers bemächtigt und unter dem Label „**No Ta**il **R**otor", NOTAR einige kommerzielle Erfolge erzielt.

Focke Achgelis Fa 330/336

Bei Heinz J. Nowarra, „Die Deutsche Luftrüstung 1933-1945", Band 2 heißt es zur Fa 336:

„Motorisierte Ausführung der Fa 330 mit einem 100 PS Motor. Diese
Version wurde in etwas veränderter Form nach dem Krieg in Frankreich
von der französischen SNCA du Sud-Est, die auch nach dem Krieg die
Fa 330 „Drache" als SE 3000 nachbaute, als SE 3101 fertig gestellt
und geflogen."

Die Fa 330 „Bachstelze", war ein leichter Klein-Tragschrauber, der innerhalb weniger Monate
im Jahre 1942 konstruiert und gebaut wurde. Die kleine Maschine war leicht und einfach zu
zerlegen, um den Ein-Mann-Helikopter in einem U-Boot schnellst möglich bei einem Alarm-
Tauchvorgang unter Deck verstauen zu können, nachdem der antriebslose Tragschrauber als
„erweiteter Ausguck" für die U-Boot Besatzung durch Seilschlepp entsprechende
Luftaufklärung bis und über den Horizont über See geflogen hatte.

Um die Nachteile dieses Kleinstmodells zu überwinden, wurde eine vergrößerte, einsitzige
Version entworfen, die zudem mit einer
entsprechenden Motorisierung versehen war.

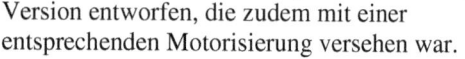

Ob ein unverkleideter Prototyp als unverkleidete
Gitterrohr-Rahmen Ausführung tatsächlich
gefertigt und erprobt wurde, geht leider aus den zu
Verfügung stehenden Informationen nicht hervor.

Orientiert man sich an dem französischen Nachbau,
war die FA 336 mit ihrem Hauptrotor und zwei
Ausgleichsrotoren am V-förmigen Heck, wobei je
ein, links und rechts angeordnete Heckrotoren ggfs.
eine verbesserte Laufruhe und Steuerbarkeit
gegenüber den heutigen Hubschraubern mit nur
einem Heckrotor aufwiesen, ungefähr 7 m lang, wog um die 500 kg und hatte ein
dreiblättrigen Hauptrotor mit circa 7,50 m Durchmesser und einem Fahrgestell mit Heckrad.

Wenn es also solch einen Prototyp bei Focke-Achgelis in Bremen gegeben haben sollte, wird
er in der Firmenchronik vertuscht.

Weil er nach dem Krieg zensiert wurde?

Warum? Diente der Leichthubschrauber Fa 336, der ggfs. ebenso U-Boote bekämpfen sollte,
als Ausgangsentwicklung für einen größeren, schwereren, zweisitzigen Kampf- und
Angriffshubschrauber, der zur Bekämpfung feindlicher Bodentruppen und Panzer entworfen
wurde?

So sollen Dokumente, die die alliierten Auswertungstrupps nach dem Krieg gefunden hatten,
davon berichten, dass ein **kleines Raketentriebwerk mit Flüssigtreibstoff** (abgewandeltes
Walter Triebwerk, neu entwickelte Gasturbine?) **mit einer Leistung von 145 Kilopont** helfen
sollte, die Fluglage der Maschine während des Fluges zu stabilisieren.

Dieser Hinweis würde darauf hindeuten, dass man mit einer tatsächlich gebauten und
flugtüchtigen Fa 336 als Erprobungsträger, Versuche mit der **Ausblastechnik** am Heck der
Maschine unternommen hatte, um das **Rückdrehmoment,** verursacht durch den Hauptrotor
auszugleichen, bei gleichzeitiger **Steuerung** der Maschine um die Hoch- und Querachse!

Unklar ist, wie genau oder bereits zensiert diese alliierten Dokumente sind und ob tatsächlich zuerst ein Kleinst-Raketentriebwerk zur Fluglage-Stabilität herangezogen worden war.

Dies würde bedeuten, dass die Fa 336 Erprobungsmaschine nur eine kurze Flugdauer hatte, da wohlmöglich nicht genügend Treibstoff in großen Mengen für das Raketentriebwerk mitgeführt werden konnte. Oder die Maschine hatte bereits eine entsprechende neu entwickelte Gasturbine, so wie dies bei den heutigen Hubschraubern der Fall ist.

Wenn der kleine, leichte Fa 336 Helikopter nur als Gitterrohrrahmen, also unverkleidet gebaut wurde, hatte das Fluggerät auch keine entsprechende Luftansaugschächte an den Seiten, um Frischluft zum Ausblasen am Heck einzusaugen.

Auch wird ein kleiner, 100 PS starker Motor nicht genügend Abgasdruck geliefert haben, um einen entsprechenden Strahl am Heck zur Steuerung und Stabilisierung des Hubschraubers ausstoßen zu können.

Deshalb könnte eben provisorisch der Fa 336 Versuchsträger, neben dem normalen Kolbenmotorantrieb, zusätzlich ein Raketentriebwerk, oder eine neu entwickelte kleine, leichte, aber dennoch leistungsfähige Gasturbine, die zudem einfach an- und abgeschaltet werden konnte, als Versuchsaufbau die Abgase am Heck zur Fluglagestabilisierung wegen des Drehmoments ausgeblasen haben.

Ob dieser nach hinten ausgeblasene Strahl, der durch eine drehbare Steuerdüse strömte, außerdem kräftig genug war, zusätzlich auch noch ein wenig Schub für den Vorwärts- und Kurvenflug zu generieren, müssten entsprechende Erprobungsberichte zeigen.

Wenn es dies Unterlagen gibt, sind diese, wie viele andere vertuschte deutsche Flugzeuge und Fluggeräte aus dem Zweiten Weltkrieg und deren Erprobung, zensiert und weggeschlossen in Archiven, die nicht frei zugänglich sind.

Außerdem wird es heute nur noch wenige Personen geben, die von solchen weiteren Flugzeugen, Prototypen, Versuchsträgern und Kleinserien wissen, da die meisten Zeitzeugen nach mehr als 70 Jahre bereits verstorben sind.

Somit wird ein Teil der luftfahrttechnischen Entwicklung aus Deutschland für absehbare Zeit für ein interessiertes Publikum verloren sein, wenn nicht gar für immer!

Diese mögliche Fa 336 könnte also nur ein reines Versuchsflugzeug gewesen sein, um die Erfahrungen daraus für andere, zukünftig zu realisierende Projekte nutzbar zu machen.

Wäre dies alles ein Indiz, dass eine Focke Achgelis Fa 283 als Angriffhubschrauber realisiert wurde? Und solche Helikopter gegen Ende des Krieges einen scharfen Versuchseinsatz gegen U.S. amerikanische Bodentruppen und Tanks in den Ardennen geflogen hatten?

Das andere Indiz sind die o.g. ausführlichen Patentunterlagen, die interessanterweise in der neutralen Schweiz im Frühjahr 1944 einer interessierten, sachkundigen Öffentlichkeit zugänglich gemacht worden waren, und nicht als Geheimpatent in irgendwelchen unzugänglichen Schubladen verschwanden!

Zudem interessant ist, dass diese Ausblastechnik, wie die gesamte Thematik der „Grenzschichtabsaugung" so gut wie gar nicht praktisch an Fluggerät – zumindest das in der

Öffentlichkeit bis heute bekannte Fluggerät – außer dem Hughes 500 als „NOTAR, im größeren Stil angewandt wurde oder wird.

Hier aus „Wikipedia" ein kurzer Auszug zu der Fa 336, die nach dem Krieg bei Borgward in Bremen von Henrich Focke ggfs. ein zweites Mal realisiert wurde, diesmal für den zivilen, kommerziellen Nachkriegsmarkt für „General Aviation":

Borgward Kolibri

„Der „Kolibri" wurde von Professor Henrich Focke konstruiert und war der erste eigenständig in Deutschland entwickelte Hubschraubertyp nach dem Zweien Weltkrieg.

Der Erstflug des als „Kolibri I" bezeichneten Prototyps fand am 8. Juli 1958 statt. Es wurde noch ein zweites flugfähiges Exemplar gebaut, das bereits die für die **Serienfertigung vorgesehene Vollverkleidung des Rumpfes aufwies.** Ob diese Maschine jedoch tatsächlich geflogen ist, kann nicht nachgewiesen werden. Es wurden **nur zwei Prototypen gebaut** und die Entwicklung nach dem Konkurs von Borgward 1961 aufgegeben.

Die konstruktive Auslegung des Kolibri mit einem <u>Stahlrohrgitterrumpf</u> war konventionell. Der **Rumpf des Prototyps war unverkleidet**, was bei der Serienausführung aber geändert werden sollte. Der **Heckausleger trug am Ende ein <u>V-Leitwerk</u>, an dessen beiden Spitzen jeweils ein Propeller den Drehmomentausgleich herstellen sollte.**
...

Anmerkung:

Es wurden also mindestens zwei Fa 336 Hubschrauber gebaut.

Einen Prototyp kopierten die Franzosen nach dem Krieg und ein Prototyp baute Prof. Focke in den 1950er Jahren in Bremen bei der Autofirma Borgward.

Gab es einen weiteren Prototyp bereits während des Krieges, der eine neue Ausblastechnik erprobte und deshalb von der Militärzensur bis heute aus der Öffentlichkeit als militärisch zu schützendes Geheimnis herausgenommen wurde?

Bei Wikipedia heißt es zu dem McDonnell Douglas NOTAR Helicopter unter anderem:

„NOTAR (No Tail Rotor; deutsch: kein Heckrotor) ist ein System der Firma McDonnell Douglas für den <u>Drehmomentausgleich</u> bei Hubschraubern <u>ohne</u> die typische Heckrotor-Konfiguration. Das Patent befindet sich im Besitz von Boeing.
...
Erprobungsträger war ein Hughes OH-6, bei dem der Heckausleger verstärkt worden war und **ein Mantelpropeller Luft in den Ausleger blies.** Diese strömte durch einen **Längsschlitz an der rechten Unterseite des Auslegers wieder hinaus.** Am Heck war eine

verstellbare Düse angebracht, um den **Schub zu steuern.** Der Erstflug dieses Systems fand am 17. Dezember 1981 statt.

Ähnliche Systeme, bei denen meist der **Abgasstrom des Triebwerks** genutzt wurde, wurden bereits in den 1940er Jahren bei der Cierva W.9, der Hiller J-5 oder in den 1950er Jahren bei der Aerotecnica AC-12 Norelle erprobt.
...
Die Vorzüge des NOTAR-Systems bestehen in dem geringeren Gefährdungspotenzial für Personen in der Start- und Landezone sowie in **geringerer Lärmentwicklung,** da der Propeller (Fan) innen liegt und es keine geräuschintensiven Turbulenzen zwischen Haupt- und Heckrotor gibt. "

Anmerkung:

Es werden zumeist angelsächsische Fluggeräte genannt, die einen NOTAR besitzen.

Der Hiller J-5 Helicopter war ein kleiner Experimental-Hubschrauber mit zwei Hauptrotorblättern und einem Schubstrahl-System am Heck. Ein Gebläse hinter dem Motor blies Luft in ein „Ofenrohr" ähnlichen hohlen Heckausleger zu einem Düsenauslaß am Heck.

Zu dem englischen Cierva W.9 heißt es bei Wikipedia unter anderem:

„Die Verwendung des Gasausstoßes am hinteren Ende des Rumpfs als Ersatz für einen Heckrotor erwies sich **als Fehlschlag.**

Dies betraf sowohl die Erzeugung eines unzureichenden Gegendrehmoments, als auch die schlechte Richtungssteuerung.

Dieses System war auch kein direkter Vorläufer des modernen NOTAR-Systems, da die W.9, im Unterschied zu dem modernen Verfahren, **nicht** den aerodynamischen **Coanda-Effekt** ausnutzte.

So werden beispielsweise bei der MD Helicopter „Explorer" die **seitlich wirkenden Kräfte hauptsächlich durch diesen Effekt** (Coanda Effekt an gekrümmten Flächen, wie runder Heckausleger, Anm.d.A.) in dem röhrenförmigen Teil des Heckauslegers erzeugt.

Der direkte Luftausstoß am Ende des Auslegers (wie bei der W.9) wird **nur** für den **Erhalt der Richtungsstabilität** eingesetzt. "

Die Aerotécnica AC-12 "Pepo" war ein spanisches zweisitziger Leichthubschrauber aus den 1950s Jahren.

Die AC-12 wurde von Jean Cantinieau entworfen und wie andere Entwürfe von ihm wiesen die Modelle einen charakteristischen Motorträger oberhalb des Abteils für den Flugzeugführer auf, um den Antrieb und das Getriebe unterzubringen.

Eine Maschine wurde wohl auch mit einer Ausblastechnik erprobt und ggfs. gemäß deutscher Forschungen in diesem Bereich kopiert.

Siehe hier den Entwurf von Flettner, wo ebenfalls oberhalb der Piloten der Motor samt Getriebe und Rotorkopf in einem Träger untergebracht waren.

Der Franzose Cantinieau baute die AC-12 für das spanische Militär und die ersten zwei Prototypen gingen im Juli 1954 in die Luft.

Wohlmöglich orientierte sich Jean Cantinieau an deutschen Hubschrauberentwürfen, da auch die französische Luftfahrtindustrie zuerst deutsche Maschinen nach dem Krieg nachbaute, bevor dann eigenständige französische Entwicklungen folgten.

Dass Prof. Henrich Focke schon ein funktionierendes System Anfang der 1940er Jahre patentieren ließ, bleibt unerwähnt. Entweder weil es heute keiner mehr weiß, oder weil man nicht will, dass man Kenntnis von deutschen Entwicklungen erhält, die in geheime Machenschaften und Geheimeinsätze eingebunden waren.

Bei dem McDonnell Douglas Helicopter wird ein Teil des <u>Abwindes vom Hauptrotor</u> in den hohlen Heckausleger geleitet, mit einem Fan, einem Verdichterrad komprimiert und so die verdichtete Luft durch eine <u>schwenkbare Düse</u> am Heck ausgeblasen. Der Pilot kann die Düse mit seinen Fußpedalen steuern, um neben dem Drehmomentausgleich den Helikopter um die Hochachse nach links oder rechts drehen zu lassen.

Die Luftströmung vom Rotor-Abwind wird <u>außen um</u> **den runden Hecklausleger geführt** und dabei der **Coanda-Effekt** ausgenutzt. Durch Auslassdüsen nur auf nur einer Seite des Heck-Auslegers (Steuerbord) wird die Luft zur Seite gelenkt und beschleunigt, was dem Drehmoment entgegen wirkt.

Vorläufige Beschreibung des Fa 283 Hubschraubers

War der Focke-Achgelis 283 Hubschrauber ein Schlacht-Kampfhubschrauber, sowie ein Truppentransporter, der entweder mit dem von der Fa 336 kommenden V-Leitwerk und zwei Heckrotoren ausgestattet werden sollte?

Das V-Leitwerk war „narrensicher", erprobt und bewährt und erbrachte keine größeren Schwierigkeiten, im Gegensatz zu einem neuem Ausblassystem mit den Nachteilen, die diese Technologie aufweisen kann. Wie verstopfte, vereiste Düsenauslässe am Heck, Fehlfunktion beim Schwenken der Heckdüse, Bruch des Rohrleitungssystems der Luftführung (auch bei feindlichem Beschuss), schlechte Steuerbarkeit bei heftigem Seitenwind usw.

Bei zwei Heckrotoren kann die Maschine bei Ausfall eines Rotors immer noch gesteuert werden und gerät nicht ins Trudeln.

Gab es beide Versionen, eine Ausblas-Variante und eine herkömmliche Version mit Heckrotoren?

Es soll Hinweise und Gerüchte geben, dass es einen deutschen „Gun-Ship" Hubschrauber im Krieg gegeben hatte.

Der von Prof. Focke entwickelte NOTAR Hubschrauber hatte keinen Heckausleger, wie die o.g. ausländischen oder heutigen modernen Hubschrauber.

Sondern die hintere, schwenkbare Auslassdüse war in das Heck eines normalen Flugzeugrumpfs integriert.

So war auch die Fa 283 ausgelegt: als Flugzeug ohne Tragflächen aber mit Drehflügeln, also einem Dreiblatt-Rotor.

Zudem hatte die FA 283 ein ganz normales, übliches Seitenleitwerk mit Seitenruder zur seitlichen Steuerung, wie bei jedem anderen Flächenflugzeug auch.

So hieß ja auch die damalige Philosophie, die u.a. Dr. Siegfried Günter, damals Chefkonstrukteur bei den Heinkel-Werken erläuterte:

„Von der Theorie her war bekannt, daß auch die **Propeller Auftrieb erzeugen**. Wenn sie **genügend groß und entsprechend gestaltet** sind, **genügt der Auftrieb** relativ langsam laufender Propeller für den **Horizontalflug**, jedoch nicht für Start und Landung. Die Tragflächen für die herkömmlichen Drachenflugzeuge, wie man die Starrflügler nennt, sind denn auch für die Bedürfnisse bei Start und Landung dimensioniert. „Für den normalen Schnellflug sind diese Flächen viel zu groß.‟

Man wollte Flugzeuge bauen, die keine Tragflächen mehr benötigten, da diese bei einem Schnellflug die Geschwindigkeit durch Gewicht und Reibung reduzierten.

Dieses Konzept hatte auch Dr. Lippisch mit seinen Fluggeräten verwirklichen wollen. Siehe hier das strahlgetriebene „Aerodyne" in der Nachkriegszeit!

Entweder würden solche Flugzeuge ohne Tragflächen durch einen starken Schubstrahl angetrieben, auf dem diese Flugzeuge auch „reiten", sprich für die Landung schweben konnten (Prinzip Lippisch), oder wie bei Focke-Achgelis, durch rotierende Tragflächen oder Propeller, also mehrblättrige Hauptrotoren.

Zudem setzte man auch auf Nurflügler, die Rumpf und Tragflächen in einem waren.

Diese Nurflügel-Flugzeuge waren aber zumeist instabil und die Gebrüder Horten meinten, durch ihren entdeckten, so genannten „Glockenauftrieb" im Zentrum ihrer Nurflügel-Entwürfe genügend Eigenstabilität und damit gute Flugeigenschaften erzielen zu können.

Bei der Flugzeugfirma Northrop in den USA bemerkte man sehr schnell, wie bei den großen Nurflügelbombern, wie instabil das Flugverhalten werden konnte und nach dem Absturz eines dieser Flugzeuge wurde die gesamte Entwicklung eingestellt.

Erst eine Computer unterstützte Fluglagesteuerung ermöglicht es heute, dass der Northrop B-2 Stealth Bomber normal fliegen kann, ohne abzukippen.

Damals gab es keine entsprechenden Computersysteme für eine künstliche Fluglagekontrolle und die Maschinen mussten von sich aus stabil genug, „wie ein Brett" in der Luft liegen können, ohne andauernd gegensteuern zu müssen.

Ein „Fliegender Rumpf" wie bei Lippisch benötigte ein ausgeklügeltes Strömungssystem, um stabil in der Luft zu liegen, was aufwändig und störanfällig war.

Ein anderes Konzept waren tatsächlich rotierende Tragflächen, die man als „Flugscheiben" bezeichnen kann, wo es unterschiedliche Varianten gab, die der Autor in seinen Publikationen besprochen hatte.

Eine Flugscheibe vereint auch Rumpf und Tragflügel in einem und ist bestens für Überschallflüge geeignet. Da alle Widerstands produzierenden Teile, wie Tragflächen, Triebwerke, Aufhängungen usw. sich innerhalb der Scheibe befinden.

Nachteilig sind die vielen störanfälligen, beweglichen und verschleißanfälligen Komponenten, die ein schnell rotierender Flugkörper besitzt, die alle ausfallen und zu einem Absturz der Maschine führen können.

Außerdem muss man viel Aufwand betreiben, den Manöverstand, das Cockpit in Ruhestellung zu halten. Was gewisse Techniken, wie stabilisierende Kreiselgeräte oder Blassysteme mit Druckluft benötigt, die schwer sind, Platz beansprucht und bei längerem Gebrauch störanfällig werden können.

Ein anderes System eine Scheibe ohne Drallstabilisierung flugfähig zu machen, ist ein Über- und Unterdruck künstlich durch sowohl raue als auch glatte Oberflächen herbeizuführen. Siehe hier die „Qualle" Flugscheibe", die man ggfs. für ein Atomexperiment missbraucht hatte.

Aber auch hier wird es genügend Störanfälligkeiten gegeben haben, sodass diese Variante heute kein Bestand mehr hat.

Alle strahl-, ob düsen- oder raketenbetriebenen Scheibenflugkörper sind wohl mittlerweile außer Dienst gestellt.

Nur die elektrostatischen und elektromagnetischen Flugkörper, die kaum noch störanfällige bewegliche Teile mehr benötigen, sind weiterhin im - heimlichen - Einsatz.

Diese werden aber für hoch geheime militärische Aufklärungs- und Kontrollflüge verwendet, von denen die weltweite Bevölkerung aus bestimmten Gründen nichts wissen darf. Deshalb verkauft eine gut eingespielte Propaganda diese unkonventionellen Fluggeräte als außerirdischer Herkunft, was lästige Fragen vermeiden hilft.

Alle die zumeist deutschen Techniken aus der Luftfahrt der 1930/40er Jahre sind untergegangen und werden heute kaum mehr weiter verfolgt.

Flugzeuge ohne Tragflächen sind wahrscheinlich heute auch kaum mehr vermittelbar, da kein Flugpassagier in einen Airliner einsteigen möchte, der keine Tragflächen hat und auf seinem Schubstrahl reitet. Dies gilt auch für Nurflügler oder Senkrechtstarter.

Alle Abwandlungen, wie Nurflügler, Nur- Rumpf-Flugzeuge oder scheibenförmige Fluggeräte sind heute „out", da sich die, auf dem globalen Markt befindlichen Flugzeuge im Alltagsbetrieb seit Jahrzehnten bestens bewährt haben.

Das normale Flächen-/Drachenflugzeug hat sich bewährt, auch was die Zuladung an unterschiedlichen, schweren Waffenlasten unter den Flächen für die Militärluftfahrt betrifft.

Das deutsche Konzept von Flugzeugen ohne Tragflächen ist nach dem Krieg untergegangen und scheint auch keine Erwähnung mehr zu finden.

Somit diente das Ausblasen von Gasstrahlen an der verstellbaren Düse am Heck bei der FA 283, höchstwahrscheinlich unter zu Hilfenahme eines kleinen Raketen- oder Strahltriebwerkes als Haupttriebwerk, das einen entsprechenden Gasstrahl generierten, zur Stabilisierung und Steuerung der Maschine und sollte den Heckrotor ersetzen.

Möglicherweise wurde das Ausblasen am Heck unter zu Hilfenahme von Zapfluft, abgezeigt vom Haupttriebwerk vorgenommen.

Für das Haupttriebwerk oberhalb der Besatzungskabine könnte ein Strahltriebwerk, oder eine neu entwickelte Gastrubine (siehe Escher Wyss bei Ravensburg/Bodensee, oder Müller Gasturbine, die auch für Panzer vorgesehen war) für den Flugzeugbau, im Gegensatz zu einem Flüssigkeits-Raketentriebwerk (wie in der Fa 336), verwendet worden sein.

Die benötigt Luft, entweder zum Betrieb der Turbine oder der Ausblasvorrichtung am verstellbaren Heck, bzw. für beide Anlagen, strömte durch große rechteckige Einlassöffnungen an den beiden Rumpfseiten ein.

Die Version, von der es Modellbilder und Zeichnungen gibt, hat je einen Lufteinlass an den Rumpfseiten links und rechts, was darauf schließen lässt, dass evtl. eine - neu entwickelte oder von anderen Turbinen/Turboproptriebwerken abgewandelte - Gasturbine unterhalb des Hauptrotors positioniert, mit Frischluft versorgt wird.

Wohlmöglich befindet sich das Strahltriebwerk hinter einem Brandschott und davor die Besatzungskabine mit den zwei Piloten.

Die Flugzeugführer sitzen ganz vorne unterhalb einer sphärischen Kabinenverglasung, um den Hubschrauber zu steuern. Eine Verglasung befindet sich zudem unterhalb der Füße der zwei Piloten, sodass einerseits eine gute Rundumsicht nach vorne und zudem nach unten für Start und Landung gewährleistet ist.

Eine in Natursilber gehaltene, heiße und deshalb unbemalte Verstelldüse ganz hinten am Rumpfheck wird nicht nur einen permanenten Gasstrahl zum Ausblasen erzeugen, damit der Torque, das Drehmoment des Hauptrotors ausgeglichen wird (Gegendruck), sondern es könnte auch ein zusätzlicher Schubstrahl vom Haupttriebwerk ausgestoßen werden, was zur Geschwindigkeitssteigerung beiträgt.

Ob der dreiflüglige Hauptrotor in einen Autorotationsmodus gebracht werden konnte, um dann in der Hauptsache mit dem Strahltriebwerk einen Vorwärtsschub zu erzeugen, wäre vorstellbar. Sodass der Hauptrotor nur im Schwebeflug, sowie bei Start und Landung eingekuppelt, den Auf- und Vortrieb erzeugt.

Die Steuerung bei einem Schnellflug erfolgt dann ganz normal mit dem großen Seitenruder, unterstützt durch die Ausblasvorrichtung.

Wie viel voll ausgerüstete Soldaten in den Rumpf, hinter den zwei Piloten Platz fanden, ist unklar. Gegebenenfalls rechts und links auf Pritschen je drei Mann, also sechs Mann Zuladung als Truppentransporter, um Kampfsoldaten hinter die feindlichen Linien für Spezialkommandos zu bringen.

Zwei breite Ein- und Ausstiegstüren hinter dem Cockpit hätte es den insgesamt sechs Kampfsoldaten ermöglicht, je drei links und rechst möglichst schnell, den am Boden schwebenden Hubschrauber zu verlassen oder einzusteigen, um in eine Kampfzone vorzudringen oder nach einem Sabotageakt hinter rückwärtige Linien wieder per Hubschrauber das Feindgebiet zu verlassen.

Was früher Kampfzonentransporter, wie der „Tausendfüssler" Arado Ar 232 bewerkstelligen musste (oder Kampflastensegler, wie die DFS 230), hätten mehrere Kampfhubschrauber, wie die FA 283 nun übernommen.

Als Schlacht-Kampfhubschrauber hätte der Focke-Achgelis Helikopter im Rumpf eine „Förstersonde-Anlage" eingebaut bekommen haben können. Das heißt, eine Magnetsonde unten am Rumpf, dazu eine oder mehrere Ausstoßöffnungen für Granaten, zur Bekämpfungen von Panzern, die in der Hauptsache von oben, auf Turm und Motorabdeckungen senkrecht nach unten aus Rohren verschossen worden wären.

So wie dies bei der Henschel Hs 129 vorgesehen war, die damit zur automatischen Panzerbekämpfen geeignet war. Die Maschine, oder später ein Kampfhubschrauber hätte automatisch, aufgrund eines großen Magnetfeldes eines Feindpanzers, die nach unten ausgestoßenen Granaten während des Überfluges ausgelöst und wäre sofort aus der Gefahrenzone weiter geflogen, um einen weiteren Panzer zu bekämpfen.

Bei einem Hubschrauber zur Panzerbekämpfung hätte ein Ladeschütze im Rumpf immer wieder neue Granaten in die Ausstoßrohre nachladen können, um möglichst viele Feindpanzer außer Gefecht zu setzen.

Außerdem hätte ein Schlacht-Kampfhubschrauber mehrere Maschinenkanonen unterschiedlichen Kalibers seitlich am Rumpf aus Lafetten schräg nach unten auf Bodentruppen abfeuern können, um feindliche Truppenansammlungen und anstürmende Soldaten zu bekämpfen und zu vernichten.

Die Seitensteuerung erfolgte also entweder durch das große Seitenleitwerk bei einem Schnellflug mit Autorotationsmodus des Hauptrotors, oder durch die seitlich ausgeblasenen Abgase des Haupttriebwerkes an der nach links und rechts verstellbaren Heckdüse beim Schwebeflug.

Ob es Versionen gab, die ohne Seitenleitwerk auskamen, ist unklar. Im Schweizer Patent von Prof. Focke wird auf ein Kreiselgerät hingewiesen, das zusätzlich der Richtungsstabilität dient.

Die Probleme, dass der Rumpf von der Mittelachse aufgrund des Torques des Rotors, trotz Seitenruder nach rechts oder links auswandert, hatte auch der französische Entwickler Michel Wibault bei seinem „Gyroptere" erkannt, der dies in einem seiner Patente erwähnte.

Auch Prof. Focke scheint auf dieses Problem gestoßen zu sein, was daraufhin deuten könnte, das zumindest ein Prototyp zu Versuchszwecken gebaut wurde (Fa 336) und diese Erfahrung in die Schweizer Patentunterlagen mit einflossen.

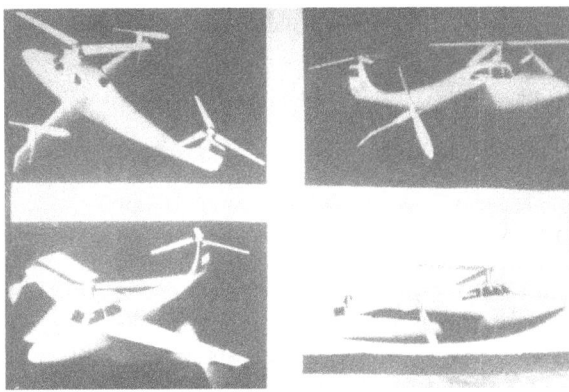

Abb.:

Unbekannter Kipp-Rotor Helikopter. Alle Rotoren scheinen durch Fernwellen von einer Hauptmotoreinheit angetrieben zu werden.

Wenn die Fa 283 bereits eine kleine, leichte Gasturbine für den Hauptantrieb hatte und die Abgase zum Ausblasen dienten, dann würde die Bezeichnung:

„Tragschrauber mit **Blasheck**",

dabei dürfte es sich

„um ein Gerät mit **Strahlturbinenantrieb** gehandelt haben",

zutreffen.

Dann würde, wie bei den Vorversuchen mit einer Fa 336, ein Raketentriebwerk oder bereits eine moderne Gasturbine bei der größeren Fa 283 für die Erzeugung eines Gasstrahls sorgen. Somit könnte der Abgasstrahl des Strahltriebwerkes auch für einen zusätzlichen Schub und Vortrieb bei dieser schwereren Maschine gedient haben.

Die Fa 283 hatte eine damals übliche, gläserne, sphärische Cockpitabdeckung, ggfs. für einen Zweimann-Führerstand und einen geräumigen Rumpf für interne Zuladungen, sowie ein einziehbares Dreibein-Fahrgestell mit Bugrad.

Wenn man den Hinweis in Betracht zieht, dass es einen Hubschrauberangriff auf alliierte Bodentruppen im Winter 1944, und es ein „Kanonenboot-Angriffshubschrauber" gegeben haben soll, was könnte der Rumpf an Waffen enthalten haben?

Als „Gun-Ship" Variante könnte die Fa 283 mit einer Abwandlung der „Schrägen Musik" ausgerüstet gewesen sein, die in diesem Fall entweder seitlich am Rumpf nach schräg unten feuerte, oder mehrere automatische, ferngesteuerte Maschinenkanonen, die direkt am unteren Rumpf senkrecht auf Boden-/Weichziele zielten.

Zudem könnte eine „Förstersonde", wie bei dem Schlachtflugzeug Henschel Hs 129 in den FA 283 verbaut worden sein, um magnetische Ziele, wie feindliche Panzer am Boden aufzuspüren und automatisch mit panzerbrechenden Geschossen zu bekämpfen und zu vernichten.

Dies hätte der große Rumpf des Focke-Achgelis Hubschrauber hergegeben, um größere, schwere Waffenzuladungen zu schleppen.

Wobei z.B. die Sonde zum Aufspüren von Magnetfeldern direkt am unteren Rumpf des großen Hubschraubers montiert gewesen sein könnte und nicht, wie bei der Hs 129, vorne über den Bug hinausragte.

Wie bei heutigen „Gun Ships" hätte ein Lademeister/Bordschütze im Rumpf des Focke Achgelis Kampfhubschraubers die Waffenstationen nachladen können: entweder die MGs mit Gurten neu aufmunitionieren, oder die Geschosse der Förstersonde nachladen.

Durchaus denkbar und durchaus möglich, dass man diese fortschrittliche Technologie, um Panzer und Bodentruppen zu bekämpfen, bis heute aus den Geschichtsbüchern zensiert, damit man nicht erkennt, wie fortschrittlich und brutal ein Dritter Totaler Weltkrieg geführt hätte werden können, wäre er je gekommen!

Zudem hätte der große Rumpf Platz für voll ausgerüstete Kampfsoldaten geboten, die schnell aus den zwei seitlichen Türen links und rechts ein- und aussteigen hätten können

Insert

Hubschrauber als Truppentransporter

COPTERTROOPS

Is this the Next German Surprise ?

RECENT performances of the Sikorsky helicopter in the United States led to enquiries regarding the Focke machine and speculation as to whether Germany would exploit its possibilities as **a carrier for air-borne troops or parachutists**. But no definite information on this point is at present available. That such a development was, however, visualised is shown by a **German patent granted to Professor Dipl.-Ing. Heinrich Focke in 1938.**

No specific reference is made in the patent to military usage, but it would be too naive to conclude, on that account, that the proposed machine was intended solely for commercial purposes. It is admitted that the head resistance in forward flight of a machine having the rotors and their driving gears carried on open girder outriggers from a normal central fuselage is considerable and materially lowers the performance.

The object of the invention is to avoid this additional drag. Accordingly, **each rotor is mounted on a separate fuselage** and provided with an independent power unit and transmission gear. The **twin fuselages are arranged parallel**, at a distance slightly in excess of the rotor diameter, and joined fore and aft by streamlined or aerofoil members. **A retractable, single-wheel undercarriage** is provided for each fuselage, but no particulars are given regarding what is, presumably, a single tail wheel.

As an alternative, the two fuselages may be constructed as **flying boat hulls.** Such a craft would have good transverse stability when on the water.

It would, of course, be necessary to synchronise the speed of the independently driven rotors and, within the scope of the patent, any suitable electric, hydraulic or mechanical means may be employed for this purpose."
-Ends-

Auszug aus einem Artikel, erschienen in „Flight" vom 21. August 1941, aus der Sammlung Henrich Focke, Internet:

„Die kürzlichen Flüge des Hubschraubers von Sikorsky in den USA veranlassen in Bezug auf das Flugzeug des deutschen Konstrukteurs Focke die Frage, ob die Deutschen die Möglichkeit der Verwendung des **Hubschraubers als Transportflugzeug für Luftlandetruppen** oder für **Fallschirmjäger** Gebrauch machen werden.

Irgend etwas Bestimmtes diesbezüglich ist nicht in Erfahrung zu bringen. Dass die Entwicklung nach dieser Richtung hin geht, ist aus einem deutschen **Patent aus dem Jahre 1938** ersichtlich, das auf den Namen von Prof. Dipl.-Ing. Henrich Focke lautet.

Die Patentschrift enthält allerdings keine Angaben über eine militärische Verwendung dieses Hubschraubers, aber es liegt auf der Hand, dass dieses Flugzeug nicht nur für Verkehrszwecke vorgesehen ist.

Der Luftwiderstand beim Vorwärtsflug ist bei einem Flugzeug, das Rotoren und Triebwerke offen vermittels einer Gitterstrebenkonstruktion trägt, im Gegensatz zum normalen Flugzeugrumpf, ganz beträchtlich und vermindert seine Leistung. Zweck der Erfindung ist, diesen zusätzlichen Widerstand zu beheben.

Demzufolge ist jeder Rotor auf einem Rumpf für sich montiert und besitzt einen unabhängigen Motor und Getriebe. Die Flugzeugrümpfe stehen in etwas größeren Abstand als der Durchmesser der Rotoren parallel nebeneinander und sie sind vorn und hinten durch Flächen von stromlinienförmigem Querschnitt miteinander verbunden. Jeder Rumpf ist mit einem einrädrigen, einziehbaren Fahrgestell versehen. Bezüglich Spornrad ist nichts angegeben, aber vermutlich ist nur ein rad vorgesehen.

Es dürfte auch eine **Ausführung als Wasserflugzeug** in Frage kommen, zu welchem Zwecke die beiden **Rümpfe als Schwimmer/Bootskörper**

auszubauen wären. Ein solches Flugzeug hätte auf dem Wasser gute
Stabilitätseigenschaften.

Es würde indes notwendig sein, die Drehgeschwindigkeit der beiden
unabhängig voneinander angetriebenen Rotoren zu synchronisieren, was
nach der Patentschrift auf elektrischem, hydraulischem oder
mechanischem Wege geschehen könnte."

-Ends-

Anmerkung:

Ein land- oder seegängiger Transport-Doppelrumpf-Hubschrauber für circa 20 bis 50 Truppen,
der senkrecht starten und landen kann, um Kampfsoldaten beispielsweise hinter feindlichen
Linien absetzen zu können, wäre sicherlich für den Bodenkampf in den weiten Steppen von
Russland hoch interessant gewesen.

Siehe auch den Hinweis eines Doppelrumpf Groß-Lastenseglers, den „Goliath" mit einer
Spannweite von 70-90 m, der eine große Schleppmaschine brauchte, um in die Luft gezogen
zu werden.

Es gibt einen Hinweis einer Liste von Luftfahrtprojekten, die 1945 noch in der Planung waren,
wie Flugzeugprojekte, Ferngelenkte Waffen, und Helikopter, erstellt über die WGL,
„Wissenschaftliche Gesellschaft für Luftfahrt", die eng mit dem „Reichsverband der
deutschen Luftfahrtindustrie" zusammenarbeitete, sowie mit Forschungsinstituten, wie die
„Deutsche Akademie für Luftfahrtforschung", die „Lilienthal-Gesellschaft für
Luftfahrtforschung" und andere Forschungsinstitute und -abteilungen, wie die AVA in
Göttingen, DVL in Adlershof, DFS in Ainring, LFA in München, Stuttgart und Braunschweig
über Entwicklungsprojekte aus dem Jahr 1945, die Dr.-Ing. Günther Bock nach dem Krieg für
die Alliierten Verhöroffiziere aufstellte:

„Focke-Achgelis: Projekt-Entwicklung für einen **schweren Hubschrauber**
mit **großer Transportkapazität**."

Ob man sich auf das oben erwähnte Patent von vor dem Krieg besonnen hatte und es 1945 für
einen Truppentransporter für WK III weiterentwickelte.

Bezug sich obiger Hinweis gar auf die Focke-Achgelis Fa 283?

Es gab ja auch das Hubschrauberprojekt Focke-Achgelis Fa 223 „Zwilling":

Die Kriegsmarine forderte einen Lastentransporter, der auch zur U-Boot Bekämpfung
herangezogen werden konnte.

Zwei Rümpfe des FA 223 „Drache" Hubschraubers wurden hintereinander angeordnet und so
entstand ein zweimotoriger Helikopter mit insgesamt vier Rotoren. Es sollten für diese
Konstruktion ausschließlich bereits vorhandene Teile der Fa 223 verwendet werden.

Zur Realisierung des Projektes „Krabbe" kam es nicht mehr, da man den „Fliegenden Kran",
die Fa 284 mit zwei größeren Rotoren für einfacher herstellbar hielt.

Zudem soll es Quellen geben, die davon berichten, dass für ein Angriffhubschrauber-Projekt mit einem BMW 801 D Sternmotor mit 1.800 PS in der Planung war. Das Drehmoment des Hauptrotors sollte durch zwei Heckrotoren in V-Stellen begegnet werden.

Scharfer Einsatz von Deutschen Hubschraubern im Zweiten Weltkrieg

Es gibt einen Hinweis im „Welt Weiten Web" über einen Hubschrauberangriff während der Schlacht in den Ardennen, dem „Battle of the Bulge":

Von der Web-Site "Secret Projects Forum" aus 2008 folgender Hinweis:

"Apologies for digging up an old thread, but re: the use of the **FI 282** as an attack helicopter, a certain crowdsoured is quoting a generic 2005 book on "Military, Civilian and Rescue Rotorcraft" as the basis for a claim that,

"During the Battle of the Bulge a formation of **five of these aircraft** conducted the world's **first helicopter strike against armour.**

Operating low over the Ardennes Forest they destroyed **two American tanks** at a **loss of two of their own**, one to a British Spitfire, the other to ground fire."

„Während der Schlacht um die Ardennen führten fünf Flettner Fl 282 "Kolibri" den ersten, weltweiten Helikopter-Angriff gegen gepanzerte Fahrzeuge am Boden aus.

Im Tiefflug über den Wäldern der Ardennen zerstörten die deutschen Flettner Helikopter zwei U.S. Panzer bei einem Verlust von zwei eigenen Hubschraubern, wobei ein Drehflügler von einer englischen „Spitfire" und ein anderer Hubschrauber durch Bodenbeschuss abgeschossen wurden."

Als Antwort auf diesen Hinweis verweist man darauf, dass alle Flettner Fl 282 „Kolibri" Helikopter im verlagerten neuen Hauptwerk in Schweidnitz, Nieder Schlesien standen, während die V20 bei der E-Stelle in Travemünde fluguntüchtig abgestellt war. Sodass keine fünf „Kolibri" zur Verfügung standen, in den Ardennen einen Angriff auf alliierte Truppen zu fliegen.

Auch wäre der kleine Leichthubschrauber ungeeignet, um schwere Waffen tragen zu können, oder größere Zuladungen aufnehmen zu können. Höchstens als Artillerie-Beobachtungsflugzeug oder „FAC" wäre die „Kolibri" über einem Gefechtsfeld aufgetaucht.

Die einzigen zwei Flettner Fl 282, die aus Schweidnitz herausflogen, waren die Maschinen, die für General Patton und die U.S. Army in Bad Tölz zur Anschauung und für einen PR-Flug in die Kreuther Berge vorgesehen waren.

Möglich, das der Flettner Fl 282 "Kolibri" als "Fliegender Feldherrenhügel", als Gefechtsfeld-Beobachtungsflugzeug, ähnlich des Fieseler „Storch" verwendet wurde, um lohnende Ziele auszuspähen und an andere Kampfhubschrauber weiter zuleiten.

Ob bei einer improvisierten „Gewaltaktion", wie bei den Bücker Bü-181 „Bestmann" Schulflugzeugen, wo man auf den beiden Tragflächen jeweils zwei Panzerfäuste oben und unten zur Panzerbekämpfung montierte, auch Fl 282 mit Panzerfäusten ausstattete, die sogar nur von dem zweiten Piloten im hinteren Sitz mit der Hand nach unten auf ein Ziel abgefeuert wurden, wäre denkbar, wenn auch sehr unpraktisch.

Ob aber solch eine Verzweiflungsaktion einer andauernden Geheimhaltung benötigt, ist unverständlich und nicht gerechtfertigt.

Wenn aber ein unbekannter neuer deutscher Angriffshubschrauber für Luftnahunterstützung seine „Feuertaufe" in den letzten Kriegstagen erhielt und zu Versuchszwecken einen geheimen Einsatz flog, weil solche neu entwickelten Helikopter für einen weiteren Krieg gegen die russischen Panzeransammlungen vorgesehen waren, dann würde eine Geheimhaltung und Zensur einen Sinn machen.

...

Auf einer Internetseite, der Chronik von Steinseifendorf in Niederschlesien findet sich folgender Hinweis:

„1945 schossen russische Flugzeuge zwischen Peterswaldau und Peiskersdorf einen deutschen Hubschrauber ab. Der Pilot verbrannte. Er wurde, wie auch die Flugzeugtrümmer, von der Polizei Peterswaldau geborgen und vom **Fliegerhorst Schweidnitz** abgeholt.``

In Schweidnitz wurde die, wegen Bombenangriffe gefährdete Firma von Anton Flettner von Berlin nach Schlesien ausgelagert.

Ob es sich bei dem abgeschossenen Hubschrauber um einen „Kolibri" handelte, oder gar um einen neuen Prototyp, wie der Fl 339 Allzweckhubschrauber, wer weiß?

Neben dem kleinen „Kolibri" für eine Ein- oder Zweimann-Besatzung wären auch „Rucksackhubschrauber" interessant gewesen, um damit eine Sondereinheit von z.B. kleinen Sabotagetruppen hinter die feindlichen Linien zu bringen.

Paul Baumgartl entwickelte während des Kriegs einen „Rucksack-Hubschrauber", der das Prinzip der Autorotation nutzte.

Von Hügel und Bergen sollte ein Soldat mit dem Rucksack-Hubschrauber große Distanzen überwinden können, um z.B. im Feindesland Sabotageakte auszuführen.

Der gesamte Hubschrauber auf dem Rücken sollte nur rund 18 kg wiegen.

Ein Rucksack-Hubschraubertyp („Backpack Helicopter") von Baumgartl wurde im Jahre 1942 konzipiert und besaß zwei gegenläufige einblättrige Rotoren, die einen Koaxialrotor bildeten. Der Rotor hatte 4,75 m Durchmesser und wog 20 kg.

Der erste Typ, der nicht als kompakter Hubschrauber entworfen wurde, hatte einen Sitz auf einem Eisengestell mit Kufen als Landevorrichtung. Als Antrieb diente ein 16-PS-Motor. Dieses Gerät wog ganze 35 kg, das Abfluggewicht lag bei etwa 120 kg. Der Rotordurchmesser betrug 6,1 m im Durchmesser.

Nach dem Krieg stellte Baumgartl seinen Rucksackhubschrauber auf der Wiener Messe vor. Aufträge zum Bau eines solchen Hubschraubers gab es aber nicht.

Daraufhin ging Paul Baumgartl nach Lateinamerika, nach Brasilien, um weitere Entwürfe vorzunehmen.

Ob in Lateinamerika, wo es ja einige geheime Stützpunkte gab, die auch von deutschen errichtet wurden und die dort noch verdeckte Operationen durchgeführt haben konnten, ob dort Baumgartl seinen Rucksackhubschrauber für geheime Spionage- und andere Flüge für Sonderkommandos in den Anden und anderen „Sperrgebieten" verwirklichen konnte, wer weiß?

Hier nochmals einige entscheidende Auszüge aus dem Buch „San Antonio Crash" von Klaus-Peter Rothkugel:

. . .

Unter den **Großnazis war es vor allem Himmler, der Flettner förderte, weil er seine SS mit Hubschraubern ausrüsten wollte.**

Ob die SS auch an den Kampfhubschraubern von Focke Achgelis Interesse hatten, um diesen geräumigen Großhubschrauber für verdeckte Operationen zu verwenden, ist unklar.

Da spielte **es keine Rolle, dass Flettner eine jüdische Frau hatte und nach dem herrschenden Jargon „jüdisch versippt" war. Auf diese Weise konnte Kurt Hohenemser, der schon mit der nicht-jüdischen Käthe verheiratet war, unter den Fittichen von Flettner die ganze Naziherrschaft sowie den Krieg überstehen und seine Hubschrauber ausprobieren.** Ich verstehe davon nicht das Geringste, aber Kurt behauptete, dass sie viel besser gewesen seien als die heute verwendeten.

In der Tat gab es Anzeichen dafür, dass auch andere Leute schon früh dieser Meinung waren, denn die nach dem Krieg gefundenen Flettner-Hohenemser-Hubschrauber wurden in Amerika buchstäblich in der Erde vergraben, weil die Firma Sikorsky, die bereits Hubschrauber für die Armee machte, deren Konkurrenz fürchtete.

Man weiß ja, wie lange es dauert, eine große schon angelaufene Produktion umzurüsten, um ein anderes Modell zu bauen. Vor einigen Jahren aber schien der richtige Moment für den Flettner-Hohenemser-Hubschrauber gekommen zu sein, **denn der verscharrte Hubschrauber sollte zum Studium wieder ausgegraben, und der einzige Hubschrauber, der aus Brennstoffmangel abgestürzt war, aus der Ostsee geborgen werden. Das für die amerikanischen Streitkräfte in Auftrag gegebene Kipprotor-Wandelflugzeug „Osprey" verwendet übrigens ebenfalls das Hohenemserprinzip.**

Vielleicht wird der Name Kurt Hohenemser in der künftigen Geschichte der Hubschrauberei eine Rolle spielen. Auch dafür gibt es Anzeichen. In seinen letzten Lebensjahren begann man sich in Deutschland wieder für ihn zu interessieren. Einmal kam sogar ein Wissenschaftler nach St. Lou."

-Ends-

Anmerkung des Autors:

Wollte die SS einen großen Transporthubschrauber haben, um damit Truppen, voll ausgerüstete Soldaten an die Front, oder hinter die Linien des Feindes zu bringen?

Die Focke-Achgelis Fa 221 „Drache" war mehr ein Lastentransporter, der Ausrüstung unterhalb des Hubschraubers als Tragschlepp transportierte.

Bekam eventuell, neben Focke Achgelis und Henrich Focke auch die Anton Flettner Werke von der SS einen geheimen Entwicklungsauftrag, um einen senkrecht startenden Truppentransporter zu konstruieren und zu bauen?

Wollte Flettner und seine Konstruktionsmannschaft bei der Entwicklung eines solchen großen Transporthubschraubers auf die Flettner Fl 185 zurückgreifen, diese vergrößern und als „HeliGyro" bauen, damit 30 bis 40 Soldaten, oder 20 bis 30 schwer ausgerüstete Kampfsoldaten mit Waffen und Ausrüstung durch die Luft transportiert werden konnten?

Zum britischen **Fairey „Rotodyne" Passagiertransporter** heißt es, Auszüge aus „Flugzeug Classic", Heft Januar 2010:

„…, stieg Fairey ab April 1946 ernsthaft in die Hubschrauberentwicklung ein. . . .Unter der Leitung von Dr. J.A.J Bennett formte sich eine tatkräftige Mannschaft im Stammsitz Hayes . . . Bennett, zuvor bei der Cieva Autogyro Company tätig, zeichnete verantwortlich für Faireys erstes experimentelles Rotorflugzeug: die **FB-1 Gyrodyne.**

Im Gegensatz zum Autogiro war der Rotor dieses Verwandlungshub- oder Verbundtragschraubers direkt angetrieben, während ein einzelner Propeller am äußeren Ende des rechten Stummelflügels Vortrieb und Drehmomentausgleich übernahm. "

Hätte ein deutscher Hubschrauber als Truppentransporter eine ähnliche Auslegung, wie das britische Nachkriegsmodell haben können? Nahm Fairey gar Anleihen von deutschen Projekten, wie z.B. von Anton Flettner?

Ein deutscher Groß-Transporthubschrauber hätte sogar bis zu 20 oder 30 voll ausgerüstete Kampfsoldaten an die Front bringen können, wie die Größe des Fairey Nachkriegs Projekt „Rotodyne" beweist.

Hätte eine vergrößerte Version der Fl 185 ähnlich ausgesehen, wie die Fairey „Rotodyne"? Nur, dass die „Rotodyne" einen Blattspitzenantrieb besaß, während das Flettner-Projekt als „Autogiro" ausgelegt war und nur Triebwerke an Hilfsflügeln für den Vortrieb gesorgt hätten.

Hier wäre ggfs. ein ähnliches Konzept für den Schnellflug angewandt worden, wie beim Focke-Achgelis Projekt: Im Schnell- und Marschflug hätte der Hauptrotor nur im Fahrtwind mitrotiert und Auftrieb geliefert.

Weiter aus dem Bericht zur britischen „Rotodyne, die Anstelle von Autorotation des Hauptrotors, einen Blattspitzenantrieb besaß:

„Ein Entwicklungstrend, der unter anderem die beiden Ingenieure Stephan und von Czernim aus den ehemaligen Wiener Neustädter Flugzeugwerken mitgeprägt hatten. Beide beteiligten sich dort von 1941 bis 1945 an der Vollendung des Tragschraubers WNF 342 mit Blattspitzenantrieb.

Nach Kriegsende waren beide zunächst in den USA tätig und kamen 1947 zu Fairey."

Wurde auch die Focke-Achgelis Fa 283 nach dem Krieg in Norddeutschland von den Engländern erbeutet und zur Auswertung nach Groß Britannien geschafft?

...

Weitere wichtige Auszüge aus dem KZB/TLR:

Bombentorpedogeräte:

Durch nicht rechtzeitige Verlagerung der Stamm- und einzigen Fertigungsfirma Trippe/Molsheim aus dem Elsaß ist durch Feindeinwirkung ein schwerer ?? ??? Entwicklung ??? entstanden. Sämtliche Betriebsmittel und der ?? Teil der Konstrukteure und Arbeiter gingen verloren.

Dem Gegner fielen V-Muster in die Hände. Restverlagerung nach Sulz/Neckar. Arbeitsausschussleiter gibt Wiederanlauf Mitte April 1945 zu, Termin nicht gesichert.

4. TLW 1400-48:
Der von E 8 entwickelte und für Großserien freigegebene Triebwerkswagen wurde vom Hauptausschuss Dr. Haspel abgelehnt.

Anmerkung:

Gemeint ist hier wohl die Firma „Trippel-Werke GmbH" im elsässischen Molsheim (ehemalige Bugatti-Werke).

Dazu heißt es:

„Hans Trippel, auch Hanns Trippel ... war ein deutscher Autokonstrukteur. Er widmete sein Leben vorrangig der Entwicklung von Amphibienfahrzeugen. **Als Mitglied von SA und SS** sowie Leiter von enteigneten bzw. auf Zwangsarbeiter zurückgreifenden Betrieben war er in die Verbrechen des Nationalsozialismus verstrickt.

...

Als der Zweite Weltkrieg begann, forderten die NS-Machthaber eine Ausweitung der Schwimmwagen-Produktion. Die „Bank der Deutschen Luftfahrt" kaufte **Trippel** das **Bugatti-Werk in Molsheim**, wo am 15.

Januar 1941 die **Trippel-Werke GmbH** gegründet wurden. Es handelte sich um eine „reichsbeteiligte Gesellschaft".“

Entweder wurde in der Abschrift des Kriegstagebuch der Name („Trippe") falsch geschrieben, oder es ist ein Indiz dafür, dass dieses Dokument eine nachträglich zensierte Fälschung irgendwelcher Militärzensoren ist, die gerne Namen, Orte, Bezeichnungen usw. verfälscht, falsch buchstabierten und anderweitig falsch darstellten.

Hier ein weiteres Beispiel eines „Tippfehlers", der sich im KTB wiederholt und nicht nachträglich korrigiert wurde:

„3. Natter:

Erster unbemannter **Seilstart** mit Erfolg ausgeführt. Trotz ungleichmäßigen Schubes wurde gradliniges Abgehen bis auf ca. 700 m erreicht."

Anmerkung:

Gemeint ist hier: Steilstart.

Die „Natter" startet vertikal und steil von einem Startturm in den Himmel und nicht mit einem Seilstart, wie z.B. die „Schulz-Rakete", die „festgebunden", einen Fesselstart an Stahlseilen durchführte, damit die Kegelrakete beim langsamen Aufstieg nicht umkippte.

Ein weiteres Indiz mit dem „Tippfehler", dass das Kriegstagebuch TLR zensiert wurde?

Es gab auch Schleppstarts, wo die Natter von einem Schleppflugzeug in die Luft gezogen wurde, so wie man dies heute noch mit Segelflugzeugen für den Flugsport macht.

Die „Natter" hing an einem längeren Stahlseil unterhalb einer Schleppmaschine, genauso wie die „Qualle" Flugscheiben unterhalb der Junker Ju 188 Träger-/Schleppflugzeuge.

Hier wird aber von einem „gradlinigen Abheben" gesprochen, was den senkrechten Start von einem Startturm aufzeigt, von dem sich die „Natter" losgelöst hatte.

Dafür war ja die BP-20 konstruiert worden, als senkrecht aufsteigender Abfangjäger, um als Objektschutzjäger kurz vor dem Eintreffen alliierter Bomberpulks schnell senkrecht auf Höhe aufzusteigen, damit die herannahenden Feindbomber zu bekämpfen.

Dieses Konzept eines senkrecht, schnell an Höhen bis 10.000 m und mehr aufsteigenden Abfangjägers, sollte ja auch der „Flugkreise" erfüllen.

Nur hier rotierte die gesamte, runde kleine Tragfläche und katapultierte den Jäger, die Drohne minutenschnell auf Angriffshöhe alliierter Bomberströme.

Außerdem hatte der „Kreisel" mit seinen 3 m Durchmesser einen luftkampfmäßigen Vorteil: er konnte um 90 Grad nach rechts, in den Drall des im Uhrzeigersinn rotierenden Hubflächenrings abdrehen, um blitzschnell aus den Maschinengewehrsalven feindlicher Jäger zu entkommen.

Wohlmöglich sollten sowohl die Senkrechtstarter „Natter", als auch der „Kreisel" später halbautomatisch, ferngesteuert und unbemannt ihre Abfangeinsätze fliegen. Eventuell als Notlösung stationiert in den, von Gen. Kammler für die Alliierten gebauten Festungsanlagen, wie im Eulengebirge, im Jonastal oder in der Alpenfestung.

Hier hatte wohl die SS das Kommando über diese Flugkörper und Kammler musste seinen alliierten, seinen amerikanischen Kriegsherren etwas anbieten können, wäre im Sommer 1945 der Dritte Weltkrieg gegen die Sowjetunion angelaufen.

Deshalb wird man auch so schnell keine schriftlichen Aufzeichnungen in der Öffentlichkeit über diese und andere, bis heute geheim gehaltenen Fluggeräte erhalten, da man die amerikanischen Pläne, gleich nach Ende des Zweiten Weltkrieges einen weiteren – nuklear geführten – Krieg zu entfachen unbedingt bis in alle Ewigkeit geheim halten muss.

Die „Natter" und der Flugkreisel sollten wohl solange als Abfangjäger dienen, bis zumindest ausreichend und zuverlässig funktionierende Flak-Raketen und ABMs die großen Festungsanlagen, von der SS für die Amerikaner errichtet, vor herannahenden sowjetischen Bombern und Raketen in einem Dritten Weltkrieg geschützt hätte.
...

Bei Wikipedia heißt es zu Hans Trippel unter anderem:

„Am 15. Januar 1941 wurde in Molsheim die **Trippel-Werke GmbH** gegründet und die Produktion von Schwimmwagen aufgenommen. Ob tatsächlich 1.000 Schwimmwagen des Typs SG-6 hier gebaut wurden, ist strittig.

Bei Berghoff/Rauh-Kühne, die sich auf französische Akten der Nachkriegszeit und auf Trippels Spruchkammerakte stützen, ist zu lesen, der Trippel-Schwimmwagen sei im Krieg nur in geringer Stückzahl von ca. 200 produziert worden und habe nie die Serienfertigung erreicht.

1942 wurde der Typ SG-7 für die Propaganda-Kompanien entwickelt. Dies war eine Limousine mit Schiebedach und luftgekühltem Tatra V8-Motor im Heck. Die Weiterentwicklung war der schwimmfähige Panzerspähwagen Typ E3 mit Allradantrieb und zwei Propellern.

Weitere Varianten waren der Munitionstransporter E3M und ein schwimmfähiger Propellerschlitten für die Luftwaffe. Dieser hatte neben den Rädern noch vier Schnee- und Schwimmkufen und wurde von einem Luftpropeller angetrieben.

Doch war Trippels Ansehen als Techniker ebenso wie als „Betriebsführer" rasch gesunken. Zwar wurde ihm von der Feldkommandostelle Reichsführer SS noch am 20. Juni 1944 der Totenkopfring der SS verliehen, doch etwa zur selben Zeit wurde Himmler von Generalluftzeugmeister Erhard Milch aufgefordert, „aus Leistungsgründen" Trippel „durch eine besser geeignete Persönlichkeit" zu ersetzen.

Am 31. Juli 1944 teilte Himmler Milch mit, „er mache gegen die beabsichtigte Änderung der Geschäftsführung der Trippelwerke in Molsheim keinerlei Bedenken geltend". **In den letzten Monaten des**

Krieges wurde auf Betreiben Trippels dennoch ein Teil der Molsheimer Produktion nach Sulz am Neckar verlagert, wo ihm von der **SS ein unterirdischer Kalkstollen als Produktionsstätte zugewiesen wurde.**

Die Belegschaft der „Trippelwerke" bestand hier zu erheblichen Teilen aus Häftlingen, die aus verschiedenen KLs in ein – auf Trippels Betreiben errichtetes – KZ-Außenlager eingeliefert wurden, wo sie unter lebensbedrohlichen Umständen leben und arbeiten mussten. "

Anmerkung:

Trippel entwickelte später das berühmt gewordene „Amphicar".

Leider wird nirgendwo im Internet in Bezug auf die Trippel-Werke in Sulz/Neckar auf die genaue Produktion in den letzten Kriegsmonaten hingewiesen und was die Häftlinge und Zwangsarbeiter dort in Sulz in den Stollen herstellten!

Zur Geschichte von Sulz am Necker heißt es unter anderem:

„Ende des Zweiten Weltkriegs produzierten die Trippel-Werke aus dem Elsass im Stollen Waffen. Die Franzosen sprengten nach dem Krieg 1946 den Haupteingang. Noch einmal wurde der Stollen in den 1960er Jahren genutzt, und zwar von der Firma Mauser, die Waffen testete. "

Welche Waffen - Bombentorpedogeräte? - baute man in den Stollen?

In Sulz am Necker wurde ein Außenlager des KL Natzweiler-Struthof errichtet.

Dort im Elsass wurden im Krieg ab Sommer 1944 V-1 Flügelbomben für die Volkswagenwerke produziert, die ebenfalls von KZ-Insassen gefertigt werden mussten.

Gab es eine Querverbindung zu Volkswagen (Ferdinand Porsche) und dem Schwimmwagen von VW?

Bei Ulrich Kubisch heißt es in: „Zusammenfassung aus Markt für klassische Automobile", Heft 4 1988, über Hanns Trippel:

„Die meisten Trippel-Wagen wurden an Propaganda-Einheiten der Wehrmacht und an die SS ausgeliefert. 3.000 Arbeiter stellten täglich sechs Fahrzeuge her – und darüber hinaus jede Menge **Lufttorpedos für Wasserflugzeuge** sowie andere Rüstungsgüter. Zudem entstanden noch einige Prototypen von Amphibien, u.a. der erste schwimmfähige Panzerspäh- und Schützenpanzerwagen der Welt. "

Könnte in Sulz eine Fertigung von Bombentorpedos, bzw. deren Hüllen der BT-Bauart (BT 200, BT 400, BT 700 A, BT 700 B, BT 1000, BT 1850) erfolgt sein?

Sollten diese Bombentorpedos (BT) nur gegen Schiffsziele oder gar auch gegen Land- und Luftziele eingesetzt werden können:

Hier ein Auszug aus dem Luftfahrtmagazin „*Flug Revue*" vom April 1992:

Wenn Archive geöffnet werden, kommt manchmal Erstaunliches zutage:

Jüngst (1992, Anm.d.A.) wurden Hinweise auf eine **Me-163 mit Torpedos** gefunden.

In erst jetzt zugängigen Akten der ehemaligen Aerodynamischen Versuchsanstalt (AVA) Göttingen befanden sich eine Anzahl Aktenvermerke, die das Ausmessen eines Windkanalmodells der **Messerschmitt Me-163B mit zwei untergehängten Bombentorpedos des Typs BT 1000** beschreiben.

In einer Aktennotiz über eine Besprechung zwischen einem Ingenieur Hubert (von Messerschmitt) und Professor Betz von der AVA wurde festgehalten, dass es dringend notwendig sei, den Einfluss der beiden angehängten BT1000 auf die Stabilität der Me-163 durch einen kurzen Windkanalversuch an dem vorhandenen Modell der Me-163B festzustellen.

Der Aktenvermerk ist auf 9. Februar 1944 datiert. Der baldige Einsatz der Maschine gegen Schiffsziele sei geplant und von den Messergebnissen abhängig. Die Messungen seien daher möglichst sofort nach Fertigstellung des Modells im Kanal durchzuführen. Das Modell sei Mitte Februar messfertig, die Messdauer betrage ein bis zwei Tage, und eine längere Messreihe mit geringer Dringlichkeit sei daher zu unterbrechen.

Unterzeichnet ist der Vermerk von einem Herrn Hildenbrand.

Weitere Aktennotizen sowie aufgefundene Fotos bestätigen, dass es tatsächlich Messreihen mit einem Me-163B-Modell mit unterhangten BT1000 Torpedos gegeben hat, auch wenn es heutzutage unsinnig erscheint, ein Flugzeug mit solch geringer Reichweite wie die Me-163 mit dieser Bewaffnung auszurüsten.

In einem Schreiben der Junkers Flugzeug und Motorenwerke an die AVA vom 22 September 1944 ist die Rede von der Übernahme der Windkanal-Messungen an der Me-163B.

Bei den mit **BT bezeichneten Abwurfkörpern** handelte es sich um Entwicklungen der Forschungsanstalt Graf Zeppelin in Stuttgart-Ruit, die **gegen Land- und Seeziele** eingesetzt werden konnten.

Die Zahlenkennung hinter dem BT entsprach dem jeweiligen Gewicht. Der Abwurf der Sprengkörper sollte mit Hilfe eines eigens entwickelten Reflexvisiers erfolgen, wobei die **Wurfweite je nach Anflughöhe bis zu 3.000 m betrug**. Den Antrieb lieferte ein **Feststoff-Raketentriebwerk der Firma Rheinmetall**."
-Ends-

Abb.:

Holzmodell einer Messerschmitt Me 163 „Komet", aufgebockt auf dem Rücken mit
Bombentorpedo BT 1000 an den Tragflächenunterseiten.

Sollte der Messerschmitt Raketenjäger Lufttorpedos auf Schiffsziele verschießen?

Das eigentliche Trägerflugzeug war der zweistrahlige Arado 234 Bomber, der dafür
vorgesehen war, Torpedos über See abzuwerfen.

Oder wurden die Bombentorpedos, die u.a. in Sulz/Neckar hergestellt wurden, später mit
Uransprengstoff befüllt und gegen angloamerikanische Bomberstaffeln eingesetzt?

Siehe Hinweis über Luft-Muna Pulverhof:

„Lt. einem Bericht der Amerikaner vom 02.11.1944, der auf Dokumenten
basierte die man in Frankreich habhaft wurde, nahm man an, dass in
**Dannenberg (Neu Tramm) und Pulverhof auch Versionen der bemannten V1
montiert und gelagert wurden.** An verschiedenen Orten wurde in
Deutschland an **Atomtorpedos** gearbeitet."

War mit dem Stichwort „Atomtorpedos" ggfs. die Bombentorpedos der BT-Baureihe gemeint?

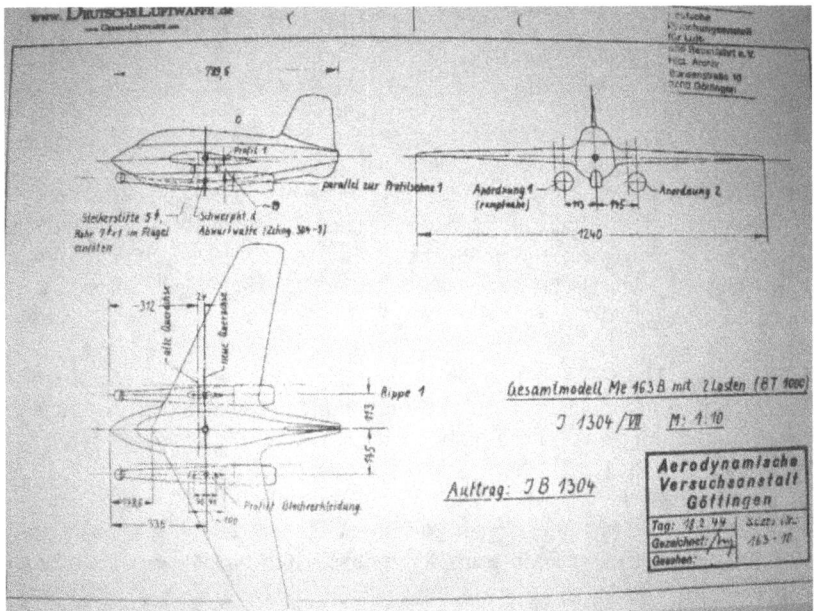

Abb.:

Messerschmitt Me 163 B mit zwei untergehängten Lasten, dem Raketen betrieben BT 1000 Bombentorpedo.

Es wurden Windkanal-Versuche im Februar 1944 bei der AVA in Göttingen vorgenommen, um die Strömungseigenschaften der untergehängten Bombentorpedos zu vermessen.

Beachte Schutzkappen vorne am Zünder des Torpedos. Siehe auch runde Schutzkappen bei neuen, Reichweiten gesteigerter V-1 Flügelbomben in Neu Tramm.

Könnten diese Schutzkappen einen speziellen, empfindlich eingestellten Zünder für einen nuklearen Sprengsatz abgedeckt haben, den sowohl der BT 1000 Atomtorpedo, als auch eine mit Uran bestückte FZG 76 Flügelbombe besaßen?

Wurden deshalb diese beiden Waffenträger gegen Kriegsende in der Nähe von Munas, Munitionsanstalten stationiert, damit man gleich den gefährlichen Atomsprengsatz aus abgelegenen Gebieten heraus gegen den Feind einsetzten konnte?

Sollte der Messerschmitt Raketenjäger mit seinen gefährlichen, volatilen und hypergolen C- und T- Treibstoffen und einer kurzen Flugzeug bei einer Brenndauer des Triebwerkes von höchstens 10 Minuten und einem Aktionsradius von ca. 40 Kilometer, feindliche, alliierte Schiffe in der Nord- und Ostsee mit Torpedos bekämpfen und weit hinaus aufs Meer vorstoßen ?

Oder sollte das erste, weltweit einsatzfähige Abfang-Jagdflugzeug mit Raketenantrieb gar gegen alliierte Bomberpulks den ebenfalls Raketen betriebenen (Atom-) Bombentorpedo BT 1000 abfeuern?

Weil der Me 163 Abfangjäger mit großer Geschwindigkeit von einem geeigneten Liegeplatz in unmittelbarer Nähe alliierter Einflugrouten nach nur circa 5 min die Einsatzhöhe von 8-10.000 m der zu bekämpfenden angloamerikanischen Bomberverbände erreichen konnte, und somit nicht einer längeren Flug- und Verweildauer in der Luft durch patrouillierenden alliierter Jagdflugzeuge ausgesetzt war, was bei einer untergehängten atomaren Last äußerst ungünstig gewesen wäre.

Moderne Nachkriegs U.S. Abfang- und Objekschutzjäger, wie der F-104 „Starfighter" oder die „Delta-Dagger" starteten ihre Einsätze gegen feindliche Bomber auch erst kurz vor dem Herannahen feindlicher sowjetischer Bomber, wäre der Kalte Krieg heiß geworden.

Nach Abfeuern der zwei BT 1000 als Abstandswaffe aus z.B. 2-3.000 m Entfernung zum Bomberverband hätte die Me 163 „Komet" sofort nach unten Abkippen können, um möglichst schnell, mit bis zu 950 km/h aus dem nuklearen Explosionsort unbeschadet zu entkommen.

Hat es einen Live-Test, einen scharfen Waffentest des Abfangjägers Me 163 mit zwei BT 1000 Atomtorpedos gegen einen U.S. Bomberpulk im zweiten Weltkrieg gegeben?

Auszug aus Wikipedia zum Luftwaffen-Fliegerhorst Parchim in Mecklenburg:

„... Ab Ende 1942 waren hier verschiedene Nachtjägereinheiten, hauptsächlich Teile des Nachjagdgeschwaders 5 und des Nachjagdgeschwaders 2 (ab Juli 1943) stationiert.

Gegen Ende des Krieges kamen Raketenjäger Me 163 „Komet", Strahljäger Me 262 und Bomber **He 111 mit Gleitbomben Hs 293** hinzu. Die U.S.-Luftwaffe zerstörte den Flugplatz im April 1945."

So heißt es ja zur Muna Rastow:

„Lt. einem Bericht der Amerikaner vom 02.11.1944, der auf Dokumenten basierte die man in Frankreich habhaft wurde, nahm man an, dass in Dannenberg (Neu Tramm) und Pulverhof auch Versionen der bemannten V1 montiert und gelagert wurden. **An verschiedenen Orten wurde in Deutschland an Atomtorpedos gearbeitet**. In der Nachkriegszeit ist im Rahmen eines Prozesses ein Dokument bekannt geworden, dass auch unterirdische Labore im Pulverhof bei Rastow erwähnt.

Meint der zitierte U.S. Bericht hier etwa die Fabrikation verschiedener Versionen des Bombentorpedos, BT und das in Rastow angelieferte BTs mit nuklearem Sprengstoff befüllt wurden?

Bombentorpedogerät

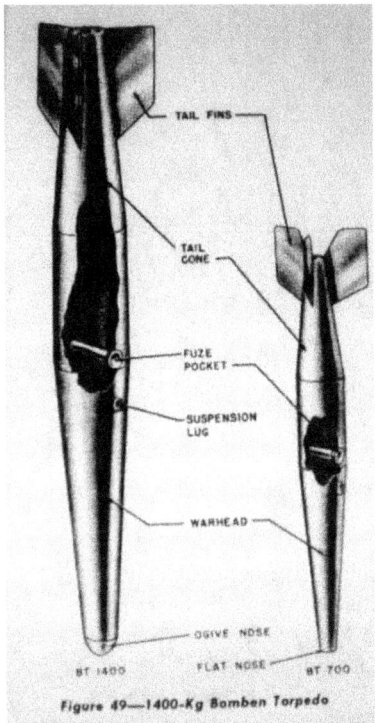

BT 1400   FLAT NOSE   BT 700

Figure 49—1400-Kg Bomben Torpedo

Technische Daten:

Länge: 294 cm
Länge des Bombenkörpers: 207 cm
Durchmesser maximal: 37,8 cm
Leiterwerkspannweite: 71 cm
Gewicht: 435 kg
Sprengladung: 200 kg

Der Bombentorpedo BT 400 ist ein **antriebslosen Torpedo**.

Der BT wurde im Tiefflug in gerader Linie auf das Ziel abgeworfen. Als Antrieb diente ausschließlich die kinetische Energie des Torpedos.

Bei dem BT handelt es sich um eine Abwurfwaffe für Schiffsziele und Unterwassertreffer. Der BT wurde im Frühjahr 1943 von Dr. Benecke, Abteilung TLR entwickelt und im „Forschungsinstitut Graf Zeppelin" entworfen.

Feindliche Nachrichtendienste stellten über den BT fest:

„Sollten die Deutschen in der Lage sein, eine entsprechend genaue Ziel- und Auslösungsmethode zu schaffen, dann hat der Gegner eine Waffe in der Hand die weit tödlicher als die bisher benutzten Lufttorpedos ist."

Der Vorteil der BT lag bei der einfachen und billigen Herstellung. Man benötigte z.B. für den Lufttorpedo F5 nur an die 2.000 Arbeitsstunden.

Die ersten Versuche wurden auf dem Niedersonthofener See in Kempten unternommen.

Wurde die Bombentorpedos, die keinen Antrieb, wie Raketentriebwerke oder dergleichen hatten, auch als Abwurfwaffe für Luft- und Bodenziele vorgesehen?

Der **BT 1000** dagegen war mit einem Raketenantrieb, bestehend aus einem Feststoffantrieb von Rheinmetall versehen. Wahrscheinlich eine Abwandlung des Antriebes, wie er auch für Starthilferaketen, wie für die Atomrakete, vorgesehen war.

Sollte die Sprengladung innerhalb des Sprengkopfes des Bombentorpedos ggfs. zusätzlich aus nuklearem Uran-Sprengstoff bestehen?

Bombentorpedo in Polen gefunden

Auf der polnischen Website „TV N24" wurde am 10. Dezember 2016 ein kurzer Artikel über den Fund einer Bombenhülle eines Bombentorpedos BT veröffentlicht, der in der Nähe eines Militärstandortes bei Danzig, Gdynia-Babie Doly entdeckt wurde:

„Cudowna bron Hitlera" odnaleziona w Gdyni"

Eine deutsche „Wunderwaffe" wurde geborgen und zum Marinemuseum nach Danzig gebracht. Dort soll der BT mit einem Raketentriebwerk ausgestattet werden, das bereits in der Sammlung des Museums vorhanden ist.

Innerhalb der diversen Bombentorpedo, BT-Versionen war der BT 1000 der einzige Torpedo mit einem Raketenantrieb.

Dieses Ausstellungsstück wird einzigartig in der Welt sein."

Der Fliegerhorst und Torpedowaffen-Erprobungsplatz Gotenhafen-Hexengrund liegt in einem Teilbereich der Danziger Bucht, nördlich des Danziger Stadtteils Hexengrund (poln.: Babie Doly).

Dort in Hexengrund befanden sich bereits ein Flugplatz, sowie eine Luftwaffen-Munitionsanstalt.

Ob in Hexengrund auch der BT 1000 mit Raketenantrieb und ggfs. einem nuklearen Sprengsatz hergestellt wurde, ist unklar. Möglicherweise könnte dort auch andere BT Varianten für Schiffsbekämpfungen mit neuen Atomsprengköpfen versuchsweise ausgerüstet worden sein. Dies müsste die Geschichte der deutschen Atom-Forschung und Erprobung zeigen. Diese wird aber weiterhin vertuscht, da bei der nuklearen Bewaffnung von Nazi-Deutschland die West-Alliierten und allen voran, die USA schwer die Finger mit drin hatten.

Wurde neben der Schiffsbekämpfung mit den neuen BT-Torpedos auch daran gedacht, die Raketen betriebene BT 1000 Version gegen andere Ziele, wie z.B. als Pulk-Zerstörer gegen große U.S. Bomberverbände zu verwenden.

Hätte man die anfliegenden, riesigen, bis zu tausend Bomber zählenden Staffeln, bestehend aus B-17 und B-24 über dem Himmel von Deutschland bekämpft, oder wäre es wegen einer nuklearen Verseuchung vorteilhafter gewesen, die alliierten Bombenflugzeuge schon vor dem Anflug auf das europäische Festland komplett zu vernichten?

Mehrere Me 163 Abfangjäger, ausgestattet mit je zwei BT 1000 Atomtorpedos schießen ihre tödliche Last, verteilt auf die gesamte Länge des Bomberstroms und löschen so gut wie alle Maschinen auf einen Schlag restlos aus, wie zuvor geschehen am Himmel über Schweinfurt?

Wollte man so in einem Dritte Weltkriegs-Szenario sowjetische, anfliegende Atombomber, wie die TU-4 „Bull" vernichten, bevor diese ihre Atombomben auf Westalliierte Ziele abwerfen konnten?

Könnte es möglicherweise, was vom Autor dieses Buches nur sehr spekulativ vermutet werden kann, noch einen weiteren Testeinsatz von nuklearen Verbandsprengmitteln zur Bekämpfung alliierter Bomber während des Krieges gekommen sein?

Wollte man ein „Scramble Alert" ausprobieren, also ein kurzfristigen Alarmstart von Messerschmitt Me 163 Abfangjägern, die Minuten vor Eintreffen der US. Bomber und dem Überflug der deutschen Küste, diese noch auf dem offenen Meer mit Atomwaffen einzuäschern?

Gipfelten die Vorversuche bei Messerschmitt (siehe Handbuch) und die Windkanalversuche bei der AVA in Göttingen in einem einsatzbereiten Raketenjäger, der zwei BT 1000 Atomtorpedos unter den Tragflächen aufgehängt bekam, die scharf und bereit zum Abschuss hunderter von U.S. Bomber waren?

Gab es, „verschwörungsmäßig", einen bis heute vertuschten Versuchseinsatz über der Nordsee und wurde eine angloamerikanische Bomberstaffel über dem Meer komplett „eingeschmolzen"?

Plumpsten die geschmolzenen, zusammen gebackenen Flugzeugtrümmer von mehreren B-17 oder B-24 einfach ins Meer?

Liegen eventuell heute noch Aluminium-Metallklumpen verstreut irgendwo am Meeresgrund des Ärmelkanals, wo einstmals die Anflugrouten der amerikanischen Bomberverbände aufs europäische und deutsche Festland entlang führten?

Sind diese Teile und Überreste von großen angloamerikanischen Bombern immer noch verstrahlt und kennt man ggfs. sogar deren Koordinaten, da diese verseuchten Trümmer heute immer noch überwacht und kontrolliert werden, damit kein neugieriger Taucher sie je entdecken kann?

Eine schöne Verschwörungsgeschichte. Aber der Zweite Weltkrieg, so wie er sich wirklich zugetragen haben könnte, birgt immer wieder neue, vielfältige und nie da gewesene Überraschungen!

Ein Einsatzhafen des Jagdgeschwaders 400, der „Raketenjäger" lag in Wittmundshafen.

So heißt es bei der Webseite „Relikte.com" über den Fliegerhorst erster Ordnung in Wittmundshafen:

„Es folgten **einige Besonderheiten für die Anlage**. Vom Mai bis zum September 1943 flog das **Erprobungskommando 25 mit speziellen Jägern Focke-Wulf Fw 190A Einsätze zum Testen von verschiedenen neuentwickelten Waffen zur Bomberabwehr**.

Im **Frühjahr 1944** wurde hier die **1. Staffel des Jagdgeschwaders 400** aufgestellt. Dieser Verband war mit dem neuartigen Raketenjäger Messerschmitt Me 163 „Komet" ausgerüstet.

Für diese Luftfahrzeuge mußten diverse Baumaßnahmen eingeleitet werden, da sie eine besondere Infrastruktur erforderten. Die Ost-West-Startbahn wurde auf 1.800 m verlängert. Luftaufnahmen zeigen, **daß sogar noch ein weiterer Ausbau auf über 2.500 m begonnen worden ist**. Im Südosten des Flugplatzes ist ein neuer Betriebsbereich entstanden. Drei große Hallen wurden errichtet, getarnt als landwirtschaftliche Gebäude. Etwas abgesetzt entstand eine Häusergruppe als Lager für den speziellen Raketentreibstoff."

Hätte eine Sonder-Me 163 mit zwei BT 1000 diese neue, über 2.500 m lange Startbahn genutzt, um auf Höhe der Bomberströme vor der Küste zu gelangen?

Oder hätte ein Erprobungs-Raketenjäger beispielsweise des JG 400 mit zwei BT 1000 mit Raketenantrieb neben Wittmundshafen, von den Plätzen in Venlo, Nordholz oder Husum vor der Küste einen anfliegenden großen U.S. Bombeverband mit Atomtorpedos heimlich angegriffen und, wie in Schweinfurt, über 100 Bomber und mehr zu Aluminiumklumpen verschmolzen?

War solch eine Atomeinsatz angedacht, oder wurde er noch vor Kriegsende zu Testzwecken tatsächlich ausgeführt?

Da Nazi-Deutschland ja keine nennenswerte Atomtechnologie besaß (wie wir nun wissen, gab es ausreichend Ultrazentrifugen zur Herstellung von HEU, „Highly enriched Uranium?)

Von Nordholz aus fand im April 1945 ein Überlandflug des Raketenjägers statt. Dies geschah im Rahmen der Verlegung des Jagdgeschwaders 400 von Nordholz nach Husum.

Husum-Schauendahl war im Frühjahr 1945 einer der letzten verbliebenen Fliegerhorste des Deutschen Reiches und dort lag in den letzten Kriegswochen u.a. die II. Gruppe des Jagdgeschwaders 400.

Dort in Husum, in Nordfriesland in Schleswig Holstein wurde die Messerschnitt Me 163, Werk-Nr. 191 301 von den Alliierten erbeutet und am 10. August 1945 zum „Foreign Evaluation Center“, Freeman Field, Seymour, Indiana gebracht.

Am 21. März 1946 wurde der Raketenjäger wieder flugfähig gemacht und nach Muroc Dry Lake, California für weitere Flugtests gebracht, die ab dem 3. Mai 1946 dort stattfanden.

Die Me 163 wurde im Jahre 1954 zum Smithsonian Institute gebracht und ist heute ein Ausstellungsstück des „National Air & Space Museum, Steven F. Udvar-Hazy Center“, Chantilly, VA., USA.

Von norddeutschen Fliegerhorsten wurden noch V-1 Einsätze gegen London geflogen, die von He 111 des Kampfgeschwaders KG 53 vor der britischen Hauptstadt ausgeklingt wurden.

Ob auch Heinkel He 111 noch Atomtorpedos gegen Schiffsziele verschießen sollten, ist unklar, aber wohl wenig wahrscheinlich.

...

Forschungs

„Die Forschungsführung reicht Kurzberichte über Führung: folgende Arbeitsgebiete ein:

1. Windkanalversuche mit **Loringeräten** bei der Luftfahrtforschungsanstalt Hermann Göring, Braunschweig.

2. Bekämpfung feindl. Tieflieger durch **Lichtlanze**.

3. Bekämpfung feindl. Panzer mit Gerät Honep.

(Mappe D/Wochenberichte Forschungsführung Nr. 3)

Anmerkung:

Stroboskop-Waffen

Untenstehend einige Informationen zu verschiedenen „Dazzlers", Blendgeräten, die es auf der Welt gibt.

Wobei hier die Annahme vom Autor getroffen wird, dass der Hinweis über die „Lichtlanze" in oben erwähntem Kriegstagebuch TLR eben eine Stroboskop-Waffe darstellen könnte.

Natürlich kann der Begriff „Lichtlanze" sich auch auf andere Techniken beziehen, wie man feindliche Tiefflieger oder gegnerische Panzer mit Hilfe von Lichtstrahlen bekämpfen kann. Da es bis heute neu entwickelte Stroboskop-Waffen gibt, ist dies nach Meinung des Autors die wahrscheinlichste Erklärung, wie man bereits im Zweiten Weltkrieg mit Licht den Kriegsgegner an der Front oder in der Luft bekämpfen wollte:

CDL
Canal Defense Light

Zur praktischen Anwendung des CDL kam es bei der Verteidigung der Ludendorff Brücke bei Remagen, die über den Rhein führte und eine wichtige Nachschublinie der Alliierten war.

Die Deutschen versuchten alles, diese, für die Alliierten wichtige Brücke zu zerstören. Ob mit Artillerie, Schweren Mörsern, mit Barkassen, beladen mit Soldaten und Sprengladungen, die an den Brückenpfeilern angebracht werden sollen, sogar die Luftwaffe schickte den modernen Arado Ar 234 Bomber. Oder V-2 Raketen sollten das wichtige Bauwerk unbrauchbar machen.

SS-Mann Otto Skorzeny, der glaubte, die Brücke wäre inzwischen zerstört, schickte Froschmänner, Taucher, um in der Nähe der Brücke eine, von alliierten Pionieren errichtete Ponton-Behelfsbrücke ebenfalls zu vernichten.

Aber die in der Gegend aufgestellten mehreren M3 „Grant" U.S. Panzer mit eingebauten CDL Scheinwerfern erfasste die, vom östlichen Ufer herannahenden deutschen Froschmänner mit ihren äußerst starken Scheinwerferstrahlen, sodass das Tauch-Kommando sich jetzt aus dem Dunkeln herausschälte und sofort schwerem Beschuss durch U.S. Soldaten ausgesetzt wurde. Zwei deutsche Froschmänner wurden getötet, drei weitere gefangen genommen.

Es war das erste mal, dass das „Canal Defense Light", ein Ablenkungsbegriff, um Spione zu verwirren, unter realen Kampfbedingungen eingesetzt werden konnte.

Diese Art, mit Licht den Feind zu bekämpfen, wurde von dem griechischen Erfinder Marcel Mitzakis erdacht. Das „British War Office" zeigte Interesse und orderte 300 Licht-Einheiten und erste Versuche begannen im Jahre 1940.

Die frühen Geräte verwendeten eine Anzahl von Spiegel, um ein sehr starkes Scheinwerferlicht durch schmale Schlitze scheinen zu lassen. Die dicht am dicht angebrachten Schlitze erschwerten zudem ein Feuern auf die dahinter liegenden zerbrechlichen Spiegel.

Die Briten rüsteten zuerst „Matilda II" Tanks mit den Lichtern aus, die an die 13 Millionen Candelas aufwiesen. Später kamen aus Lend-Lease Lieferung amerikanische M3 „Grant" hinzu, die diese Suchscheinwerfer montiert bekamen.

Die britischen Lichter waren weitaus heller, als die später im Vietnamkrieg von U.S. Truppen eingesetzten „Ambush Lights".

Einige alliierte Kommandeure trauerten dem CDL nach, da es nie zu weiteren Einsätzen im weiteren Verlauf des Kriegs kam. Hätte doch die äußerst starken Suchlichter die Nacht zum Tag gemacht. Ein 24 stündiger Vormarsch der Alliierten hätte zu einem schnelleren Ende des Zweiten Weltkriegs führen können.

Fragt sich, wie hell und stark die deutschen Scheinwerfer, die „Lichtlanze" war und wie sie als eventuelles Stroboskop funktionierte.

Waren ebenfalls mehrere Schlitze aus Metall vor der Linse, die auf und zu gingen?

Oder wurde eine rotierende Scheibe vor dem Suchscheinwerfer angebracht, die mehrere, regelmäßig angeordnete Öffnungen in Form von Schlitzen und Löchern aufwies?

Drehte sich diese Stroboskopscheibe mit mehreren hundert oder tausend Umdrehungen in der Minute und erzeugte ein sehr intensives, flackerndes Licht, das eben nicht nur eine Blendwirkung beim feindlichen Piloten bewirkte (auch wenn er eine Sonnebrille trug), sondern auch die gewollten, gesundheitlichen Nebeneffekte, wie Desorientierung, Schwindel- und Brechreizgefühle hervor rief, die einen feindlichen Piloten handlungsunfähig machen sollte?

Denn alliierte Tiefflieger, wie P-51 „Mustang", P-47 „Thunderbolt" oder P-38 „Lightning" griffen zumeist am helligsten Tag und unter halbwegs guten Sichtbedingungen alle möglichen Gelegenheitsziele an und schossen auf alles, was sich am Boden bewegte oder im Weg stand. Auch und gerade auf unschuldige, flüchtende Zivilisten, wie in Dresden, nur um den Jagdinstinkt der alliierten Piloten zu befriedigen.

Somit müsste, neben einer Blendwirkung auch andere Faktoren, wie Übelkeit des Piloten, Benommenheit und Desorientierung eine weitere Rolle bei der Bekämpfung alliierter Piloten gespielt haben, die bei einer flackernden Blendwirkung ausgelöst werden könnten, um einen Flugzeugführer kampfunfähig zu machen, sodass er seine Maschine aufgrund Unaufmerksamkeit, z.B. in den Boden bohrt.

Ob auch alliierte „Bomb Aimer", Bombenschützen vor ihren Zielgeräten, wie das amerikanische „Norden Bomb Sight" mit einem Blendstrahl der Lichtlanze, oder gar englische Bombercrews bei Nachteinsätzen großflächig geblendet und kampfunfähig - „Flicker Sickness" - gemacht werden sollten, ist denkbar.

Siehe hier weiter unten einen Bericht über russische, aktuelle Versuche, die genau das bewirken sollen.

Ob also bereits im Krieg und ggfs. gegen Ende des Krieges die „Lichtlanze" in der Praxis zu einem Versuchseinsatz gelangte, und ob alliierte Piloten geblendet und kampfunfähig gemacht werden konnten, wird wohl weiterhin der allgemeinen Vertuschung und Geheimhaltung bestimmter Entwicklungen im Zweiten Weltkrieg unterliegen.

Denn Lichtwaffen, Dazzlers, Laser (auch von Zivilisten missbrauchte Laserpointer) sind, wie Streumunition und elektromagnetische Waffen, geächtet und sollten möglichst bei den vielen Konflikten und Kriegen auf dieser Welt nicht eingesetzt werden!

Es gibt heute verschiedene Waffen im Bereich „Dazzlers", dem „Blenden" von Kriegsgegnern oder von kriminellen Personen durch Polizeikräfte, die seit Jahren in der Entwicklung und praktischen Erprobung sind.

In 2007 entwickelte die U.S. Firma „Intelligent Optical Systems den „LED Incapacitator" für das „Homeland Department".

Der Spitzname dieses Blendgerätes hieß „Vomit Flashlight", „Brech Blitzlicht" oder „Puke Saber", „Kotz Säbel".

Der „Incapacitator", der „Außer Gefecht Setzer" hat mehrere farbige und blitzende LEDs, die mehrere unterschiedliche und den Angreifer verwirrende Lichtmuster emittiert, auf die die meisten Leute in der ein oder anderen Weise ansprechen, wie Schwindelgefühle, Unwohlsein oder Desorientierung.

Im Jahre 2007 erhielt das U.S. Army „Research Development and Engineering Departement" einen Auftrag zur Entwicklung eines Gerätes, das in eine Drohne eingebaut werden kann, um Gruppen von Personen mit einem flackernden Strahl bewegungsunfähig zu machen.

Dieses Bewegungsunfähigkeits-/Abschreckungsgerät basiert auf Xenon Licht und wurde von „Peak Beam Systems" hergestellt. Die Anlage hatte eine „Stroboskop Funktion" und solle eine Bewegungsstarre innerhalb des Lichtkegels in einem Gebiet von 500 m herbeiführen.

Interessanterweise sind bis heute keine U.S. Drohnen offiziell mit diesem Strobe-System ausgestattet. Aber einige U.S. Bodenfahrzeuge mit einem „Dazzler Laser", einem „Strobe Light" in einem beweglichem Turm, zusammen mit einer „LRAD Schallkanone" dienen als Non-Lethale Waffen, um unterschiedliche Methoden des Warnens und Abschreckens gegenüber aufständigen Personengruppen durchzuführen.

Aktuell verwendet z.B. die russische Marine eine Blendanlage, um gegnerische Schiffe zu stören:

Die 5P-42 „Filin", „Adlerauge" Anlage wurde auf zwei russische Schiffen, die die Arktische See patrouillieren, installiert.

„Russland hat zwei Kriegsschiffe mit „*Optical Interference Weapons*", Optischen Stör-Waffen ausgestattet, die bei einem Kriegsgegner zusätzlich Halluzinationen und Brechreiz hervorrufen können.

Die 5P-42 „Filin" ist eine „Non-Lethal", eine nicht-tödliche Waffe, die einen blendenden, Stroboskop-ähnlichen Lichtstrahl auslöst, der die Augen blendet, die Sicht auf ein zu bekämpfendes Ziel nimmt und zudem Benommenheit und Brechreiz auslöst.

Zwei russische Kriegsschiffe, die „Admiral Gorshkov" und die „Admiral Kasatonov" wurden mit der „Filin-Anlage", gemäß der staatseigenen russischen Nachrichtenagentur „RIA Novosti", ausgerüstet.

Entwickelt von „Rus-Electronics" wurde die Anlage an Freiwilligen getestet, die verschiedene Waffen, wie Sturmgewehre, Scharfschützengewehre und Maschinengewehre auf Ziele abfeuerten, die unter dem Schutz der „Filin-Blendanlage" standen.

Alle von „Adlerauge" geblendeten Schützen konnten nicht mehr akkurat zielen, weil ihr Sichtvermögen aufgrund der stroboskopartigen Blendwirkung von „Filin" erheblich eingeschränkt war.

Ungefähr die Hälfte der Teilnehmer bei den Schießversuchen hatten Anzeichen von Desorientierung, Schwindelgefühle und Unwohlsein.

Jeder fünfte Freiwilliger bei den Versuchen, die dem Licht-/Blendstrahl ausgesetzt waren, erfuhren halluzinogene Effekte und bemerkte eine Lichtkugel, die vor den Augen sich hin und her zu bewegen schien.

„Filin", „Adlerauge" kann außerdem die Wirkungsweise von Infrarot-Lasern und Nachtsichtgeräten vermindern, zudem die Lenksysteme von Anti-Tank Raketen auf einer Entfernung von bis zu fünf, 5 Kilometern stören und blenden.

Die Kriegsschiffe „Admiral Gorshkov" und „Admiral Kasatonov" haben je zwei „Filin" Blendanlagen an Bord.

Die russischen Kriegsschiffe sind ein Teil der russischen Nordmeerflotte, die im Arktischen Ozean Patrouillenfahrten durchführen.

Zwei weitere Schiffe, die momentan im Bau sind, werden zudem mit der neuen „Adlerauge" Blendanlage ausgerüstet werden."

-Ends-

aus: Dailymail.co.uk/news/article: "Russia-fits-warships-non-lethal-weapon-induces-hallucinations-vomiting", Internet
By Miranda Aldersley for „Mailonline, PUBLISHED: 16:19 BST, 4 February 2019,UPDATED: 16:23 BST, 4. Februar 2019

...

Feindliche Lage

USA

Luftrüstung: Nach den Wahlen und unter Zwang des verstärkten deutschen Widerstandes ist Planung eines nennenswerten Abbaus der gesamten Rüstung nicht zu erkennen. In der Zuweisung von Material

und Arbeitskräften werden die Rüstungszweige Raketen- und
Raketenantriebsmittel, Geschütze und Munition, Flugzeugträger und
Kreuzer sowie schwere Kampfflugzeuge bevorzugt.

Neben in Reihenfertigung stehenden **Strahl-Flugzeugen** (Bell P-59)
"Aeracomet" und **Vught „Swigh"** haben weitere Strahltriebjäger
Entwicklung beendet und geht Frühjahr 1945 in Serie. Jetzige
Monatsausbringung wird auf insgesamt 70 Stück (60 P-59) und 10
"**Swigh**" geschätzt.

Für März 1945 sind Stückzahlen von 150 Strahljägern, für Ende
1945 über 500 zu erwarten.

In Flugmotorenindustrie läuft Ausbringung des Wright Duplex Cyclone
parallel zur steigenden Produktion der B-29 und B-32 hoch.

Gesamtausbringung an Motorflugzeugen wird für 1944 voraussichtlich
nicht ganz die Zahl von 100.000 erreichen.

In Flugmotorenindustrie läuft Ausbringung des Wright Duplex Cyclone
parallel zur steigenden Produktion der B-29 und B-32 hoch.

Anmerkung:

Welcher Strahljäger, neben der Bell P-59 „Aeracomet" und der Lockheed P-80 „Shooting
Star" wurde von der U.S. Flugzeugindustrie noch gebaut?

Was ist die Voght „Swigh" für eine amerikanische Strahlmaschine?

Zu der U.S. Flugzeugfirma Vought heißt es bei Wikipedia u.a.:

„United Aircraft and Transport Corporation (1928-1934)

1928 erwarb die United Aircraft And Transport Corporation Vought.

Hinter United standen Boeing und der Triebwerkshersteller Pratt and
Witney, die Vought, Sikorsky, Stearman Aircraft Corp., die
Propellerhersteller Hamilton Aero Manufacturing Company und Standard
Steel Propeller Company gekauft hatten.

…

1934 wurde United Aircraft and Transport Corporation infolge des
Luftpost-Skandals aufgelöst. Aus den an der amerikanischen Ostküste
gelegenen Unternehmensteilen entstand die United Aircraft
Corporation.

Vought wurde nach Stratford (Con.) zu Sikorsky verlegt und bildete
nun „Vought Sikorsky Aircraft". Unter der Leitung von Rex Beisel
entstand hier Ende der 1930er Jahre die F4U „Corsair", von der von
1942 bis 1952 12.571 Flugzeuge gebaut wurden. 1942 wurde Vought
wieder von Sikorsky getrennt."

…

Aus dem KTB/TLR:

Britische Luft- Jagdflugzeuge- und Zerstörer:

Rüstung: An Stelle der im Aug./Sept. Ausgelaufenen „Hurricane" wird Ausbringung der „Tempest" schneller gesteigert.

„Spitfire XII und XIV" mit „Griffion-Motoren" werden weiter gesteigert.

„Mosquito" (als Zerstörer und Nachtjäger) verdrängt Beaufighter.

Serienproduktion von Strahljägern begonnen

(neben **„Squirt"** mit Einzeltriebwerk ist ein Muster mit Doppeltriebwerk in Produktion).

Anmerkung:

Neben der Gloster „Meteor" F.1 und F.3 mit zwei Strahltriebwerken, die ab Juli 1944 einsatzbereit war, existierte noch das einsitzige, mit einem Strahltriebwerk ausgestattete De Haviland „Vampire" Jagdflugzeug, das 1943 ihren Erstflug hatte, aber erst 1946 in Dienst gestellt wurde.

Die Auslegung der „Vampire" war ähnlich dem deutschen „Flitzer" Projekt von Focke Wulf, von dem es ein Holzmodell in 1:1 gab.

Außerdem entwickelte die englische Flugzeugfirma Saunders-Roe die SR/A.1 ein „Flying Boat/Fighter Aircraft", ein einsitziges Flugboot als Jagdflugzeug.

Die englische SR A.1 war das erste Flugboot mit Düsenantrieb. Der einzige Prototyp, der zwei Metropolitan-Vickers Tubojets besaß und der von den Mitarbeitern den inoffiziellen Namen „Squirt" erhielt, machte am 16. Juli 1947 seinen Erstflug. Also lange nach dem Krieg. Der Prototyp vollführte 1951 seinen letzten Flug. Danach wurde das Projekt gestrichen, da keine Verwendung mehr für solch ein Jagd-Flugboot vorlag. Es gab genug Flugzeugträger, so dass ein See gestütztes Flugboot unpraktisch war.

Eine Serienproduktion der zweistrahligen „Squirt" gab es weder im Zweiten Weltkrieg, noch danach!

Die U.S. amerikanische Flugzeugfirma Vought entwickelte gemäß Ausschreibung der U.S. Navy ein Träger gestütztes Jagdflugzeug, die Vought F6U „Pirate".

Dazu heißt es bei Wikipedia:

„Die Vought „F6U „Pirate" (Werksbezeichnung „V-340") war ein Jagdflugzeug, das 1944 bis 1950 für die U.S. Navy entwickelt wurde. Wegen vollkommen unzureichender Flugleistungen wurde die Produktion 1950 eingestellt.

Vought erhielt den Auftrag für drei Prototypen am 29. Dezember 1944. Als die „Pirate" am **2. Oktober 1946 erstmals flog,** zeigte sich jedoch, dass das eingebaute Westinghouse J 34-WE-22 Triebwerk mit 13,34 kN Schub viel zu schwach war.

...

Die erste **Serienversion F6U-1 flog am 5. März 1949** zum ersten Mal. Die U.S. Navy nahm ab August 1949 30 Serienflugzeuge ab, bevor der Auftrag am 30. Oktober 1950 **gestrichen wurde.** Die Flugzeuge wurden für Tests bei der Entwicklungsstaffel VX-3 des Naval Air Test Center und kurzfristig bei einer Reservestaffel verwendet. Schon im November 1950 wurden die verbliebenen 27 Maschinen nur noch als Übungsobjekte am Boden verwendet."

Auch die einzige Strahlmaschine der Flugzeugfirma Vought, die im Krieg entwickelt wurde, flog nie zu Kriegszeiten und wurde nach dem Krieg letztendlich ausgemustert!

Neben der „Pirate" gab es offiziell keine weitere Düsenmaschine, die Vought im Krieg gebaut hatte und die Einsätze flog.

Was sollen also die Hinweise in dem Kriegstagebuch über die „Vught" „Swigh" (unklare Schreibweise), die auf eine Monatsausbringung von 10 geschätzt wurde und „neben der „Squirt" mit Einzeltriebwerk ist ein Muster mit Doppeltriebwerk in Produktion".

Sollte die „Squirt" auch mit einem Triebwerk geliefert werden oder bezieht sich dies auf ein anderes britisches Flugzeugmuster?

Auf alle Fälle sind diese zwei Hinweise im KTB entweder auf Fehl-/Desinformationen zurückzuführen oder wurden absichtlich in das Dokument eingefügt.

Die „Squirt" ist wenigstens noch richtig geschrieben, wenn auch der Flugzeughersteller nicht genannt wurde, aber bei der ominösen „Vught Swigh" ist alles vollkommen falsch.

Die Frage ist, ob der- oder diejenigen, der/die das Kriegstagebuch schriftlich abgefasst hatte, absichtlich bestimmte, ganz spezifische Tippfehler und falsche Schreibweisen vorgenommen hatten, oder ob das Geschriebene nicht nach dem Vier-Augen-Prinzip nochmals kontrolliert und abgezeichnet wurde.

Unklar ist, ob es bei der entsprechenden Abteilung, die das KTB erstellte, Schwierigkeiten mit englischen/amerikanischen Wörtern und deren Buchstabierungen gab und keiner in der Lage war, dies zu korrigieren, oder ob dieses Exemplar des KTB nach dem Krieg von einem Dritten nachträglich erstellt, bzw. desinfomatorisch abgeändert wurde.

Wenn die Spezialisten für ausländische Flugzeugentwicklung beim RLM tatsächlich die hier im KTB genannten U.S. und britischen Maschinen so eingeschätzt hatten, dann dürften diese Personen keine Ahnung der U.S. Luftrüstung gehabt haben.

Was aber nicht stimmen kann, denn es wurden ja mehrere abgestürzte oder notgelandete U.S. Jäger und Bomber und andere alliierte Flugzeuge, die entweder auf deutschem Boden oder in den von Deutschland besetzten Gebieten erbeutet, geborgen und abtransportiert wurden, ausgewertet und gar wieder flugfähig instand gesetzt.

Das zeigt ja auch das KTB, wo erbeutete Stückzahlen alliierter Flieger aufgeführt wurden. Es gab eine ganze Abteilung beim RLM, die sich mit ausländischer Flugzeugtechnologie und dem Zubehör befasste.

Also musste man sehr genau Bescheid gewusst haben, auch durch Verhöre notgelandeter und gefangen genommnen alliierter Flugzeugbesatzungen, was der aktuelle Stand der Dinge ist. Außerdem werden bestimmte Personen im RLM und bei den Beuteabteilungen Englisch verstanden und gesprochen haben.

So musste man eigentlich gut differenziert haben können, welche Maschinen reine Prototypen waren, die nie in Serie gingen und welche zukünftigen Maschinen für den Kriegseinsatz vorgesehen waren.

Die in dem KTB aufgeführten Maschinen waren entweder alles Prototypen, wie die P-72 oder die Saunders Roe, die nie zum Einsatz kamen, oder erfundene Maschinen, wie die „Vught Swig".

Ein Indiz dafür, das das „Kriegstagebuch Technische Luftrüstung" nachträglich „bearbeitet" wurde?

Als Hinweis für eine mögliche, spekulative Erklärung, also rein die Meinung des Autors, hier folgender Hinweis:

Innerhalb der deutschen Pfeilflügelentwicklung begegnete die Firma Blohm und Voss die Nachteile von gepfeilten Tragflächen, die bei der Landung nur hohe Ladegeschwindigkeiten zulassen, dadurch, dass man bei dem BV-Projekt 202 die sämtlichen Nachteile des Pfeilflügels im Langsamflug durch einen um die Hochachse drehbaren Flügel beheben wollte.

Beim Langsamflug und bei der Start- und Landephase war der schwenkbare (switch, swing) Tragflügel gerade gestellt. Ging die BV 202 in den Schnellflug über, sollte der Tragflügel um 35 Grad gedreht werden, so dass die linke Fläche negative und die rechte Fläche positive Pfeilform aufwies.

Das Projekt wurde von Dr. Waldemar Vogt entworfen.

Dr. Vogt, ähnlich zu Vught, wie der Zensor es abgeändert haben könnte.

Diese „Switch-Konzept" wurde nach dem Krieg u.a. von der NASA Dryden Flight Research Center, Edwards AFB, Cali in den Jahren 1979 und 1982 wieder aufgenommen, in dem man einen Tragflügel des Ames-Dryden-1 AD-1 Demonstrators von 0 bis 60 Grad um die Hochachse schwenken konnte.

Die Northrop Grummen "**Switchblade**" war ein Vorschlag für ein "UAV", Unmanned Areal Vehicle für die U.S. Air Force. Die Forschungseinrichtung „DARPA", Defence Advanced Research Projects Agency erteile Northrop Gruman einen 10 Millionen U.S. Dollar Auftrag zum Bau eines „Oblique Flying Wing", X-Plane Demonstrator.

Der „Schrägflügel" sollte 2020 zum ersten Mal fliegen, wobei der Flügel um 60 Grad für Flüge oberhalb Mach 1 geschwenkt werden sollte.

Da durch das Schwenken des Tragflügels die Maschine schwer durch einen normalen Piloten kontrolliert, gesteuert werden konnte, wurde das Fluggerät durch einen „On-Board Computer" navigiert. Das gesamte Konzept wurde aber 2008 gestrichen.

Wie die „Vught Swigh" oder das englische Düsenflugboot „Squirt" Erwähnung im KTB gefunden hatte, wird ein Rätsel bleiben.

Eine andere – verschwörungsmäßige – Theorie wäre, dass in den USA tatsächlich an einem Flugzeug mit variabler Tragflächengeometrie, ähnlich dem BV 202 Jägerprojekt gearbeitet, aber nie realisiert wurde.

Das man dieses Konzept kannte, zeigt der „CIOS-Report I:

„Junkers Aircraft Engines Plant at
Strassburg, Alsace" (5. December 1944)" by Cmdr. J. P. Den Hartog, USNR:

„The only aircraft . . . one of 4.5 meters span with <u>variable angle wings</u>".

Dieser Hinweis bezieht sich auf ein deutsches, bis heute unbekannt gebliebenes und wahrscheinlich zensiertes Nurflügel-Projekt, dessen Tragflächen-Pfeilung <u>vor Abflug</u>, am Boden auf eine bestimme Pfeilung, z.B. 0, 15, 35 oder 45 Grad je nach Einsatzzweck und Höchstgeschwindigkeit, einstellbar war.

Die kleine, einsitzige Maschine hatte ein Jumo 203 Strahltriebwerk, Tarnname für eine Saugturbine und zusätzlich an den Tragflächenenden je ein Lorin-Rohr.

Ob die Staustrahltriebwerke an den Flügelenden nur kurzzeitig für eine Notleistung gezündet wurden, da solch eine kleine Maschine keinen großen Tank aus Gewichts- und Platzgründen mit sich führen konnte, oder ob die Lorin-Triebwerke entweder mit einem speziellen Atomantrieb aus Brennstoffröhren, Wärmetauscher und Kadmium-Moderatorstab ausgestattet waren, um den eingerammten Staudruck sehr stark aufzuheizen, damit er nach hinten expandieren und den nötigen Schub liefern konnte, oder ob die Lorin-Röhren mit einem neuen Stoßwellen-Antrieb von Prof. Ronald Richter ausgestattet waren, bleibt unklar, da die Zensur wohlweislich diese Techniken bis heute geheim hält.

Bei der deutschen Luftfahrtentwicklung waren die Einsatz-Strahlmaschinen die am weitesten mit einer Pfeilflügel-Technologie fortgeschritten waren, die Messerschmitt Me 262 HG II und HG III Hochgeschwindigkeitsjäger.

Wohlmöglich wurde von der HG II Variante sogar noch ein oder zwei Prototypen im Krieg bei Messerschmitt hergestellt und im Flug erprobt.

Nicht nur eventuell, sondern ganz bestimmt hatte SS-General Hans Kammler noch vor, diese Messerschmitt Me 262 Pfeilflügler in einer Null-Serie kurz vor Kriegsende aufzulegen, um diese hoch modernen Jagdmaschinen den amerikanischen „Verschwörern" für deren Dritten Weltkrieg („Operation Unthinkable") zu übergeben.

Denn auf einem Foto, dass kurz nach Kriegsende in der Steiermark in Österreich aufgenommen wurde, ist ein Me 262 Rumpf in einer sehr sauberen Bauausführung, ohne die üblichen, rauen und Widerstand produzierenden Spachtelung, zu erkennen.

Diese Rümpfe auf Eisenbahnwaggons könnten für eine HG II und für die HG III Versionen vorgesehen gewesen und in „Bergkristall B-8" noch heimlich produziert worden sein. Siehe hier ein Foto eines neuen Me 262 Rumpfes mit verbesserter Oberflächengüte in der Gegend von Gusen, gezeigt in einem Fernsehbericht.

Da man die Dritte Weltkriegspläne gewisser U.S. Militärkreise bis heute vehement vertuscht, gibt es auch keine deutschen Pfeilflügler, die noch zum Einsatz gekommen wären, sie wurden einfach zensiert.

...

Fliegerschäden im Flugfunk-Forschungsinstitut Oberpfaffenhofen:

Bei Tieffliegerangriff auf Flugplatz Oberpfaffenhofen am 15.1.45 wurden 4 Versuchsträger des FFO schwer beschädigt bzw. sind ausgebrannt. Hierdurch Entdüppelungsversuche des FFO verzögert.

Gerät „**Honep**" (Bekämpfung von Panzer durch Tiefflieger) mit Flugzeug verbrannt, nachdem bereits im Frühjahr 1944 durch Feindeinwirkung einmal verloren gegangen. Herstellung eines neuen Versuchsmuster bereits begonnen. Zuweisung von Ersatzflugzeugen in die Wege geleitet.

Anmerkung

Das Gerät „Honep" ist bestimmt ein weiterer Tippfehler. Eventuell ist der Ausdruck „Honef" oder die Stadt Hennef in NRW, oder als Tarnnamen gemeint.

So soll es Hinweise über SS Tätigkeiten im Bereich Siebengebirge, Rhein-Sieg-Kreis bei dem Dorf Geistingen/Hennef, NRW gegen haben.

Luftwaffenbergung:

7.-17.12.44 Die **Rückführung der Flugzeugbrüche** aus westlichen Gebieten sowie Versorgung der Rohstoffrückgewinnungs-Betrieben mit **Schrottflugzeugen** sind infolge der angespannten Transportlage schwierig und bedürfen laufend des Einsatzes besonders beauftragter Offiziere und Beamte.

21.12 Herausgabe der Verfügung über Berge-Großeinsatz. Obstlt. Fuchs erhielt von General Diesing Auftrag, Maßnahmen zur beschleunigten Räumung der im Westen liegenden 1730 Bruchflugzeuge einzuleiten.

8.1 -14.1 Hauptausschuss Flugzeugbau fordert am 10.1.45 beschleunigte Rückführung aller Me 262.

Reichsmarschall: In Besprechung am 25.1. befiehlt Herr Reichsmarschall außer den bereits befohlenen **4 Versuchsmustern** den **Bau von 20 Stück Do 335 Zwilling** und fordert hierfür höchste Dringlichkeit.

Lücke bis zum Einsatz ist durch beschleunigte Fertigstellung der Reichweitenvergrößerung Ar 234 durch Deichselschlepp zu schließen.

...

8-635
Entscheidung RM auf Bau von **20 Serienflugzeugen am 24.1**. Rumpf- und
Flächenlieferung gemäß Angabe Dornier gewährleistet. Anschlußauftrag
muss bis Ende Februar erfolgen, um ordnungsgemäß **Planung bei Junkers**
aufziehen zu können.

...

Studienflugzeuge 1068

Fo-Fü teilt mit, dass der **Bau der 35 Grad gepfeilten Fläche** mit
Nasenklappe von der DFS wahrscheinlich nicht gebaut werden kann. Da
auf Wunsch Heinkel diese Fläche als Weiterentwicklung der 162 Fläche
anzusehen ist, ist Bau unbedingt erforderlich. Fa. Vreede kann Bau
nicht übernehmen.

...

Gesamtausbringung an Motorflugzeugen im Jahre 1944 etwa
96.400 Stück. Absinken der Monatsstückzahlen bei gleichem Stand der
Monatsgewichtsausbringung durch Verschiebung der
Erzeugung zu schweren Flugzeugen hin.

Ausbringung im Januar 1945 wird auf 7.000 Motorflugzeuge geschätzt.
Darin enthalten 1300-1350 4 mot. Kampfflugzeuge (darunter etwa 250
B-29 und 150 B-32) und 2.500-2.600 Jagdflugzeuge (darunter etwa 350
P-47, 400 P-51, 400 P-38, 80 P-59 und 100 P-61).

**Bisherige Gesamtausbringung der B-29 "Super Fortress" bis Ende Jan.
1945 auf etwa 2.100 Stück geschätzt. Nach Zeitungsmeldungen (DNB vom
9.1.) soll ein <u>größerer Verband B-29</u> in England zum baldigen Einsatz
<u>gegen Deutschland</u> bereitstehen.**

...

Bei Fa. Pratt & Whitney läuft wahrscheinlich neuer 28 Zyl. 4
Sternmotor R 4360 (Startleistung etwa 3.000 PS) mit derzeitiger
Monatsausbringung von etwa 12ß Stück vorgesehen für neues
Jagdflugzeug P-72 (verbesserte P-47 Thunderbolt).

Anmerkung:

Stand ein Versuchsverband von B-29 „Superfortress" bereits im Oktober 1944 bereit und flog
nach Schweinfurt/Unterfranken?

Die Republic XP-72 war als schneller Abfangjäger konzipiert und machte am 2. Februar 1944
ihren Erstflug. Das Projekt wurde gestrichen, da man keinen Abfangjäger, sondern
Langstrecken-Begleitflugzeuge zum Schutz von B-29 Bomberpulks benötigte.

Hier wieder ein Hinweis über ein alliiertes Flugzeug, das keine Rolle bei der U.S.
Kriegsplanung bis Kriegsende spielte.

Aber möglicherweise in einem folgenden Krieg, wäre dieser im Sommer 1945 ausgebrochen? Wurden deshalb amerikanische Flugzeugprojekte eingestellt, weil sie für den Dritten Weltkrieg bestimmt waren, der aber so nicht kam? Basierten die Hinweise im o.g. KTB eben auf neue, angloamerikanische Flugzeugprojekte, die sofort realisiert worden wären, hätte der Krieg noch länger gedauert?

...

Russland

3. Kgf.-Aussagen: Versuchseinsatz von **TL-Flugzeugen gemeldet zum Einzeleinsatz gegen deutsche Frontaufklärer.**

Von allen Kgf. wird verstärkte Entwicklung auf diesem Gebiet bestätigt.

Anmerkung:

Welche Strahljäger schickten die Russen, laut Aussagen von Kriegsgefangenen bereits versuchsweise in den Kampfeinsatz über Deutschland und erprobten die Russen diese neuen Düsenjäger für den nächsten Krieg?

Mig-9, Jak-15? Waren erste Prototypen dieser Maschinen viel früher einsatzreif, als einem die Propaganda dies heute vorgaukelt?

Machte auch die SU noch vermehrt große Anstrengungen in den letzten Kriegsmonaten, um für einen Dritten Weltkrieg gerüstet zu sein? Würde man auch in Russland noch jede Menge Hinweise über geheime Rüstungsprojekte und Geheimunternehmungen finden, die als Vorbereitung für WK III gedient hatten, und heute auch in Russland immer noch einer strengen Zensur unterliegen?

Siehe hier auch den Hinweis eines deutschen Kriegsgefangenen, der bei Kyschtym, hinter dem Ural bei Swerdlowsk den Bau einer großen, unterirdischen Atomfabrik, die Ende 1944 begonnen wurde, bezeugen konnte!

...

Einsatz amerikanischer ferngesteuerter Sprengstoffträger:

Seit August 1944 einige Einsätze mit 4 mot. Flugzeugen der Muster B-17 und B-24, nach deren Einsatzart und einer Untersuchung eines solchen abgeschossenen Flugzeuges der Einsatz von ferngesteuerten Flugzeugen feststeht.

Nicht mehr frontfähige 4 mot. Flugzeuge werden dabei als Sprengstoffträger (8 t Hochleistungssprengstoff) gegen Spezialziele zum Einsatz gebracht. Normaler Start durch Teilbesatzung. Nach Absprung derselben Steuerung über normale Dreiachsensteuerung. Seitensteuerung und Wellenlänge 3-8 m, Höhensteuerung durch elektr. Höhenmesser. Höhenänderung (Abstieg) eingeleitet auf Wellenlänge 70 cm Anflug unter 300 m (hier-durch Rückführung der räumlichen - auf ebene Führung). Zündung durch AZ. **Begleitflugzeug (bisher Lightning und Mosquito)** fliegt etwa 2.000 m bzw. etwas hinter dem

Flugzeug. Fluggeschwindigkeit: 340 km/h in Bodennähe.

Eindringtiefe entsprechend der Begleitflugzeuge. Eindringtiefe = 1.100 km. Geringe Geschwindigkeit machen Flugzeuge für Flakabwehr sehr empfindlich. Sämtliche Flugzeuge wurden vor Erreichen des Zieles abgeschossen.

Anmerkung:

Flogen auch D.H. Mosquito und P-38 Lightning über Schweinfurt bei dem „Dead Man" Versuch?

...

A. Flugzeuge:

BV 155

Die ersten 2 Flüge ohne wesentlichen Ereignisse und Ergebnisse.

Ho 229

Erster Flug Horten 229 mit Triebwerk. Bei Landung Bruch des Bugrad-Fahrwerks. 3 Wochen Verzögerung.

Lippisch

Auf Grund der Lage Brieg und nicht erfolgter Verlagerung nach Kronach konnten Arbeiten bei HS nicht aufgenommen werden, so dass Lippisch auch V 2 selbst baut.

Anmerkung:

Welchen Prototyp V-2 baute Dr. Lippisch in Kronach?

Den Staustrahljäger Lippisch P-13 als flugfähigen Prototyp, montiert auf einer Siebel Si 204, der, neben der DM-1 in Prien auch dem U.S. General George Patton von Major Hazen von der Technical Air Intelligence Abteilung der USAAF vorgeführt wurde?

Siehe hier die Indizienkette des Autors in einer der anderen Bücher, dass es die P-13 als flugfähiges Versuchsmuster gegeben haben könnte!

TL Großbomber

Genst. 6. Abt. wurde zur Aufstellung der takt. Forderung aufgefordert.

Zu Horten IV/Gotha Go 229 heißt es in dem KTB über den Zeitraum Dezember bis Kriegsende noch:

Horten 229 V 2 – Unfall am 17.2. – zweiter Flug Oranienburg:

Nach 17 Minuten Flugdauer kippte Flugzeug beim Anschweben zur Landung im Augenblick des Notausfahrens des Fahrwerks (vermutlich Triebwerksausfall) nach kurzem Pendeln um die Längsachse über den rechten Flügel ab und ging zu Bruch.

Flugzeugführer: Ltn. Ziller tot.

Ursache: vermutlich überzogener Flugzustand und plötzlicher Strömungsstörung infolge Fahrwerksausfahren. Unfall gibt keine Handhabe zur Beurteilung des Flugzeuges.

...

8-229

Entwürfe der Gebr. Horten geben nicht die Gewähr für eine reibungslose und einwandfreie Fertigung in Großserie. Die von Gotha aufgestellten Arbeitsentwürfe sind wesentlich günstiger und sollten vorgezogen werden.

...

Horten IX (229)

Außer den 3 V-Mustern V 3 bis V 5 in der Ausführung V 2 werden weitere 10 Flugzeuge V 6 bis V 15 bei GWF gebaut werden.

...

Eigene Kriegslage:

In der Konferenz zu Jalta zwischen Roosevelt, Churchill und Stalin kommt nach dem herausgegebenen Abschlußcomuniqué der **eindeutige Vernichtungswille des Feindes zum Ausdruck.** Hiernach erscheint eine politische Lösung des Krieges in nächster Zeit nicht denkbar.

...

SS-Gruppenführer und General-Ltn. der Waffen-SS, Dr. Ing. Kammler, bestimmt in einem Schreiben vom 6.2.45 die, auf Grund der ihm vom Reichsmarschall, Reichsführer SS und Reichsminister für R.u.K. erteilten Vollmachten, zugehörigen Waffen und Geräte.

Hiernach sind in Fertigung bzw. zur Fertigung freigegeben:

A-4 (V-2
8-103 (V-1)

Mit Schwerpunkt in Entwicklung und Fertigungsanlauf:

Taifun 21 cm R Bs

R 4 M 21 cm W Gr. 42 Bs

R 100 Bs Zieldarstellungsgerät 8-246.

Entwicklungsmässig zum Abschluss zu bringen:

8-117 (Schmetterling) Abwandlung von Wasserfall

8-344 (X 4) Natter.

Sofort einzustellen sind:

Enzian 8-298
Rheintochter Flak R 42
R 50 Bs Rheintochter
8-117 (H) HDP
(Mappe A/Meldungen äußere Dienststellen Nr. 6)

...

Rüstungsstab:

9.2.(1945) Prof. Ullrich macht einen Vorschlag zur
Flugzeugbekämpfung durch **künstliche Erzeugung von Motorstörungen.**

Anmerkung:

Siehe auch Versuche der SS mit „Motorstopp", z.B. auf Gut Alt-Golsen mit
Mikrowellenstrahlung. Solche versuche könnte auch das „Rad Lab" auf dem europäischen
Kriegsschauplatz vorgenommen haben.

...

Flugsommer (DVL)

J.G.10 legt Zwischenbericht aus **Erprobung Flugsommer** vor.

Einwandfreie Entfaltung des **Sperrmittels.** Noch mangelhafte
Aufhängung der Maschinenbehälter, weshalb scharfe Erprobung bisher
noch nicht durchgeführt.

Anmerkung:

Um was für ein „Sperrmittel", Bekämpfung von feindlichen Bomberverbänden, könnte es
sich um „Flugsommer", ein Tarnname, gehandelt haben?

...

III. Abwurfmunition (Britische-Amerikanische Feindflugzeuge)

1.) **Dornbomben** auf westlichem Kriegsschauplatz
Als Dornbomben seit Februar 1945 auch an der Westfront durch Jabos
USA 500 lb Bomben verwendet. Stachel von 13,5 kg, 600 mm Länge und
65 mm O. Einsatz gegen Bahnziele nördl. Westheim bei Gerbheim.

2.) **USA-Kampfstoffsprühgerät** (Chemischer Tank) M-10
Unter Tragfläche USA Flugzeuge A-20 (Hawe)(Havock) können 4 und
unter Mustang 2 Kampfstoffsprüh- oder Nebelsprühgeräte angebracht
werden. Vollgewicht der 4 Sprühgeräte 1.060 kg, Leergewicht 73 kg.

Daher Annahme, daß auch USA-Jäger mit Nebel- und Kampfstoffgeräten größeren Inhalts ausgerüstet und aerodynamisch verkleidete Kampfstoffsprühgeräte von 140 l Inhalt verwendet werden.

- K.T.B. 26.2./4.3.1945 - 111

3.) **Prellbombenwurf mit Mosquitos**

Nach Art des Skip Bombing (Prellbombenwurf) verwenden Mosquitos 400 lb Bombe gegen Tunnels im Tiefflug, sodaß Bombe fast horizontal den Boden berührt und von dort in Tunneleingang springt. Wahrscheinlich brit. Minenbombe MC 4.000 lb, deren Abmaße Mitnahme im Bombenraum ähnlich wie die HC 4.000 lb ermöglichen.

4.) **Radioelektrische Bombenauslösung bei Gruppenflug**

In USA Flugzeugen B-17 und B-24 jetzt Auslösung Bombenteppich gesamter Gruppe durch kleinen Sender (Radio-Bomb-Release) in Führerflugzeug. Ausgestrahlter Impuls wird von kleinen Empfängern der übrigen Flugzeuge verstärkt und dient Auslösung Intervallometers (Reihenabwurfgerät).

...

Rillstartbahn für Bugradflugzeuge

Erfolgreiche Versuche Prof. K a m m (Forschungsinstitut für Kraftfahrwesen, Stuttgart), den Start hochbelasteter Strahlflugzeuge von schmalsten, **mit einer Rille zur Führung des Bugrades versehenen Startbahnen** durchzuführen. Unempfindlichkeit gegen Luftangriffe bedeutend größer als bei üblichen Startbahnen. Anlage in provisorischer Bauweise neben oder außerhalb der eigentlichen Flugplätze leicht durchführbar.

...

Schreiben HDL S a u r an Reichsleiter H. B o r m a n n vom 3.2.1945 betreffend die von Prof. Werner O s e n b e r g erfundenen **kreisenden Geschosse zur wirksamen Bekämpfung von Bomberverbänden.** (Mappe A/Meldungen, Äussere Dienstellen Nr. 17)

Anmerkung:

Siehe hier den Hinweis über die RS 100 BS Luft-Luft-Raketen von Prof. Osenberg, die spiralförmig durch einen feindlichen Bomberverband fliegen und wahllos Bombenflugzeuge treffen, beschädigen und zum Absturz bringen sollten.

Unklar ist, welche Trägerrakete die kleineren Raketengeschosse auf Höhe der Bomberpulks bringen sollte.

Ob hier ggfs. ebenfalls sich selbst zerlegende Trägerraketen aus Plastik, aus Faser verstärktem Kunststoff zur Anwendung gelangen sollten, müssten entsprechende Unterlagen zeigen.

...

8 - 635 (Dornier Do 635 Zwilling)

Lt. Rü-Stab-Bericht vom 15.3.1945 ist HDL Saur mit Weiterlauf der 8-635 bei Junkers einverstanden.

Primitivlösung Do-Zwilling läuft gemäß Abstimmung durch EHK weiter.

Anmerkung:

Siehe hier die Aussagen von Wilhelm Landig, erwähnt in dem Buch: „*Was die Geschichte verschweigt, Geheim gehaltene Kriegsereignisse aus dem Zweiten Weltkrieg*", Klaus-Peter Rothkugel:

„Landig schilderte folgende Szene in o.g. Buch über einen Flug mit einer Do 635 Zwilling:

Die Maschine hat zweimal zwei ausgezeichnete DB 603 A-Motoren«, erläuterte der Major unterdessen weiter.»Achtgeben beim Landen, meine Herren, da das Hauptfahrgestell auf zwei Radeinheiten reduziert wurde.

Dafür wurde bei der Konstruktion das ganze Mittelstück für Brennstoffaufnahme frei. Höchstgeschwindigkeit der Maschine ist 725 Kilometer in der Stunde. Wie Sie weiters sehen, sind die Besatzungsräume als Druckkammern ausgebaut. Bewaffnung - keine! Aber Sie können für alle Fälle - wenn Sie etwa notlanden müssen -, eine M-Pi mitbekommen.
...

Anmerkung:

War die „Primitivlösung" eben jene, dass man zwei herkömmliche, bei Dornier in Friedrichshafen gefertigte Do 335 mit einem neuen Mittelteil verband (wie bei der Heinkel He 111 Z) und das Flügelmittelstück als Tankflügel für Langstrecken-Aufklärungsflüge ausbaute?

So sagte ja Siegfried Heppner in seiner Publikation, entnommen aus dem Buch „Das Geheimnis der deutschen Flugscheiben", Teil II von Klaus-Peter Rothkugel:

„„Dieses Flugzeug hat nämlich wirklich existiert! -Ich sehe noch heute aufgeregt, wie es im Tiefflug auf mich zubraust und über dem Haus südwärts in die Schweiz verschwindet. - Das war zwischen 8 und 9 Uhr morgens, am 9. Mai 1945, als ich gerade am Fenster der Direktionswohnung der Reichsbank Konstanz stand: Da erschien mit großem Getöse eine doppelrumpfige Maschine mit den Balkenkreuzen der Deutschen Luftwaffe so niedrig neben dem Ministerium, daß ich Angst bekam, sie konnte die 101 Meter hohe Spitze streifen. Es scheint sich um den einmaligen **Doppelrumpf- Versuchstyp von DORNIER, Do 635, mit vier Motoren,** (zwei Propeller vorn, zwei an den Schwanzenden) gehandelt zu haben, mit einer auffällig großen tropfenförmigen Glaskanzel in der Mitte. "

Anmerkung:

Wurde diese und auch andere – bis heute geheim gehaltene - deutsche Luftwaffen-Maschinen dem Zugriff „normaler" alliierter Einheiten, die als Besatzer Deutschland 1945 nach Kriegsende ausplünderten, entzogen?

Flog die Do 335 Z tatsächlich in die „neutrale" Schweiz, um dort alliierten/amerikanischen Geheimkommandos übergeben zu werden?

Flog die Do 335 Z ggfs. weiter nach Spanien und wenn der Tankflügel in der Mitte noch mit „Doppelreiter" Zusatztanks ausgestattet war, gar weiter in den lateinamerikanischen Raum?

Eine solche Reichweiten gesteigerte Do 335 Z hätte auch zu kanadischen Verschwörerstützpunkten im arktischen Raum fliegen können und hier liegt wohl auch der Grund, warum diese Einfachlösung von Dornier bis heute aus der Luftfahrthistorie herausgehalten wurde:

Weil solche Do 335 Z nicht für den Zweiten, sondern für den Dritten Weltkrieg vorgesehen waren, der unter dem Oberkommando amerikanischer Verschwörer, u.a. unter dem Kommando von U.S. General George Patton geführt worden wäre.

...

E. **Selbst- und Ferngesteuerte** Kampfmittel

Der engere Kreis des Arbeitsstab D o r n b e r g e r setzt sich zusammen aus:

General Dornberger Oberstltn.
Halder General v. Glydenfeld
Fl.Oberstabsing. Brée
Direktor Kunze
Dipl.Ing. Thiry
Oberstltn. Axter
Prof. v. Braun

...

Rüstungsstab

14.3.1945

Ju 287 (mehrstrahliger Pfeilflügelbomber von Junkers, wurde in der Sowjetunion nach dem Krieg weiterentwickelt, Anm.d.A.) ist sofort als Gewaltaktion in Angriff zu nehmen, Federführung H. T h i e d e m a n n. Ziel liegt in der **Bekämpfung von Schiffszielen auf große Entfernungen.** Zusätzlich ist die optimale Lösung sofort mit allen Kräften in Angriff zu nehmen.
...
8 - 287 (Junkers Ju 287 Strahlbomber)

Auftrag auf **Herstellung von 75 Stück.** Die geplante Ausbringung ab **Juli 1945** erscheint fraglich.
(Mappe A/Meldungen Fl-Rüst Nr. 8)

Anmerkung:

Stellt sich die Frage, wer im März 1945 noch geglaubt hatte, mit Langstreckenflügen alliierte Schiffe angreifen zu können? Nicht mehr im Zweiten Weltkrieg, aber danach?

...

```
- K.T.B. 16.3./4.4.1945 - 148
```

Natter

```
Gerät Natter wurde am 28.3. von General Dornberger gestrichen.
```

```
Einflußnahme verschiedener Strömungen (SS fordert
anscheinend Weiterlauf der Arbeiten) auf die Durchführung
dieser Entscheidung noch nicht abzusehen.
```

Anmerkung:

Siehe hier einen möglichen scharfen Einsatz der Natter, den der italienische Buchautor Renato Vesco erwähnte. So schreibt der Autor Renato Vesco in der englischen Ausgabe seines Buches „*Intercept, but don´t shoot!*" über die BP-20 „Natter":

```
„Wegen aerodynamischer Probleme endete der erste bemannte Testflug
der Natter in einer Katastrophe, die zum Tod des Piloten Lothar
Sieber führte.
```

```
Aber einen Monat später, am 29 März 1945 über Hannover, während des
einzigen scharfen Einsatz der Natter - offiziell Bachem BP-20
bezeichnet - schoss Feldwebel Ernst Hemmer, der eines der ersten
Vorserienmuster gegen eine Formationen von viermotorigen B-24
„Liberators" steuerte, erfolgreich zwei Bomber ab und beschädigte
einen dritten . . ."
```

War dies ein Einsatz der unter dem Kommando der SS lief und wurde Feldwebel Ernst Hemmer von der SS rekrutiert?

...

Kammler und die SS

Hier ein Beispiel, wie die SS und General Kammler Rüstungsbereiche der Luftwaffe an sich gerissen hatte und nun unter seiner Kontrolle standen. Gleichzeitig verschwinden jetzt Aufzeichnungen über gewisse Technologien, Flugzeuge, Sonderprojekte usw. und es stehen in der Öffentlichkeit keine schriftlichen Dokumente mehr zur Verfügung, die man heute für die Geschichtsforschung, die Aufarbeitung gewisser Waffentechnologien und Handlungsweisen von SS-General Kammler noch heranziehen könnte, was der Geheimhaltung, der Vertuschung und der Propaganda heute bestens in die Hände spielt:

```
„ ... Untersuchung von General Kammler über die auf dem Fernlenksektor
bei Fl.E laufenden Aufgaben. Die Pläne von General Kammler für die
Durchführung seines Sonderauftrages zeichnen sich noch nicht ab.
```

```
Möglicherweise entgleitet die Führung auf diesem Gebiet der
Luftwaffe, wenn Fragen der personellen Besetzung innerhalb der
von General Kammler geplanten Organisation nicht größte
Aufmerksamkeit geschenkt wird."
```

Anmerkung:

Ob die SS ein Kriegstagebuch wie die Luftwaffe und das RLM geführt hatte, ist fraglich.

Somit sind alle Projekte, die unter anderem der Autor dieses Buches in seinen diversen Publikationen besprochen hat und die von der SS und/oder von Kammler beaufsichtig wurden, wenig bis gar nicht schriftlich festgehalten, bzw. Unterlagen und Dokumente wurden vernichtet oder heimlich alliierten Spezialtrupps übergeben worden.

Diese alliierten Trupps, Kommandos ect. machten damals ein Geheimnis um das Verschwinden von SS-General Kammler und somit können gewisse Waffenentwicklungen und spezielle Kriegsereignisse für sehr lange Zeit vertuschen und aus der Historie des Zweiten Weltkrieges heraushalten werden!

B-8 Bergkristall

In einer Sendung im deutschen Fernsehen, Anfang September 2019 wurde u.a. ein Messerschmitt Me 262 Rumpf neuer Bauart kurz eingeblendet.

Bei diesem Rumpf einer Messerschmitt Me 262 könnte es sich ebenfalls um einen teilgefertigten Rumpf neuer Bauart mit verbesserter Oberflächengüte gehandelt haben.

Siehe hier:

„Die Autoren Althoff und Macherle legten dazu am **23.02.45** - also weniger als drei Monate vor Kriegsende - ein elfseitiges technisches Dokument mit dem Titel:

„Me 262 Leistungssteigerung" vor,

das als „Geheime Kommandosache" eingestuft war."

Der Rumpf wurde in Gusen/St. Georgen in Nieder-Österreich nach dem Krieg aufgenommen und zeigt einen G.I., der auf der linken Seite neben dem Me 262 Rumpf steht.

Die Hecksektion ist nicht montiert, genauso wenig wie die Fonthaube.

Dieser Rumpf mit besserer Oberflächengüte, also ohne raue, aerodynamisch ungünstige Spachtelstreifen, könnte zu einer der neuen Hochgeschwindigkeitsjäger-Versionen, entweder der HG II oder HG III Ausführung gehört haben, die ggfs. noch in einer Null-Serie von SS-General Hans Kammler in den letzten Kriegsmonaten in Auftrag gegeben worden waren.

Ist dies ein Rumpf, wie er später auf Eisenbahn-Kastenwagen auf dem Bahnhof bei Talerhof in der Steiermark, im britisch kontrollierten Sektor von Österreich nach Kriegsende auftauchte, sowie als Fotodokument veröffentlicht wurde und wiederum einen G.I. zeigt, der diesmal im Cockpit sitzt und sich fotografieren lässt?

Das in der Sendung gezeigte Foto eines Neubaurumpfes scheint einem „Mechanic", einen Mechaniker zu zeigen und keinen USAAF Pilot, oder Offizier in Ausgeh-Uniform.

Der Mann hat einen Overall an und eine Army-Kappe auf. Wahrscheinlich ist er am Arbeiten. Wohlmöglich könnte er mit der Bergung von diesen neuen Messerschmitt Düsenjäger-Rümpfen zu tun gehabt haben, die man gerade aus dem Stollen herausgeholt hatte, um sie vor den, später in den Sektor einmarschierenden Russen zu bergen und von deren Zugriff zu entziehen.

Bei den HG-Neubau-Rümpfen, die zu einem revolutionären neuen Strahljäger mit Pfeilflügeln gehören, machte die schnelle Bergung der hochmodernen Maschinen durch die Amerikaner, die rechtswidrig die U-Anlage „Bergkristall" vor Ankunft den Russen besetzten, einen Sinn.

Denn diese strahlgetriebenen Pfeilflügler sind das modernste, was die Luftfahrttechnologie zu dieser Zeit zu bieten hatte und waren Vorbild für alle späteren Jagdmaschinen, die z.B. im Kalten Krieg eingesetzt wurden.

So könnte sich auch die U.S. Firma „North American Aviation" die neuen, nach hinten um 35 oder 45 Grad gepfeilten Flügel von Messerschmitt aus Gusen/St. Georgen angesehen und studiert haben, um die neu entwickelte F-86 „Sabre" mit überarbeiteten Tragflächen für Hochgeschwindigkeitsflüge auszustatten.

Deshalb hätte man diese modernen Flugzeuge mit der verbesserten Verarbeitungsqualität wohl auch in den West-Alliierten Sektor in der Steiermark verbracht, damit die Russen keinen Zugriff auf die Pfeilflügler bekamen.

Dies zeigt anschaulich das bereits 1992 zufällig veröffentlichte Foto eines Eisenbahnzuges mit Kastenwagen auf dem Bahnhof in Graz, wo in jedem Wagen einer dieser neuen Rümpfe lag, die wohl auch der „Mechanic" auf dem anderen Foto verladen hatte.

Arbeitet der, auf dem Foto in der ZDF-Sendung gezeigte U.S. Mechaniker an diesen neuen Pfeilflüglern von Messerschmitt und sorgte mit dafür, dass die von SS-Gen. Kammler möglicherweise aufgelegte Null-Serie von z.B. 20 Messerschmitt Me 262 HG II oder HG III – oder beide Versionen – für die Bahn transportbereit gemacht wurden. Im Hintergrund kann man einige Reichsbahnwagen vor einem der vielen Tunneleingänge zu „B-8" erkennen.

Wurden in den, dort gezeigten geschlossenen Reichsbahn-Waggons solche Teile wie Kabinenhauben, Leitwerkssektionen, die 35 oder 45 Grad gepfeilten Tragflächen, Fahrwerksbeine mit Reifen und andere vorgefertigte Kleinteile verladen?

Weil diese neuen HG-Flugzeuge von den Amerikanern in den West-Alliierten Bereich abtransportiert wurden, um die Pfeilflügel-Messerschmitt Me 262 vor der Erbeutung der Russen zu entziehen, die ab Sommer 1945 in Nieder-Österreich einmarschierten, da den Sowjets dieses Gebiet von Österreich, wo auch die gigantische Festungsanlage B-8/Gusen liegt, offiziell zugesprochen bekamen?

Hier müssten Dokumente der USAAF aus dieser Zeit im Mai, Juni 1945 den heutigen Forschern Auskunft geben.

Bei den Rümpfen auf den Eisenbahnwaggons und auf dem, von ZDF gezeigten Bild sind keine hinteren Rumpfsektionen mit Seitenleitwerk zu erkennen.

Diese vorgefertigten Rümpfe, von einer bestimmten Fertigungsmannschaft hergestellt, wurden bei der Endmontage später mit den separat produzierten Rumpfenden samt Leitwerk endmontiert, danach die Tragflügel mit dem Rumpf vereint und die Maschinen letztendlich komplettiert.

Beim Abtransport durch die USAAF waren diese neuen HG-Versionen aus „Bergkristall" also noch original in den Einzelkomponenten vorhanden und nicht zusammengebaut, aber von Messerschmitt transportfähig gehalten.

So sollten wohl auch die neu und heimlich gefertigten Hochgeschwindigkeitsjäger von Messerschmitt an die jeweiligen Einflugbetriebe, ob bei Kaufering in Bayern oder z.B. bei Avia in Prag und Umgebung im Protektorat ausgeliefert werden.

In einer „Frontschleuse" sollten wohl alle vorgefertigten Einzelkomponenten endmontiert werden, um die betriebs- und flugbereiten Me 262 HG dann einfliegen zu können.

Nach der Endabnahme wären die neuen Pfeilflügler dann für den Luftkampf oder Jabo-Einsätze für die West-Alliierten in einem Dritten Weltkrieg einsatzbereit gewesen.

Sensation!

Vergrößertes Seitenleitwerk
für
Messerschmitt Hochgeschwindigkeitsjäger
auf Schrottplatz
für Beuteflugzeuge
nach dem Krieg
1946
auf Freeman Army Air Field
fotografiert

Abbildung courtesy: „silverhawkauthor.com, image-site German Fieseler-Fi-103-Reichenberg", Foto USAAF, aus dem Internet

Abb. oben:

Neben Turbinen, ggfs. BMW 003 Triebwerksverkleidungen für die He 162 oder die HG-Versionen, sowie einem beschädigten, nicht kompletten doppelsitzigen Rumpf einer Fi-103 Re III, für Schulungszwecke, ggfs. in Neu Tramm erbeutet, sieht man auf einem unbekannten Schrottplatz, möglicherweise auf Freeman Air Base, Seymour, Indiana, USA, im Hintergrund zwei hintere Leitwerksektionen für die jeweiligen Messerschmitt Me 262 HG II und HG III TL-Strahljäger in entsprechenden Transportgestellen.

Dahinter ragen zwei Leitwerke anderer deutscher Maschinen hervor (Ju 88, Ju 388 Nachtjäger?). Oder sind diese Junkers Maschinen Trägerflugzeuge für geheime Flugtests, die man mit samt den Erprobungspiloten in die USA heimlich verbracht hatte?

Eine Ju 88 A-4 wurde beispielsweise in Foggia, Italien 1943 erbeutet und kam in die USA zur Wright Field Air Base für eine weitere Erprobung.

Der Junkers Ju 88 Bomber wurde nach den Tests zu dem Air Technical Service Command auf dem Freeman Air Field, Seymour, Indiana eingelagert.

Bei der doppelsitzigen Schulversion der Fi-103 handelt es sich um eine Reichenberg III, die wohl aus Neu-Tramm, Wendland stammte und möglicherweise zuerst zum Wright Field, Dayton, USA kam und danach ggfs. 1946 zum Freeman Field, IN oder zu einem geheimen Stützpunkt in Nevada zur weiteren Erprobung.

In Neu Tramm, oder in Pulverhof/Rastow könnten Reichweiten gesteigerte V-1 mit Nuklear-Sprengköpfen gelagert gewesen sein, da die Nase der V-1 nicht die übliche Spitze mit Propeller und Zählwerk aufwies. Sondern eine runde, rote breite Kappe deckt den Bug ab, um wohlmöglich eine entsprechenden empfindlichen Zünder zu schützen.

Wohin wurden diese geheimen nuklear bestückten V-1, dazu bemannte Reichenberg-Versionen in die USA gebracht? In die Weiten der Wüste von Nevada, in abgeschottete Bereiche, wo niemand mitbekam, dass man deutsches Kriegsmaterial, das für WK III bestimmt war, heimlich mit deutschem Personal nacherprobte?

Eine Möglichkeit wäre, dass das obige USAF Foto nach dem Krieg, im Jahre 1946 in Seymour, Indiana aufgenommen wurde. Denn Freeman Field wurde am 30. Dezember 1946 für überflüssig erklärt und geschlossen. Die „War Assets Administration", so etwas wie das deutsche staatliche Verwertungsunternehmen VEBEG, wickelte daraufhin den Verkauf des Geländes ab.

Sodass alles, was an Kriegsgerät in Freeman, auch die deutschen Beutemaschinen, entweder verschrottet, vergraben, in andere Depots eingelagert oder an Museen abgegeben wurde.

Deutsche Beuteflugzeuge auf Freeman, die nicht an andere Orte verlagert wurden, waren eine Do 335 Abfangjäger, ein Heinkel He 219 Nachtjäger, ein Arado 234 Bomber, zwei Me 163 Raketenjäger, zwei Focke-Wulf 190 Jagdflugzeuge und eine Junkers Ju 88, deren Leitwerk auf dem Foto zu erkennen sein könnte.

Heute hätte man sich alle zehn Finger nach diesen deutschen Maschinen geleckt, die damals, 1946 achtlos verschrottet oder in der Erde vergraben wurden.

Verschrottet wurden wohlmöglich auch alle gebauten Exemplare der beiden Messerschmitt Me 262 HG Versionen, HG II und HG III, die man aus Gusen in Österreich 1945 aus den Stollen geholt hatte und gerade so, wie sie noch nicht endmontiert vorgefunden wurden, mit allen Kleinteilen und Ausrüstungsgegenständen in die USA verschiffte.

Bis auf ggfs. eine HG II und eine HG III, die man auf Wright Patterson in ein geheimes, der Öffentlichkeit unzugängliches Museum verbrachte.

Denn die möglicherweise aufgelegte Null-Serie der beiden HG-Varianten, die eine geheime Untergruppe der Firma Messerschmitt in einer U-Anlage in St. Georgen noch heimlich produzierte, waren noch nicht zusammengebaut und komplettiert worden.

Die hochmodernen Pfeilflügler könnten noch während der Endphase des Krieges in Gusen von Messerschmitt so vorbereitet worden sein, dass man alle Null-Serien Me 262 HG zerlegt und transportfähig bereit hielt, damit sie nach Kriegsende ohne größere Umstände abgeholt und später per Bahn oder Schiff weggeschafft werden konnten.

In einem Kriegsfall, einem nächsten, Dritten Weltkrieg wären ggfs. die neuen Me 262 HG Versionen wohlmöglich zu einem U.S. kontrollierten Stützpunkt, einem ehemaligen Luftwaffen Fliegerhorst oder in ein anderes westliches, europäisches Land, wie Frankreich oder Englang gelangt, um dort von den Angelsachsen studiert, zusammengebaut und eingeflogen zu werden.

Wenn man in Nazi-Deutschland aber bereits wusste, dass der Dritte Weltkrieg, „Operation Unthinkable" nicht kommt, dann könnte man spekulieren, dass Messerschmitt die HG-Versionen II und III sozusagen als „Geschenk" an die USA in die Stollen von Bergkristall transportfähig gemacht hatte, da man wusste, dass diese hochmoderne Luftfahrttechnik in die USA gehen würde.

Vielleicht gab es bei Messerschmitt auch einige Personen, die nicht wollten, dass ihre schöne Arbeit für immer verloren geht.

Dies wäre ein weiterer Fall von Hochverrat, da Messerschmitt sich den neuen Herren im Nachkriegsdeutschland anbiederte und die Me 262 HG Düsenjäger, von Kammler für WK III produziert, nicht zerstörte, sondern die ggfs. 20 Maschinen versandfertig machte, damit sie von den Amerikanern ohne größere Umstände abtransportiert werden konnten.

Die Nazis bekamen von bestimmten Kreisen aus den USA, ob vom Militär oder der U.S. Administration Hochtechnologie, wie die Atombombe, um sie für den europäischen Kriegsschauplatz für einen nächsten Krieg bereitstellen zu können.

Im Gegenzug lieferten die Nazis den USA, oder auch den Briten bestimmte deutsche Hochtechnologie, die den Angelsachsen noch nicht sofort in ihren Waffenarsenalen zur Verfügungen standen.

Darunter eben auch Hochgeschwindigkeitsflugzeuge mit Pfeilflügeln, wie die Me 262 HG-Versionen.

Dann wird klar, dass man diese mögliche Vorgehensweise vertuschen geheim halten muss und auch die Nachfolger der Messerschmitt AG heute darüber Stillschweigen bewahren.

Denn letztendlich war es Verrat! Wie eben alle, die nicht für Deutschland arbeiteten, ob in der Regierung, ob in der Wehrmacht, Deutschland verraten haben, ohne zu wissen, ob die Angelsachsen es überhaupt ernst gemeint hatten, mit Deutschland gegen die Russen zu kämpfen. Nach Meinung des Autors hatte die USA gar nicht vor, mit ehemaligen Nazis in einem Dritten Weltkrieg zusammen zu arbeiten. Siehe hier aktuelle Ereignisse im Nahen Osten und das Verhalten der Großmacht USA.

Die einzelnen Rümpfe, die Tragflächensätze, die Höhenruder, Kanzelhauben, Fahrwerke, Turbinen und andere Kleinteile usw. wurden wohl gerade so, wie sie in den geheimen Stollenanlagen von B-8 vorgefunden wurden, in Kisten verladen und schnellstmöglich vor den Russen, denen das Gebiet zugesprochen worden war, abtransportiert.

Sodass auf dem USAF Foto von 1946 das Rumpfheck mit Seitenleitwerk einer HG-Variante zu erkennen ist, das nie mit dem Rest des Rumpfes und der ganzen Maschine montiert wurde.

So könnten bei einem Baulos von circa 20 Me 262 HG Pfeilflügler – zehn HG II und zehn HG III, minus ggfs. zwei Maschinen für die Briten und einer oder zwei zusammengebauter Me 262 Pfeilflügler für Test- und Demonstrationsflüge auf Wright Field und anderswo, der Rest nicht endmontierter HG-Versionen einfach auf einem Schrottplatz auf einem geheimen Stützpunkt der Schrottpresse zum Opfer gefallen sein.

Fragt sich, wo die ein oder zwei flugfähig gemachten Me 262 Pfeilflügler in den USA abgeblieben sein könnten, die man ggfs. von deutschen Testpiloten, wie dem Chef Versuchspilot bei Messerschmitt, Flugkapitän Karl Baur sich hat in den USA vorführen lassen? Gingen sie eben in ein geheimes Depot auf Wright Patterson und sind damit für immer aus der Öffentlichkeit verschwunden?

So kann man anhand der, in der Öffentlichkeit frei verfügbaren Aufnahmen aus dem Krieg und danach, den Weg der bis heute geheim gehaltenen Hochgeschwindigkeitsjäger halbwegs nachvollziehen:

Spezial Trupps der U.S. Army Air Force sichern und bergen die von Messerschmitt in einem der unzähligen Stollen tief im Untergrund von St. Georgen in Nieder-Österreich in einer kleinen Null-Serie von eventuell 20, zwanzig Messerschmitt, davon zehn Me 262 HG II und zehn HG III heimlich gefertigten Pfeilflügler.

Diese geheim, heimliche in Bergkristall produzierten Pfeilflügler könnten sich aus beiden Versionen, der HG II mit normalem Standard-Leitwerk und der HG III mit vergrößerten Heck-Leitwerk zusammengesetzt haben. Gegebenenfalls also zehn HG II und 10 HG III als kleine Null-Serie. Vielleicht hatte die HG III Version sogar neue, schubstarke Triebwerke von Junkers oder Heinkel erhalten.

Alle unfertigen, nicht endmontierten 20 Maschinen mit den Neubaurümpfen verbesserter Oberflächengüte (siehe Fotobeweis in Sendung des ZDF aus 2019), neuen Pfeilflügeln und Höhenleitwerk, dazu entweder 40 Jumo 004 Triebwerke oder teils Heinkel S 011 oder gar schubstärkere Turbinen von Junkers, wurden auf Eisenbahnwagen der Reichsbahn verladen und aus Nieder-Österreich abtransportiert, da dieser Landesteil Österreichs an die Sowjetunion, gemäß Vereinbarung fiel.

Der Zug mit den nicht zusammengebauten Me 262 Pfeilflüglern tauchte gemäß Fotobeweis in Graz, Steiermark wieder auf, da dieser Landesteil in der britisch besetzte Zone lag.

In der Nähe befand sich der Flugplatz Graz-Thalerhof, der von den Briten besetzt wurde.

Dort könnte die Amerikaner, die USAAF, die Armee-Luftwaffe der Amerikaner den britischen Verbündeten zwei HG Versionen, eine HG II und eine HG III zur weiteren Verwendung/Erprobung überlassen haben.

Wohin kamen die, für die Briten bestimmten Pfeilflügler?

Nach England, z.B. nach Farnborough?

Nach Kanada, German Encampment?

Nach Süd Afrika, wie Jo-burg oder Kapstadt, wo neben der Me 262 Normalversion zur Erprobung bei die SAAF, der Süd Afrikanischen Luftwaffe auch der Flugkreisel bei Simon´s Town gefilmt wurde?

Nach Australien, Down Under, wo Frank Reimann, Windkanal Kochel oder Rudolf Zinsser, Atomexperiment, nach dem Krieg für die Australier arbeiteten?

War Groß Britannien zu dicht besiedelt und hätte es zu viele Augenzeugen gegeben, sodass man die Erprobung der geheim gehaltenen HG-Versionen in einem anderen Land des britischen Commonwealth durchführte?

Der Zug mit den erbeuteten und extra von SS-Gen. Dr. Hans Kammler für die zukünftigen angelsächsischen Kriegsherren für einem Dritten Weltkrieg heimlich in Auftrag gegebenen hochmodernen Messerschmitt Pfeilflüglern führte ebenso nach Cherbourg. Und die restlichen 18 Me 262 HG-Versionen werden nach den USA verschifft.

Dort gelangen die Hochgeschwindigkeitsflugzeuge von Messerschmitt möglicherweise auf die Wright Field Air Base, *dem* Erprobungszentrum von „Foreign Equipment", „FE" ausländischer Luftfahrttechnologie, wie aus dem ehemaligen Nazi-Deutschland oder aus Japan.

Oder aber eben in die Wüste von Nevada zu einem dortigen, geheimen Flugfeld.

Es wäre interessant zu wissen, ob die heimlich von den Nazis für die Amerikaner gebauten Messerschmitt Hochgeschwindigkeitsjäger je eine „FE", eine „Foreign Equipment" Registrierung erhielten. Oder ob die Geheimhaltung soweit ging, dass man diese Maschinen aus jeglichen Auflistungen, ob in Nazi-Deutschland, oder später in den USA heraushielt. Was somit das Aufspüren heutzutage sehr erschwert. Man hatte damals schon mitgedacht und weit in die Zukunft geschaut!

Eventuell gelangte die hochmoderne HG III Variante mit Heinkel Triebwerken und der 45 Grad Pfeilung auch nach Edwards AFB, ehemals Muroc Dry Lake zur weiteren Begutachtung, wo ja auch der Flugkreisel von dem U.S. Bodenwart Edwin DeSautel gesichtet wurde, falls er nicht sogar an diesem kleinen Abfangjäger mit Raketentriebwerk als „Mechanic" selbst Wartungsarbeiten vorgenommen hatte.

Ob alle angenommenen 16 (zwei für die Engländer, zwei flugfähig in den USA von möglicherweise 20 gebauten Null-Serien Flugzeugen) nicht komplettierten Flugzeuge auf Wright Field, oder einer Außenstelle gelagert wurden, oder nur zwei Me 262, eine HG II und eine HG III dort endmontiert und flugtüchtig gemacht wurden (mit Hilfe deutschem Personals und unter Anweisung von einem Chef Techniker aus Gusen), müssten uns unsere amerikanischen Freunde erzählen.

Wohlmöglich wurde sogar schon bei Messerschmitt in Gusen dieses kleine Baulos nicht offiziell registriert und es wurden auch keine offiziellen Werk-Nummern ausgegeben, gar irgendwo offiziell in Firmenlisten aufgeführt.

Die Seitenruder zeigen keine Werk-Nr. und auch keine Hoheitszeichen.

Sodass sich heute bei Messerschmitt, oder deren Nachfolger, alle auf die offiziellen Dokumente der Fertigung der Me 262 berufen können, die diese Null-Serie nicht erwähnen.

Diese Null-Serie könnte ein Gewaltakt der SS um General Hans Kammler gewesen sein, der eben für seine neuen angelsächsischen Kriegsherren noch schnell vor Torschluss das neueste von neuesten anbieten wollte, um den Willen bestimmter Nazis zu verdeutlichen, dass man gewillt war, mit den Angelsachsen gegen die Russen zu kämpfen.

Somit ist die Vertuschung und Geheimhaltung auf beiden Seiten, den Nazis und den West-Alliierten so groß, dass es heute ungemein schwer ist, nachzuweisen, dass es diese HG-Versionen je gegeben hatte.

Aber es gibt ja mittlerweile drei Fotobeweise, die auf die Existenz der Messerschmitt Pfeilflügler hinweisen!

Später, im Jahr 1946 müssen alle übrig gebliebenen, nicht zusammengesetzten und in Einzelteilen belassenen HG-Düsenjäger zu einem Schrottplatz auf einem Flugfeld gelangt sein. Dieser wird höchstwahrscheinlich auf der Freeman Army Air Base und dem Air Technical Service Command, Foreign Aircraft Evaluation Center, in Seymour, Indiana gelegen sein. Aber auch ein anderer Ort, wo deutsche Beutemaschinen heimlich erprobt wurden, wie Muroc, CA oder Groom Lake, NV wäre denkbar.

Auch ein normales, unbemaltes, in Naturmetall belassenes Heckteil der Me 262 sieht man auf dem Foto, das ggfs. von der HG II Version stammen könnte, die nur einen neuen, 35 Grad Pfeilflügel erhielt und das alte Heck beibehielt.

Während die HG III eine neue Triebwerksanordnung, einen neuen Flügel und ein neues Leitwerk mit gepfeiltem Höhenleitwerk, sowie eine neue Auslegung des Fahrwerks erhielt und somit aufwändiger in der Produktion war, als die HG II.

Folgende Antwort bekam der Autor aus Freeman am 13. Oktober 2019:

„I went and looked at the picture you referenced on that website. That pile of broken up airplanes was **not here** at Freeman Field. I don't know where it was, **but I am quite sure it wasn't here**.

I finally remembered to copy the list of Me-262 aircraft we had here at Freeman Field. We had 4 of them, not 6 as I think I originally told you. Attached is a page from our listing of captured airplanes that were here after the war was over. The 4 Me-262s are in the middle of the page. There are no H or HS models. I'm sorry I can't be of more help.

...

The only other place you could check is with the National Museum of the Air Force ("Air Force Museum") at Wright-Patterson Air Force Base, Dayton, Ohio, USA. They have all the records from Freeman Field. On their website there is a way way to submit history questions, although it takes a while to get a response."

Larry

Larry Bothe, Curator
Freeman Army Airfield Museum

Anmerkung:

Wie bereits festgestellt, ein Wüstengebiet in Nevada scheint die Aufnahme mit dem HG-Leitwerk nicht darzustellen.

Für Freeman Air Field sprechen die drei getarnten Turbinenverkleidungen im Vordergrund, die zu Heinkel He 162 gehört haben könnten, von denen zwei in Freeman standen. Auch die Leitwerke von ggfs. Junkers Ju 88 und Ju 188 könnten sich auf Freeman befunden haben. Ganz rechts ist der verkleidete und getarnte Turbinenauslaß eines Jumo 004 Triebwerks einer Messerschmitt Me 262 zu erkennen, die ggfs. nicht zu den HG-Versionen gehört.

All dies spräche für Freeman in Indiana, wo viele deutsche Beutemaschinen im Jahre 1946 verschrottet und teilweise einfach in der Erde vergraben wurden. Auch die Junkers Ju 88/188 Leitwerke sprechen für Freeman.

Einen anderen Hinweis über den verbleib der Reichenberg-Geräte aus Neu-Tramm/Wendland findet sich in dem Buch „War Prizes" von Phil Butler, auf Seite 234:

Fieseler Fi 103 and Fi 103 R (V-1 flying bomb)

"About forty V-1 flying bombs were brought **to Wright Field** for study. There were also at least four "Reichenberg IV" piloted versions. One *Reichenberg* was exhibited at **Freeman Field in September 1945**, together with an example of the standard version. **Most, if not all**, of the V-1s were **from the production line at Dannenberg**."

Also müsste auch der Doppelsitzer aus Dannenberg mit nach Wright Field und später nach Freeman gelangt sein, wo die obige Aufnahme stammen könnte.

Schaut man sich Farbfotos in o.g. Buch von Phil Butler aus Freeman an, wo Beutemaschinen aufgenommen wurden, sieht man im Hintergrund eine ebene Gaslandschaft mit Bäumen, wie auf der s/w Aufnahme, wo das Heck der HG III zu erkennen ist!

Gab es noch andere deutsche Beuteflugzeuge, die nicht auf den offiziellen U.S. Listen erbeuteter Maschinen standen und trotzdem aus Nazi-Deutschland in Massen, mit samt der Infrastruktur, wie Gebäude, Flugzeughallen ect. in die USA transportiert wurden?

So, wie es auch die Russen nach dem Krieg gemacht hatten, die ganze Konstruktionsbüros mit Zeichentischen und allem dazugehörigen in die Sowjetunion verlagerte. Dazu ganze Flugzeughallen, die Stein für Stein abgetragen wurden und irgendwo in Russland wieder neu errichtet wurden?

Darüber gibt es ganze Bildbände, leider nicht über die amerikanische Seite und die deutschen Wunderwaffen. Denn die wurden ja, wie die Me 262 HG-Versionen für WKIII gegen die Russen gebaut.

Siehe hier den Hinweis in einem der anderen Bücher des Autors, wo von mehr als 1.000 deutschen Beutemaschinen in den USA die Rede war!

Deutsche Flugzeuge, die heimlich auf einem oder mehreren U.S. Transportschiffen zu geheimen Stützpunkten in der Wüste von Nevada verbracht wurden, wie auch Hans Göbel erwähnte:

„Reinhard Gehlen überführte seine gesamte Ostfront Spionage-Abteilung und in ziemlich genau derselben Weise wurde mit uns verfahren. Ich glaube, daß die CIA auch riesige Summen von verstecktem Gold erbeutete, denn als wir in den USA ankamen, **wurden für uns große Anlagen errichtet.**

Ich nehme an, daß es immer noch existierende US Navy und Air Force Stützpunkte sind. **Teile davon waren tief in der Erde vergraben, um unsere Tätigkeit zu verheimlichen.**

Ich fuhr öfters zwischen **der Edwards AFB in Kalifornien** und **verschieden Flugplätzen in Nevada hin und her**, und dabei wurde ich angewiesen, die **Fluggeräte**, die meine **deutschen Kollegen konstruiert hatten**, einzufliegen.

Ich war einer der wenigen glücklichen deutschen Piloten, die diese Strapazen überlebten.

Es gab noch andere **geheimnisvolle Aktivitäten**, die man mir aber nicht erzählte.

Wir verstanden, daß es besser sei, so wenig wie möglich zu wissen. Bis heute ist mir nicht ganz klar, warum unsere Vorgesetzten **unsere Arbeiten so geheim hielten**. Eindringlinge, Reporter und versprengte Besucher wurden verhafteten, oder gar erschossen."

Anmerkung:

Die verschiedenen Flugplätze werden Groom Lake, Nellis Air Force Base, Tonopah Bombing Range oder eines deren – geheimen - Satelliten-Flugfelder, Ausweichplätze mit unterirdischen Anlagen, Hangars, Werkstätten ect. gewesen sein, wie Hans Göbel in obigen Schreiben erwähnte.

Dort in der Wüste von Nevada, extra von der U.S. Army für geheime Versuche für die Deutschen errichtet, wo möglicherweise auch ausschließlich deutsches Personal, Bodenwarte, Testpiloten usw. mit deutschem Bodengerät und deutschen Maschinen, wie Junkers Bomber, Ju 88, Ju 188, Ju 288 oder Ju 388 als Schlepp- und Trägerflugzeuge bestimmte deutsche Flugkörper, wie V-1, Henschel Flugbomben, „Qualle-Flugscheiben" und andere unbemannte, exotische Flugkörper unter Aufsicht der Amerikaner erprobt haben könnten, wie sie auch Hans Göbel erwähnte, der dort tätig war.

Alles war und ist bis heute so geheim, weil dieses deutsches Beutegut der Ex-Luftwaffe für die Amerikaner, für bestimmte Abtrünnige in den Reihen der U.S. Army entwickelt und gebaut wurde, um damit in Europa, auf dem zukünftigen atomaren Schlachtfeld Deutschland gegen die Sowjetunion in einem Dritten Weltkrieg eingesetzt zu werden!

Da der Dritte Weltkrieg im Sommer 1945 nicht kam, erprobte und untersuchte man das deutsche Material eben in den USA auf Tauglichkeit und was man für die Air Force an Waffentechnologie später übernehmen konnte.

Ob auf den geheimen Stützpunkten es Personen gegeben haben könnte, die noch hofften, mit den deutschen Wunderwaffen, jetzt unter Kontrolle der Amerikaner in den USA, immer noch einen Krieg gegen die Russen in den 1940er Jahren anzetteln zu können, ist unklar.

Für diese These spricht gegebenenfalls die Aussage des Testpiloten in amerikanischen Diensten, Hans Göbel:

„Es gab noch andere **geheimnisvolle Aktivitäten**, die man mir aber nicht erzählte. Wir verstanden, daß es besser sei, so wenig wie möglich zu wissen.

Bis heute ist mir nicht ganz klar, warum unsere Vorgesetzten **unsere Arbeiten so geheim hielten**.

Eindringlinge, Reporter und versprengte Besucher wurden verhafteten, oder gar erschossen."

Anmerkung:

Was hätte ein neugieriger U.S. Reporter einer amerikanischen Zeitung in Nevada erkennen und staunend feststellen können, um darüber seinen Lesern zu berichten?

Ein ganzes, riesiges (Erprobungs-) Militärgeländе in der Wüste Nevadas, wo alles und jedes deutscher Herkunft war?

Deutsche Flugzeuge mit Originalbemalung und deutschen Kennzeichen, deutschen Wartungs- und Bodengeräten, deutschem Bodenpersonal und deutschen Piloten und Offizieren, alle in deutschen Uniformen. Überall hörte man, wie deutsch geredet wurde. Wehte sogar irgendwo die Hakenkreuzfahne über dem Militärflugplatz, der extra für geheimes deutsches Beutegut aus dem Boden gestampft wurde?

Alles Material, das man im besetzten Deutschland, ob in den westlichen Sektoren, oder aus der östlichen, den Russen zugesprochenen Zone herausgeholt hatte, geradeso wie man es vorfand. Dazu Wissenschaftler, Techniker, Soldaten, Wartungspersonal, Piloten, Ingenieure, SS-Wachregimenter, ggfs. sogar mit ganzem familiärem Anhang, alles ging heimlich in die USA.

Heute wirft die manipulierte Geschichtsschreibung den Sowjets vor, die Deutschen unfreiwillig nach Russland verschleppt zu haben.

Haben gar die Amerikaner dasselbe gemacht, wird aber bis heute erfolgreich vertuscht, in den „demokratischen" USA.

War dieses deutsche Personal ggfs. sogar Anhänger, Befürworter eines Krieges gegen die Sowjetunion und machten deshalb alle mit und hielten sich bis heute an eine strikte Geheimhaltung? Waren auch die verantwortlichen Amerikaner in diesen Gebiete pro deutsch, pro Nazi eingestellt und hoffte man, in den USA einen dementsprechenden Umsturz herbeizuführen, damit diese Abtrünnigen wieder die Oberhand hätten gewinnen können?

Wäre die Hakenkreuzfahne dann über New York gewehrt, wie in einer Filmserie bei Amazon? Nicht etwar, weil Hitler die große USA mit seinen Truppen erobert hatte, sondern weil Nazis aus den USA, einflussreiche Personen aus dem Hintergrund, die eine ähnliche Ideologie, wie die Nazis in Deutschland vorzuweisen hatten, die Macht übernommen hätten und ihre Kriegsanstrengungen eben auch auf deutsche Wunderwaffen stützen konnten.

Siehe hier den Hinweis von Wilhelm Landig, der sagte:

`Es gibt in den` **`USA und in Kanada Kreise`**`, welche wohl vom Vorhandensein des Punkt 103 wissen . . . Sogar Männer des` **`amerikanischen Bundesgerichtshofes`** `sind in Kenntnis von der Existenz unseres Stützpunkte. . . "`

Wie viel Person aus der U.S. Administration, des U.S. Militärs, der Wirtschaft, den Eliten, den einflussreichen und reichen Großfamilien waren damals dafür und sind es ggfs noch heute, um Amerika in deren Sinne umzugestalten? Sind es auch diese Leute, die immer noch den Finger am Abzug nuklearer Waffen haben, um einen Dritten Weltkrieg zu beginnen? Sind es diese Personen, die eine geheime Raumfahrt betreiben und deren Ideologie bereits außerhalb der Erde erfolgreich umgesetzt haben?

Bekamen die, in die USA verfrachteten Deutschen, wie in Latein Amerika sogar ein Gelände mit Wohnsiedlungen nach europäischem Standard errichtet, so wie auf der „Hazienda Dignidad" in Chile/Argentinien, um sich auch in den USA, einem fremden Land heimisch zu fühlen?

So, wie ja auch Wernher von Braun und seine Peenemünder Kollegen einen Raketentestgelände nach Peenemünder Vorbild in Alabama, dem „Marshall Space Flight Center" erhielten, das nach Konstruktionsplänen von W.v.Braun gebaut wurde, so könnte in einer unbekannten Gegend in Nevada, das heute zu einer der dortigen „Nevada Training and Test Ranges" gehört, eine streng geheime Versuchsgruppe, zusammengesetzt aus ehemaligem deutschen Personal aus Industrie, Wehrmacht, Forschungsstätten und Universitäten, deutsche Wunderwaffen unter U.S. Aufsicht nacherprobt haben.

Ein riesiges „German Encampment" in der Wüste von Nevada, das man bis heute geheim halten muss und als Basis von „Außeridischen" wegerklären muss?

Ein U.S. Reporter hätte sich gewundert, wer all die deutschen Militärs waren, die dort, in den USA in Nazi-Uniformen herumliefen und Nazi-Flugzeuge in der Wüste flogen.

Personen, Offiziere und Soldaten, die inoffiziell in die USA eingeschleust wurden und keine offizielle „Immigration" durchlaufen hatten. Personal, das noch den deutschen Wehrpass besaß, aber jetzt den Amerikanern diente.

Der Newsman hätte sich gewundert, welch ungewöhnlichen Fluggeräte dort zu sehen waren: einer oder zwei der circa 20 Pfeilflügler, die aus der Messerschmittproduktion in Gusen in die USA gelangten, Düsenjäger und -bomber, Fliegende Untertassen, Großraketen wie A-8 oder Kegelraketen, dazu ungewöhnliche Flugkörper, denen man gar nicht ansah, warum sie überhaupt fliegen konnten.

Deutsche Transportmaschinen und Trägerflugzeuge für den Abwurf von Bomben und speziellen Flugkörpern, wie „Qualle" und andere Fernlenkwaffen neuester Bauart.

V-1 und V-2, verbesserte V-2 mit Atomsprengköpfen auf neuen Raketenspitzen, die in der Wüste starteten und eine nukleare Explosion auslösten.

Andere Flugkörper mit Atomsprengköpfen, die von einer Schleuder aus starteten. Ungewöhnliche Senkrechtstarter, wie der Flugkreisel oder die Düsenscheiben von Magnus und Wernher von Braun, der Triebflügel von Focke-Wulf, der Drehflügel, den Hans Göbel noch bei München nahe der Autobahn verschoss.

Düsenscheiben und andere, auf EM-Basis fliegende unkonventionelle Fluggeräte, die als UFOs den Amerikanern bekannt wurden und wo der eine oder andere Augenzeuge sogar glaubte, die UFO-Insassen hätten deutsch gesprochen, kamen sie aus einem geheimen Erprobungszentrum in Nevada, wo Hans Göbel aus Edwards AFB herübergeflogen kam?

Hätte ein U.S. Journalist neuartige Projekte entdecken können, die in Nazi-Deutschland nur auf dem Reißbrett vorhanden waren und in den USA mit Hilfe von U.S. Flugzeugfirmen neu gebaut wurden, um sie auf Brauchbarkeit zu testen.

Eingeflogen von Hans Göbel und seinen Kollegen, die dabei auch ihr Leben lassen mussten, weil die Projekte noch zu unausgereift waren.

Hätte man irgendwo in den Wüsten des U.S. Bundesstaat Nevada all das finden können, was die Geschichtsschreibung über den zweiten Weltkrieg bis heute erfolgreich vertuscht hat, neben deutscher Luftfahrttechnologie ggfs. noch andere Waffen, wie neueste Panzer, Artillerie, Flak-Raketen und, und, und?

Der U.S. Reporter hätte sich gefragt, wie das alles möglich war, dass man den Deutschen, den verdammten Nazis, den Kriegsverbrechern hier, mitten in den USA soviel Freiraum für ihre Wunderwaffen gewährte, die sie auch noch selbst testen konnten.

Wäre aber ein neugieriger Reporter überhaupt soweit gekommen, dies alles zu entdecken und aufzuschreiben?

Oder wurde der all zu wissbegierige Reporter, wie Hans Göbel aussagt, erschossen, damit das unglaubliche Geheimnis der Kollaboration des amerikanischen Militärs mit den Nazis für immer gewahrt bleibt?

Der Autor bleibt dabei, dass das Heck mit neuem vergrößertem Seitenleitwerk der Me 262 HG III auf dem Freeman Army Air Field in Indiana im Jahre 1946 aufgenommen wurde, kurz bevor die deutschen Beutemaschinen entweder verschrottet oder vergraben wurden!

…

Kammlers Machtbefugnisse und seine rigorose Durchsetzungskraft als Sonderbevollmächtigter für Strahlflugzeuge schienen es ihm ermöglicht zu haben, diese kleine Vorserienproduktion der Pfeilflügel in „Bergkristall" noch vor Kriegsende durch zupeitschen, trotz der schlechten Kriegslage und dem baldigen Untergang des Dritten Reiches.

Eine anzuerkennende Leistung von Dr. Kammler, wie sein Organisationstalent beweist und aufzeigt, dass man sich seinen Anordnungen, Befehlen, Drohungen und dem Druck, den er bestimmt auf alle Beteiligten ausübte, tatsächlich dazu führte, dass man eines der besten Jagdflugzeuge der Welt noch vor dem Waffenstillstand für die USAAF bereitstellen konnte. Die U.S. Luftwaffe, die Gusen besetzte, konnte spätestens im Juli 1945 dankend dieses kleine Baulos des besten Jagdflugzeuges der Welt in die USA mitnehmen, wo die Pfeilflügler dann später für die interessierte Öffentlichkeit für immer untergegangen sind.

Insbesondere im Nachkriegsdeutschland hat man bis zum heutigen Tage diese Null-Serie hochmoderner Pfeilflügler erfolgreich vertuschen können, weil man immer noch vor unseren amerikanischen Freunden kuscht und sich willig an alle Geheimhaltungsverpflichtungen bedingungslos hält.

Denn wer will in Deutschland als Hochverräter gelten, wenn die Me 262 HG Maschinen gar nicht für die deutsche Luftwaffe gebaut wurden? Niemand!

Wer will heute zugeben, dass die Nazi-Ideologie vielleicht gar nicht untergegangen ist, und in den USA in bestimmten Militärgebieten evtl. immer noch gefährlich präsent ist?

Hat der Rest der Welt, insbesondere die Russen immer noch Angst, dass diese Gruppe nukleare Waffen rücksichtslos einsetzt, um einen Krieg zu gewinnen?

So, wie damals die Sowjetunion und die Kasernierte Volkspolizei der DDR Angst vor der „Schnetz-Truppe" hatte, die auf Anraten ihrer amerikanischen Kollegen Atomwaffen, Atomgranaten, die in der Schweiz und in Spanien heimlich gelagert waren oder dort neu produziert wurden, diese ohne Rücksicht auf Verluste bei einem Grenzzwischenfall mit Ostblocktruppen rigoros eingesetzt hätte?

Deshalb wollte ja Konrad Zuse mit Familie unbedingt in die Schweiz fliehen, um dort in sicheren Bunkeranlagen einen Nuklearkrieg zu überleben.

Wird deshalb das Atomarsenal der beiden Großmächte USA und Russland bis heute heimlich aus der Luft mit unkonventionellen Drohnen überwacht, damit bestimmte, rechtsgerichtete Kreise diese nicht für einen Dritten Weltkrieg aktivieren?

Welche Rolle spielt die nun aufkommende dritte Großmacht China, die genauso waffenstarrend sich aufrüsten, in diesem Szenario? Auf welcher Seite stehen die Chinesen?

…

Beide Heckteile der Messerschmitts auf dem Foto auf dem Freeman Air Field haben weder ein Hoheitszeichen noch eine Werknummer aufgemalt bekommen.

Auch die zwei Fotos der unverspachtelten Neubaurümpfe weisen keinerlei Markierungen auf.

Ein Indiz dafür, dass sie keine deutschen Hoheitszeichen mehr erhalten sollten, sondern Markierungen entweder der USAF, den fünfzackigen weißen Stern oder eine Kokarde der britischen RAF?

Hier auf dem Freeman Air Field wurden wahrscheinlich zumindest alle die nicht zusammengesetzten HG-Flugzeuge entweder verschrottet oder in der Erde mit vielen anderen, ob deutschen, japanischen oder amerikanischen „Surplus-Flugzeugen" verbuddelt.

Heute gibt es eine Gruppe von Flugzeug-Enthusiasten, die die vergrabenen Flugzeuge, oder die restlichen Teile davon, ausgraben und als Ausstellungsstücke wieder der Öffentlichkeit zugänglich machen (hoffentlich finden diese Leute nicht die Reste der HG-Messerschmitts, sonst ist das Geheimnis dieser, für die West-Alliierten gebauten Pfeilflügler nicht mehr gewahrt und die Propaganda hätte ein Problem).

Ob es, was wahrscheinlich ist, in den USA zwei flugfähige HG-Version gab und ob diese erhalten geblieben sind, ist unklar. Wenn ja, dann lagern sie in irgendeinem Militärdepot oder U.S. Museum und sind für die Öffentlichkeit bis auf weiteres für immer weggeschlossen.

Was mit den Maschinen passierte, die man den Engländern für deren Erprobung und deren Luftfahrtindustrie überlassen haben könnte, wird man auch in England bis heute und darüber hinaus nicht zugeben wollen.

Denn, wie gesagt: die Messerschmitt Me 262 HG II und HG III wurden nicht für die Deutsche Luftwaffe, den Endsieg und Hitler gebaut, sondern für die Angelsachsen und deren Dritten Weltkrieg.

Da liegt wohl die Begründung, dass die damals existierenden Messerschmitt Pfeilflügler, ob Prototypen oder Null-Serie, bis heute unbekannt in der interessierten Öffentlichkeit sind.

Es müssen aber hunderte und mehr Leute, auch lange nach dem Krieg über diese revolutionäre HG-Version Bescheid gewusst haben, da genügend Messerschmitt Mitarbeiter an der Entwicklung, Erprobung, dem Bau und dem Flug beteiligt waren und hätten darüber berichten können.

Wer oder was hielt alle diese Leute, die beteiligten deutschen Ingenieure, Monteure, Vorarbeiter usw. davon ab, darüber zu reden und ihr Wissen mit ins Grab zu nehmen?

Eine Ideologie, die irgendwann wieder die Oberhand gewinnen würde?

Nicht einmal die Israelis, die Interesse für diesen Pfeilflügler gehabt haben könnten, um damit die ägyptischen Gloster „Meteor" oder D.H. „Vampire" wirkungsvoll zu bekämpfen, und die jüdischen Zwangsarbeiter, die in B-8 die Maschinen bauen mussten, haben je in der Öffentlichkeit über die heimlich produzierten Me 262 HG berichtet.

Auch die vielen Autoren, die bis heute über den Me 262 TL-Jäger Bücher schreiben, lassen die geheime Produktion und Erprobung der Pfeilflügler außen vor. Entweder weil sie es nicht wissen, ihnen von Seiten der Luftfahrthistorie oder der Messerschmitt-Firmengeschichte diese Informationen vorenthalten, nicht mitgeteilt wurden, oder weil man nicht will und es nicht wagt, unsere amerikanischen Freunde mit deren hochgradigen Verschwörung eines Dritten Weltkrieges mit deutscher (Nazi-) Beteiligung zu brüskieren!

Folgender Hinweis ist noch von Interesse:

Aus Wikipedia:

„Unter den von den Watson's Whizzers erbeuteten Flugzeugen befand sich eine mit einer 50-mm-Bordkanone (Typ MK-214) ausgestattete Version, auf die Colonel Watson besonderen Wert legte. Bei der Überführung der flugfähigen Me 262 nach Cherbourg sollte deshalb Hofmann diese Me 262 fliegen. Von Cherbourg sollten die erbeuteten Flugzeuge mit dem Flugzeugträger HMS Reaper schließlich in die USA verschifft werden.

Bei diesem letzten **Flug am 30. Juni 1945** kam es zu einem fatalen Unfall, als eines der Triebwerke plötzlich Feuer fing und der

Strahljäger bei einer Geschwindigkeit von 600 bis 700 km/h
flugunfähig wurde. Hofmann musste aus der brennenden Me 262 per
Schleudersitz aussteigen, was zahlreiche Handgriffe und ein
kompliziertes Abrollen des Strahljägers erforderte. "

Anmerkung:

Hier ist der Hinweis, dass dieser Prototyp einer Pulkzerstörer-Version der Me 262 mit einem
Schleudersitz ausgestattet war.

Entweder war dieser Messerschmitt Prototyp mit einem Druckluft oder mit Raketen
betriebener Schleudersitz ausgestattet. Oder der Rettungssitz stand gar unter Federspannung
einer starken Feder, die den Sitz aus dem Cockpit in die Höhe drückte, damit der Pilot über
das Heckleitwerk kommt und sich nicht daran verletzt, wie auch bei dem Ho IX Nurflügler
vorgesehen.

Wenn dem so war, dann hatte man den Messerschmitt Testpiloten ein neues Rettungssystem
gegönnt, das dem normalen Luftwaffenpiloten in seiner Me 262 nicht zur Verfügung stand.
Denn es ist nicht bekannt, dass die Serien-Me 262 mit Schleudersitzen ausgestattet wurden.

Aber die neuen schnellen Hochgeschwindigkeitsjäger Me 262 HG II und HG III könnten für
die zukünftigen U.S. Piloten mit dem modernsten vom Modern, nämlich mit Schleudersitzen
ausgestattet gewesen sein.

Somit könnte der Hinweis, dass der Messerschmitt Erprobungspilot Ludwig Hofmann mit
dem Schleudersitz wegen Triebwerksbandes aus seiner Me 262 mit großer, langer 5 cm
Bordkanone am Bug aussteigen musste, ein Indiz dafür sein, dass man Nachfolgeversionen
der Me 262, wie die Hochgeschwindigkeitsvarianten HG II und HG III mit Schleudersitzen
ausstatten wollte und ggfs. in Gusen auch solche Maschinen diese Sitze bereits erhielten.

So könnten in den Holzkisten, die das USAAF Personal aus Gusen/St. Georgen aus den
Untergrundanlagen herausgeholt hatte, z.B. auch 20 neuste Schleudersitze, ggfs. von Heinkel
gebaut, über Cherbourg und einem „U.S. Fast Merchant Ship (neben der englischen HMS,
His Majesty Ship „Reaper) ihren Weg in die Vereinigten Staaten und Wright Field gefunden
haben.

Ein anderer interessanter Hinweis stammt aus dem Buch von David Myhra, „*Messerschmitts
over America*", Part 5, aus dem Englischen):

„Karl Baur (der auch die Pfeilflügel-Prototypen entweder in
Deutschland vor Kriegsende, oder später auf Wright Field
probegeflogen haben könnte, Anm.d.A.) flog den überarbeiteten,
seltenen Prototyp eines **„High Altitude Prototyp B-17
Hunter/Killer**" am 15. Mai 1945."

War dies auch ein Atombomber, ein Prototyp, ein Testflugzeug für nukleare Bomben? Sollte
der Testpilot Karl Baur ein Gefühl dafür bekommen, wie man solche Höhenbomber am
besten mit einem Abfangeinsatz und dementsprechenden Abfangjägern vernichten kann?

Karl Baur kam im September 1945 in die USA und nach Wright Field. Zu den ersten
deutschen Wissenschaftlern und Ingenieuren die nach Kriegsende ebenfalls auf diese

Erprobungsbasis bei Dayton, Ohio gelangten, zählte auch Dr. Edse (LuFo Braunschweig, ggfs. im Zusammenhang mit Rudolf Zinsser und dem Atomexperiment über Schweinfurt).

Siehe hier die atomare Flugabwehrrakete, die man ggfs. in Brönnhof auf einen Atombomber abfeuerte, an der auch Dr. Edse beteiligt gewesen sein könnte.

Die Sonder-Auswertungstrupps der West-Alliierten, die in Nazi-Deutschland nach moderner deutscher Hochtechnologie Ausschau hielten, verwendeten für ihre Missionen einen so genannten „Blue Eisenhower Pass".

Der Inhaber solch eines Passes bekam damit die Möglichkeit überall hin zugehen und jegliche Unterstützung von U.S. oder britischen Stellen und Militäreinrichtungen zu erhalten.

Der Pass enthielt die Faksimile Unterschrift von General Eisenhower und in englischer, französischer und deutscher Sprache wurde angegeben, dass der Inhaber des Passes nicht bei seiner Arbeit durch Militärpolizei oder jegliche andere Militärorganisation behindert werden dürfe.

Dieser Pass war ein außergewöhnlicher „Türöffner", der z.B. von den Watson „Whizzers" für ihre Jagd nach deutschen Hochleistungsflugzeugen intensiv genutzt wurde.

Wer weiß, welche Special Forces der West-Alliierten ebenfalls einen solchen „Blue Eisenhower Passport" besaßen (ALSOS, wie Don Richardson), um die in Deutschland durchgeführten Geheimprojekte vor allen anderen zu sichern und in die USA wegzuschaffen.

Wie die Pfeilflügler aus "Bergkristall", um diese hochmodernen Düsenjäger nicht in die Hände der Kommunisten fallen zu lassen.

Deshalb konnten sich ja U.S. Sondertrupps in der britisch besetzten Zone der Steiermark aufhalten, da diese G.I.s einen „Blue Eisenhower Pass" vorweisen konnten.

Siehe Foto von U.S. Soldat in Me 262 Rumpf bei Burg, Graz, Steiermark im Sommer 1945!

Insert

Freeman Army Air Field

Das Freeman Army Air Field liegt etwa 100 Kilometer südlich von Indianapolis, außerhalb der kleinen Stadt Seymour im U.S. Bundesstaat Indiana.

Das Flugfeld wurde hauptsächlich für Trainingsflüge für fortgeschrittene Flugschüler, die auf zweimotorigen Flugzeugen umschulten, genutzt.

Gegen Ende des Zweiten Weltkrieges begann die eigentlich interessante Geschichte dieses Flugfeldes, als das Gelände eine Lagerstätte, ein Depot für amerikanische und erbeutete ausländische Flugzeugmuster wurde.

Die meisten Flugzeuge aus dem Ausland kamen von der ehemaligen deutschen Luftwaffe. Ergänzend wurden italienische, japanische und englische Maschinen in Freeman abgestellt.

Nirgendwo sonst in den USA waren ab etwa April, Mai 1945 so viele moderne und weit fortschrittliche und zukunftsweisende Flugzeuge und anderes Fluggerät auf Freeman, als sonst wo auf der Welt.

Außerdem gab es große Lagerhallen auf dem Flugfeld, die von erbeuteten Ausrüstungsgegenständen, weiteres Luftwaffen-Gerät und Kleinteile nur so überquollen.

Die Amis haben in Europa und in Deutschland alles eingesammelt und verpackt, was sie habhaft werden konnten und haben es postwendend in die USA gebracht. So, wie Plünderer nun mal sind!

Die Sammlung von Ausrüstungsteilen der ehemaligen deutschen Luftwaffe auf Freeman Army Air Field wurde aufgrund einer Direktive des „Commanding General of the Army Air Force", H.H. Arnold dort hin geschafft und diente u.a. als Ersatzteildepot. Das Flugfeld für Trainingsflüge wurde jetzt hauptsächlich nur noch als Versuchsgelände für „Enemy Aeronautical Equipment" genutzt.

Im Juni 1945 wurde Freeman Field unter das unmittelbare Kommando des „Air Technical Service Command" gestellt, mit der Aufgabe der Anlieferung, Aufarbeitung, des Testens und der Lagerung von mindestens je einem Exemplar des erbeuteten Materials der besiegten feindlichen Luftwaffen.

Außerdem sollte die gesamte U.S. Luftwaffen-Ausrüstung eingelagert und katalogisiert werden, um diese entweder auszustellen oder für zukünftige Air Force Museen bereitzustellen.

Mit dem endgültigen Kriegsende für die USA wurden die Aktivitäten auf Freeman beendet. Da man keine weiteren finanziellen Mittel zum Erhalt der Ausstellungstücke erhielt und außerdem kein all zu großes Interesse mehr an ehemaligen Kriegsgerät aus dem Zweiten Weltkrieg bestand, wurde vieles aufgegeben, weggeworfen, verschrottet oder einfach vergraben.

Seit 1992 aber besteht wieder vermehrt Interesse an historischen Ereignissen und altem Kriegsgerät, insbesondere von der deutschen Luftwaffe. Man bemüht sich, das Material, dass auf dem ehemaligen Flugfeld noch vergraben in der Erde liegt, auszugraben und zu erhalten.

Wenn jemand damals schlau genug gewesen wäre und erkannt hätte, dass mit einem gewissen zeitlichen Abstand zu den damaligen Kriegsereignissen, es wieder genügt Personen gibt, die großes Interesse an alten „War Birds" haben, auch und insbesondere an deutschen Luftwaffenmaschinen, der hätte seit einigen Jahrzehnten ein Bombengeschäft machen können.

So ist es gut möglich, dass die abtransportierten Teile für eine spätere Endmontage der Messerschmitt Me 262 HG II und HG III heute immer noch irgendwo auf dem ehemaligen Erprobungsgelände auf Freeman in der Erde verrotten.

Denn bis auf eventuell zwei zusammengebauten Me 262 TL-Jäger, je eine HG II mit 35 Grad Pfeilflügeln und einer HG III mit 45 Grad Pfeilflügeln, sind alle andere erbeuteten und unfertigen Me 262 aus Gusen/Bergkristall auf Freeman gerade so eingelagert worden, wie man sie in den geheimen Stollenanlagen in B-8 vorgefunden und herausgeholt hatte.

Einschließlich der Transportgestelle, die von Messerschmitt dafür gedacht waren, die Einzelteil, wie Rumpf, Tragflächen Hecksektionen, Höhenruder usw., leichter per Bahn abtransportieren zu können.

Es könnte auch ganze Holzkisten gegeben haben, wo Fahrwerke, die Abdeckungen dafür, Instrumentenbretter, Schleudersitze, Kanzelhauben, Funkgeräte, Maschinenkanonen, die Triebwerke, die ggfs schubstärker waren, als die herkömmlichen Jumo 004 und vieles mehr beinhalteten, die später auf Freeman alle weggeworfen oder vergraben wurden.

Was eine Sensation wäre, würde man auf Freeman in Zukunft diese Pfeilflügler und alles was dazugehört, wieder ausgraben können.

Aber hätten bestimmte Kreise des U.S. Militärs und der Geheimdienste Interesse daran, dass diese Flugzeuge wieder ans Tagelicht der Öffentlichkeit gelangen würden.

Ist die Existenz der Pfeilflügel-Messerschmitt Me 262 doch bis heute geheim gehalten worden und nur als Projekte, die über Windkanalmodelle nie hinausgekommen sind, bekannt.

Interessant ist, dass man in Gusen die, in den weit verzweigten Stollen gelagerten Pfeilflügler nicht gesprengt und für den Feind unzugänglich gemacht hatte.

Nein, die Maschinen wurden transportfähig verpackt und konnten leicht von Special Forces der Amerikaner per Reichsbahn abtransportiert werden, um sie dem Zugriff der Russen zu entziehen.

Also könnte man bei Messerschmitt gewusst haben, ob in Gusen oder in Oberammergau, dass die Amis diese Maschinen nach Kriegsende unbedingt haben wollten.

Auch in Oberammergau wurde der Messerschmitt P 1101 Pfeilflügler nicht etwa gesprengt, sondern konnte von der U.S. Luftfahrtindustrie noch vor Ort in Deutschland, wie von Ingenieuren von Bell Aircraft, begutachtet werden.

Ein weiteres Indiz dafür, dass gewisse deutsche Stellen mit den Angelsachsen zusammen arbeiteten?

Zudem ein Indiz dafür, dass man weder in dem heutigen, Amerika hörigen Deutschland, noch anderswo, je ein gesteigertes Interesse daran haben wird, dass die damals tatsächlich existierenden und flugfähigen Me 262 Hochgeschwindigkeitsjäger je wieder das Licht der Öffentlichkeit erblicken?

…

Interessant ist, dass es eine Auflistung deutscher Luftwaffen-Maschinen gibt, die in die USA zur Erprobung gelangten.

Die Messerschmitt Me 262 HG Versionen fehlen! Der Flugkreisel, der von Boeing auf der Edwards AFB begutachtet wurde und bestimmt noch diverse andere Fluggeräte wurden von einem Zensor von der offiziellen Aufstellung der deutschen Flugzeuge, die nach Übersee verfrachtet wurden, gestrichen oder diese Geheimentwicklungen wurden erst gar nicht irgendwo offiziell festgehalten.

Warum hat dies ein Zensor gemacht? Was hat die USA zu verbergen, das heute noch so wichtig ist, dass über bestimmte Themen gelogen wird, dass sich die Balken biegen? Auch gelogen von vielen Handlangern aus Deutschland, die bis heute sich der allgemeinen Vertuschung und der Lüge hergeben.

Die jeweiligen Höhenleitwerke für die beiden hinteren Rumpfteile der Me 262 sind aus Transportgründen nicht montiert.

Man sieht bei der Aufnahme, dass vor der hinteren Seitenleitwerk-Sektion eine komplette Höhenleitwerkssektion liegt, wahrscheinlich ungepfeilt.

Die passende, gepfeilte Höhenleitwerks-Einheit für das neue, größere Leitwerk ist auf dem Foto nicht zu erkennen

Beide Sektionen sind unbemalt und in Natursilber der Alu-Bleche belassen. Beide Messerschmitt Leitwerke besitzen keine Markierung, weder Hoheitszeichen noch Werknummern.

Bei dem vergrößerten Leitwerk ist zu erkennen, das gleich hinter dem beweglichen Ruder eine dreieckige Sektion in einem unterschiedlich gefärbten Blech, im Vergleich zu dem normalen Leitwerk dahinter, breiter ist, was sehr schön ein weiterer Beweis eines vergrößertes Leitwerkes für die HG Version darstellt. Außerdem erkennt man einen größeren Abstand der Öffnung für die Aufhängung des Höhenruders zur Vorderkante, im Vergleich zu der Normalversion.

Beide Leitwerke sind nicht verspachtelt, was darauf hindeuten könnte, dass auch das normale Leitwerk zu der einfacher gehaltenen HG II Version gehörte.

Beachte bei der vorderen Leitwerkssektion die flachere Neigung der Seitenleitwerks-Vorderkante!

Hier handelt es sich tatsächlich um ein vergrößertes Seitenleitwerk, wie es bei der HG III Versionen Verwendung finden sollte.

Ob die oben abgebildete Hecksektion ohne Höhenruder je mit dem dazugehörigen restlichen Rumpfabschnitt zusammengefügt wurde, ist unklar.

Es könnte sich um eine von mehreren Hecksektionen gehandelt haben, die die U.S. Army Air Force im Mai/Juni 1945 aus der U-Anlage in St. Georgen mit samt dem Rest der Me 262 erbeutet hatten und anfangs nach Graz im britisch besetzten Sektor von Österreich, in die Steiermark verbracht hatten.

Wie viele von den unfertigen, von den Amerikanern erbeuteten Me 262 Strahljäger aus „Bergkristall" in die USA verschifft worden waren, ist unbekannt.

Ob das ganze Baulos in einer Größenordnung von circa 15-20 Messerschmitt Me 262 HG oder ob nur ein Teil davon in die USA und ggfs. auf die Wright Field Air Base wanderte? So könnten die Briten auch eine oder mehrere der neuen „Swept-Back" Strahljäger Versionen zur weiteren Verwendung erhalten haben.

Wenn solche HG-Versionen auch zu den Engländern für Test gelangten, wo wurden diese erprobt?

Denn es gibt in der englischen Luftfahrtliteratur keinen einzigen Hinweis, dass Me 262 Pfeilflügler in Groß Britannien zur Probe geflogen wurden, weder in Farnborough noch anderswo.

Wenn also die Briten, neben den Amerikanern solche HG-Varianten erhielten, wurden diese möglicherweise aus Geheimhaltungsgründen nicht auf der Insel nachgeflogen.

So könnten diese, bis heute geheim gehaltenen Me 262 HG Jäger aber innerhalb des Britischen Empires einen ihrer Erstflüge absolviert haben. So z.B. in Süd Afrika, wo ja auch der Flugkreisel über „Simon´s Town" bei Kapstadt oder später bei Johannesburg gesichtet wurde.

Oder die Pfeilflügler kamen nach Australien und wurden auf einer geheimen RAAF Basis in der Luft erprobt.

Eine andere Möglichkeit wäre Kanada, wie die Geheimbasis „German Encampment" in British Columbia, wo sich mehrere Deutsche aufhielten. Ob dieses deutsche Personal erst nach dem Krieg aus Nazi-Deutschland nach Kanada kam oder bereits im Krieg dort seinen Dienst versah, wäre interessant zu wissen.

Messerschmitt Me 262
in den
Commonwealth Länder

So wurde z.B. eine Messerschmitt Me 262 A-1a, Wk. Nr. 500443, die in Schleswig-Jagel von den Engländern erbeutet wurde, zuerst nach Groß Britannien gebracht, um am 20. Oktober 1946 nach Kapstadt, Süd Afrika verschifft zu werden. Dort wurde die Maschine von der South African Air Force übernommen und im 15. Air Depot, Snake Valley eingelagert.

AFS Snake Valley ist an der östlichen Seite des Zwartkop Airfield angesiedelt und bezeichnete sich u.a. als „Mobile Deployment Wing". Außerdem befand sich in Snake Valley eine „Schule für Technisches Training".

Diese „Technische Schulung" könnte sich auch auf ausländische Luftfahrttechnik bezogen haben, sodass zumindest die o.g. normale Me 262 dort technisch ausgewertet wurde.

Ob in Snake Valley, Pretoria, einem Stützpunkt der South African Air Force, von dessen frühen Geschichte wenig bekannt ist, auch geheimes deutsches Fluggerät, wie der „Kreisel" oder die Messerschmitt Pfeilflügler technisch evaluiert wurden, müsste die Historie der SAAF klären. Ob aber die südafrikanische Luftwaffe Interesse an einer geschichtlich vollständigen Aufklärung der damaligen Ereignisse in Süd Afrika hat, mag bezweifelt werden.

Später wurde die Me 262 aus Snake Valley als technisches Anschauungsobjekt an Privat verkauft und 1953 verschrottet.

Eine weitere Me 262, Werk-Nr. 500 210 wurde in Fassberg von der Luftwaffe aufgegeben und von der No. 616. Staffel der Royal Air Force übernommen. Der Messerschmitt TL-Jäger tauchte am 9. Juli 1945 in Farnborough, einem britische Erprobungszentrum, ähnlich dem deutschen Rechlin wieder auf.

Der Strahler wurde am 23. August 1946 nach Kanada verschifft, wo er am 1. September ankam. Dort wurde die Me 262 an einem privaten Sammler verkauft, der sie später verschrottete.

Eine andere Me 262, Werk-Nr. 500 300 wurde nach der Erprobung in Großbritannien nach Australien verschifft, wo sie 1985 restauriert und im Australian War Memorial, Canberra, Australien ausgestellt ist.

Hätten auch die möglichen zwei HG-Versionen, die die Amerikaner den Briten überlassen haben könnten, in Länder des britischen Commonwealth gelangen können, um dort weiter heimlich erprobt zu werden?

So, wie auch der Flugkreisel, der ja über Simon´s Town bei Kapstadt gefilmt wurde und später, 1957 nochmals in der Nähe von Johannesburg Erprobungsflüge vornahm. Dort in Jo-burg flog der „Kreisel" ggfs. in Verbindung mit den verstellbaren Schwenkdüsen, „Blower-Units", die von Michel Wibault entwickelt wurden. Die schwenkbaren Bläsereinheiten, ggfs drei Stück an der Zahl, außen an der kleinen, nun nur noch ferngesteuerten 3 m Drone montiert, könnten der Vorerprobung für den zukünftigen britischen Senkrechtstarter „Harrier" gedient haben.

Hätte also eine erbeutete deutsche Messerschmitt Me 262 HG III Version mit 45 Grad Pfeilflügeln aus der Messerschmitt Geheimproduktion in Nieder Österreich gegen Kriegsende den Engländern in Süd Afrika zur Erprobung von Überschallmaschinen gedient haben können, sodass sich Personen aus Militär und Industrie in, entweder Kapstadt, oder Jo-burg die HG III anschauten, um für ihre eigenen zukünftigen Flugzeugprojekte zu lernen, wie man am besten effektive Überschalljagdmaschinen baut?

Was man alles gerne auch in England vertuschen möchte, damit man erst gar nicht in Verbindung mit ehemaliger Nazi-Technologie gebracht wird, die in wichtige britische Militärflugzeuge mit eingeflossen sein könnte.

Siehe hier den Hinweis in dem Buch „Atomexplosion über Schweinfurt" des Autors über den Flugplatz Adelheide-Delmenhorst, wo die Engländer nach dem Krieg heimlich einige deutsche (Senkrechtstarter-) Geheimprojekte, u.a. wohl von Prof. Focke abtransportiert hatten.

Insgesamt 40 Luftwaffe Maschinen wurden an Bord der britischen HMS „Reaper", darunter mehrere Messerschmitt Me 262 (drei Normalausführung A-1, zwei Doppelsitzer zur Schulung, ein zweisitziger Nachtjäger und drei Foto-Aufklärer) in die USA verschifft:

Fünf Focke-Wulf Fw 190F,
Vier Focke-Wulf Fw 190D,
Eine Focke-Wulf Ta 152H, Höhenjäger
Vier Arado Ar 234B, TL-Bomber
Drei Heinkel He 219, Naschjäger
Drei Messerschmitt Bf 109,
Zwei Dornier Do 335A „Pfeil", „Ameisenbär"

Zwei Bücker Bü 181, Schulmaschinen, die auch zur Panzerjagd provisorisch mit
Panzerfäusten ausgestattet worden waren,
Zwei Doblhoff WNF 342 Blattspitzen-Düsen-Helikopter,
Zwei Flettner Fl 282 Hubschrauber,
Eine Junkers Ju 88G,
Eine Junkers Ju 388,
Eine Messerschmitt Bf 108, Verbindungsmaschine
und eine amerikanische USAAF North American F-6 "Mustang" Fotoaufklärerversion.

Auf einem amerikanischen Handelschiff wurden später noch einige Heinkel He 162A,
Messerschmitt Me 163B-1a, und die Bachem Ba 349 Natter in die USA verfrachtet.

Zum Beispiel wurde die Heinkel He 162 mit dem Namen „Nervenklau" in Leck/Holstein von
den Briten erbeutet und an U.S. Col. Watson von den „Watson Whizzers" übergeben.

Die He 162 wurde nach Merseburg zu einem alliierten Sammelpunkt für erbeutete
Luftwaffen-Ausrüstung gebracht, um dann weiter nach Kassel in Hessen zu gelangen, wo die
„Salamander" zerlegt, auf einen Eisenbahnwaggon geladen und zum französischen Hafen
nach Cherbourg transportiert wurde.

Dort wurde die Maschine mit anderen Luftwaffen Flugzeugen an Bord des U.S. Liberty
Schiffes „SS Richard J. Gatling" am 12. Juli 1945 in die USA verschifft.

Alle Schiffsladungen mit deutschem Beutegut landete in Newark, NJ an. Flugfähige
Exemplare wurden von handverlesenen Piloten direkt, z.B. nach Freeman, Wright Field oder
NAS Patuxent River geflogen. Nicht flugfähiges Material ging per Bahn oder LKW zu den
jeweiligen Erprobungszentren in den USA.

Neben der Army wollte auch die U.S. Navy neueste Luftfahrttechnologie für ihre
trägergestützten Maschinen, die später auch mit Pfeilflügeln ausgestattet wurden.

Ob die Me 262 Strahler aus Gusen, Nieder Österreich denselben Weg durchliefen, also mit
dem Zug zu einem Sammelpunkt nach Merseburg oder einem anderen Collection Point der
USAAF gelangten, dann weiter nach Kassel, um per Bahn nach Cherbourg transportiert zu
werden, um auf der SS Gatling in die USA zu dampfen, ist unklar, aber denkbar. Denn auf
dem Royal Navy Escort Carrier „Reaper" waren die neuen Me 262 HG wohl nicht gelistet.

Interessant ist hier, dass die U.S. Beutemaschinen zu einem so genannten „Air Technical
Intelligence Collection Point", ATICPT, einem Sammelpunkt erbeuteter deutscher Maschinen
in der Nähe von Merseburg gelangten, lag die Stadt doch in der zukünftig russisch besetzten
Zone und musste bis spätestens 10. Juli geräumt werden.

Andere „Collection Points" der USAAF lagen in Nürnberg-Roth auf dem dortigen
ehemaligen Fliegerhorst der Luftwaffe. Ein weiterer Sammelpunkt befand sich auf einem
Flugfeld, ungefähr 15 Kilometer von Stuttgart entfernt.

Den Ort Merseburg und Leuna finden wir interessanterweise auch bei Ing. Rudolf Zinsser
wieder, der ein zweites Mal mit einer He 111 in Richtung des Ortes der Atomexplosion über
Schweinfurt flog:

„Because of the P-38s operating in the **area Wittenberg/Merseburg**, I (Zinsser, Anm.d.A.) had to turn North but observed a better visibility at the bottom of the cloud where the explosion occurred."

Was war in Merseburg?

Dort befand sich u.a. ein Industriehafen der Junkers Flugzeugwerke. Es wurde auf dem Platz der Großsegler „Mammut" gebaut (wo wurde der 90 m Spannweite riesige Großsegler „Goliath" von welchem Hersteller gefertigt?), außerdem hauptsächlich Junkers Ju 88, Ju 188 und Junkers Ju 388.

Die Junkers Ju 388 wurde noch in einer Kleinserie gefertigt, kam aber nicht mehr zum Einsatz. Die Ju 388 wurde als Höhenflugzeug konzipiert, entweder als Bomber, Höhenjäger oder Aufklärer. Als schnell fliegendes Höhenflugzeug über 10.000 m mit Druckkabine war die Maschine wohlmöglich interessant für die Amerikaner.

Denn eine Junkers Ju 388 L-1, Werk-Nr. 560 059 wurde von U.S. Truppen in Merseburg erbeutet.

Die Höhenmaschine wurde von einem Team der berüchtigten USAAF Air Intelligence (ATI) „Watson Whizzers" entdeckt. Diese Spezialgruppe durchkämmte schon vor dem offiziellen Kriegende das von den Nazis besetzte Europa nach neuester deutscher Hochtechnologie, spürte die Maschinen auf und schickte die interessantesten Flugzeuge zu Sammelpunkten, damit sie später in die USA transportiert werden konnten.

In Merseburg sollten Mitglieder der 9. Air Service Squadron, 365th Fighter Group die Ju 388 flugfähig machen.

Nach einigen erfolgreichen Flugversuchen in Merseburg wurde die Ju 388 am 20. Mai 1945 nach Kassel-Waldau geflogen. Zuerst sollte die Höhenmaschine via Prestwick, UK, weiter über Island und Grönland in die USA geflogen werden. Dann wurde die Ju 388 aber an Bord der HMS „Reaper" mit anderem deutschen Beutegerät in die USA verschifft.

Die spekulative Frage ist im Zusammenhang mit dem Atombombentest über Schweinfurt (oder einem Ramm-Einsatz vor dem Atomtest), ob in Merseburg die Junkers Ju 188, die gemäß dem Zeitungsartikel „Wochen Echo" vom Mai 1950 als Trägerflugzeuge für eine scheibenförmige Abstandswaffe dienten, bei Junkers in Merseburg im Jahre 1944 dementsprechend umgebaut worden waren.

Was zum Beispiel den Einbau einer Seilwinde und einer Halterung des Scheibenflugkörpers „Qualle" am Rumpf betrifft. Und ggfs. andere Umbaumaßnahmen, die im Zusammenhang mit einer möglichen nuklearen Kontamination und deren Vermeidung stehen.

Könnte Rudolf Zinsser, der nach dem Experiment ein zweites mal mit einer Heinkel He 111 in die Gegend von Leuna/Merseburg, bzw. Wittenberg geflogen war (siehe Aussage in U.S. Dokument), ggfs. die Sonderversionen der Junkers Ju 188 begleitet haben, die wieder zum Industriehafen von Junkers zurück gebracht wurden?

Zu dem Flugplatz in Wittenberg, aka Lutherstadt Wittenberg heißt es, dass dies ein Notlandeplatz in Anhalt war, 60 Kilometer nord-nordöstlich von Leipzig und 28 km östlich von Dessau und 2 km süd-südwestlich von Wittenberg.

Der Platz bestand seit 1928 und wurde im Jahre 1939 als Schulungsort genutzt. Danach wenige Flugaktivitäten.

Hätte man dort die ggfs. fünf Junkers Ju 188 Maschinen nach dem erfolgreichen Einsatz über Schweinfurt abstellen und zerlegen können, ohne dass es jemand mitbekam?

Sollten ggfs. die an dem Atomexperiment beteiligten Trägerflugzeuge, eventuell fünf Ju 188 Spezialumbauten nach dem erfolgreichen Einsatz, entweder zurückgebaut oder von Junkers Personal zerlegt und verschrottet werden?

Sehr spekulativ gefragt könnte man fantasieren, ob in Merseburg bei Junkers im Oktober 1944 auch ausländisches Personal, ob USAAF Angehörige oder Zivilisten aus Groß Britannien und/oder den USA anwesend waren, die die Ju 188 Trägermaschinen inspiziert und nach radioaktiven Spuren untersucht haben könnten, so wie die Trümmerreste auf dem Truppenübungsplatz in Schweinfurt-Brönnhof von U.S. Spezialeinheiten untersucht wurden.

Kannten also U.S. Special Forces den Industriestandort von Junkers in Merseburg und wurden die dortigen Flugplatzanlagen mit der gesamten Infrastruktur nach dem Krieg von der USAAF genutzt, um erbeutete deutsche Hochtechnologie instand zusetzen und wieder flugfähig zumachen, damit die Maschinen, wie über Kassel, weiter nach Cherbourg und dann in die USA geschafft werden konnten, wo sie bei dem „Atlantic Overseas Air Material Center", Newark Field, New York zuerst eingelagert und danach von gut ausgebildete Piloten an U.S. Erprobungszentren landesweit weiterverteilt wurden?

Erhebt sich die Frage, ob Col. Watson und sein Team auch die Messerschnitt HG Pfeilflügler aus Gusen in Nieder Österreich herausgeholt hatten, um sie per Bahn abzutransportieren.

Dafür könnte sprechen, dass ja auf dem Foto mit den Einsenbahnwaggons auf dem Verschiebebahnhof in Burg bei Graz, Steiermark, britisch besetzte Zone, eventuell sogar ein Mitglied der „Watson Whizzers" in Cockpit einer der HG-Rümpfe sitzt und sich von einem Kameraden fotografieren ließ.

Da alle Angehörigen der Watson Whizzers den „Blue Eisenhower Special Passport" besaßen, der es diesen Luftfahrt-Spezialisten ermöglichte, überall in Europa, egal in welcher Besatzungszone sie sich aufhielten, deutsche Hochtechnologie zu sichern und abzutransportieren (die Herren der Welt dürfen vor allen anderen plündern), wird klar, warum man sich auch in der britisch besetzten Steiermark ungestört aufhalten konnte!

Zudem die USAAF ihren britischen Verbündeten in der Steiermark, Flugplatz Thalerhof, ja zwei Me 262 HG-Versionen freundlicherweise zur weiteren Evaluierung überlassen haben könnten, wogegen die Engländer bestimmt nichts einzuwenden hatten.

Harold E. Watson wurde am 19. November 1911 in Farmington, Connecticut USA geboren. In 1939, ging Watson zur Wright Patterson Air Force Base, damals Wright Field in Dayton, Ohio und arbeitete in der dortigen Forschungsabteilung. Er erhielt 1941 ein M.S. in Luftfahrttechnik von der Universität in Michigan.

Im Krieg flog Watson Einsätze in Europa und kehrte später im Rahmen von „Operation LUSTY" - **Lu**ftwaffe **S**ecret Technolog**Y** wieder zum „European Theater of

Operation" zurück, um deutsche Beutemaschinen einzusammeln. Watson war danach weiterhin als Versuchspilot tätig.

Im Jahre 1947 wurde Watson zum „Chief of the Air Technical Intelligence Center" auf Wright-Patterson ernannt und **in 1949** war er an "Project Grudge", dem U.S. Air Forces Programm zum Aufspüren und Analysieren von "Unidentified Flying Objects", UFOs beteiligt.

Anmerkung:

„Gudge" heißt „Groll".

Man wird bei den Stellen, wie auf Wright Patterson, die sich mit sowjetischen Überflügen beschäftigt hatten, einen Groll gehegt haben, weil man sich ärgerte, dass die Sowjets sich nicht an die Vereinbarungen der genehmigten Kontrollflüge mit „UFOs" hielten, die wohl spätestens ab dem Jahr 1949 eine weltweite und heimliche Luftaufklärung flogen. Und dass man mühselig, verdeckt, ohne das es eine besorgte Öffentlichkeit mitbekam, herausfinden musste, wo sich überall in den USA die russischen Drohnen herumtrieben und alles fotografierten, was von Bedeutung war.

Dazu wurden auch ehemalige Peenemünder eingespannt, in die verdeckte und heimliche Luftraumüberwachung von „UFOs". Wie Dr.-Ing. Klaus Riedel, der an Raketentriebwerken gearbeitet hatte und nach dem Krieg in die Gegend von Los Angeles, CA kam und u.a. bei North American Aviation, Rocketdyne Division arbeitete.

Im Krieg war Dr. Riedel wohl in die Entwicklung und den Bau der „V-7", eine Kreisdüsenmaschine mit konventionellem Antrieb verwickelt. Vielleicht war er als Spezialist für Raketentriebwerke für das Antriebssystem dieser Flugscheibe verantwortlich. Dr. Riedel kannte also die wahre Natur der „UFOs".

Ingenieur Riedel war bei einer geheimen, zivil ausgelegten Einrichtung, „California Committee for Saucer Investigation" tätig und analysierte, wie Col Watson in Dayton auch, die Flugwege eindringender sowjetischer unkonventioneller Drohnen, aka „UFOs" und wollte sogar die Einwohner von L.A. in die Luftraumüberwachung mit einspannen. Was heute in Deutschland immer noch die „CENAP" macht, die UFO-Gläubige dazu anhält, über ihre Sichtungen zu berichten.

Weil der Überflug von heute russischen Spionagedrohnen über den USA und NATO-Einrichtungen, die nicht bekämpft werden, Hochverrat ist, muss die L-Presse und die Medien bis zum heutigen Tag und darüber hinaus der unwissenden, weltweiten Bevölkerung immer wieder die Story von außerirdischen Raumschiffen einhämmern. So wie die USA auch immer wieder die Legende eines „Vierten Reiches" kolportieren muss, um von den eigenen, unglaublichen Machenschaften und Verschwörungen abzulenken. Das ist eine unter vielen Aufgaben der weltweiten Presse, der Medien- und Filmindustrie: Propaganda im Sinne der USA zu verkaufen, damit die Herren der Welt mit ihren kriminellen Machenschaften nicht vorzeitig auffliegen.

Nach der geheimen Überwachung von sowjetischen Überflügen über den USA, wurde Watson eine Position innerhalb des „Allied Air Forces Command" der NATO im Jahre 1951 zugeteilt. Im Jahre 1954 ging er wieder zum „Air Tactical Intelligence Center" zurück.

Im Jahre 1962 setzte er sich als „Brigadier General" zur Ruhe.

Harold E. Watson verstarb am 5. Januar 1994.

Gemäß seinem offiziellen Lebensweg schien Watson tief verstrickt in die Machenschaften der USA gewesen zu sein. Er war auf der geheimnisvollen und verschwörerischen Wright Patterson Basis tätig und auch in die Auswertung sowjetischer Spionageflüge mit unkonventionellen Drohnen verwickelt, die nach dem Krieg vermehrt über den USA und anderen NATO Ländern auftauchten.

Denn die russischen Drohnen hielten sich natürlich nicht nur an die beiderseitig vereinbarten Flugrouten, um gewisse Atomwaffen-Arsenale zu kontrollieren, sondern die „UFOs", aka russische fliegende Untertassen spionierten auch alles andere, wie wichtige U.S. Militäreinrichtungen und ggfs. auch zivile Objekte aus, was nicht im Sinne der USA war.

Umgekehrt machten die „Herren der Welt", die USA genau dasselbe in der ehemaligen Sowjetunion und deren Satellitenstaaten: unkonventionelle Drohnen in Scheiben- oder einer anderen Form, wie Fliegende Zigarren spionierten alles aus, was den USA als wichtig erschien. Dafür wiederum rächten sich die Russen mit ungenehmigten Überflügen.

Unklar ist, was Col. Watson über „Operation Unthinkable" wusste und dass die Pfeilflügler aus Gusen eben für die USAAF gebaut worden sein könnten.

Watson hielt sich an die Geheimhaltung, sodass alles erwähnt werden durfte, was unverfänglich ist, was die „Watson Whizzers" an deutschen Fluggerät erbeutet und flugerprobt hatten, so gut, wie alles ist heute bekannt und aufgeschrieben.

Nur die Messerschmitt Me 262 HG-Versionen und andere Flugobjekte, wie die „Foo Fighters", elektrostatische und elektromagnetische Flugkörper, der Flugkreisel und weitere unkonventionelle deutsche Fluggeräte und Raketen, die diese U.S. Spezialgruppe genauso aufgespürt und erbeutet haben könnte, wie die „regulären" Flugzeuge.

Alles hoch Geheime wurde wie üblich auch und gerade von Watson und seinen „Watson Whizzers" weggelassen und die vielen Berichterstatter, die über diese U.S. Spezialgruppe in unzähligen Bücher und Abhandlungen über ihn schrieben, taten es ihm gleich!

…

Eines der Beuteflugzeuge, die BP-20 Natter flog unbemannt in Muroc, Ca., die Triebwerke der „Salamander", der He 162 könnten auf dem Foto, das auf Freeman aufgenommen wurde, zu erkennen sein, da die Verkleidungsbleche mit Tarnfarbe (RLM 81 oder 82) lackiert waren.

Ob auf dem amerikanischen „Merchant Ship" „SS Gatling" ggfs. die Me 262 HG Versionen ihren Weg nach Freeman fanden, wäre möglich, da sie auf der „Reaper" wohl nicht geladen waren, und die vielen Einzelkomponenten der ggfs ca. 20 zerlegten Me 262 HG Maschinen in Transportgestellen viel Stauraum in Anspruch nahmen.

Eine in Deutschland erbeutete Junkers Ju 290A, ein viermotoriger Transporter mit "Trapo-Klappe" und der amerikanischen Aufschrift „Alles Kaputt" flog aus eigener Kraft über den Atlantik in die USA.

In den USA wurden die deutschen Beutemaschinen zwischen der U.S. Army Air Force und der U.S. Navy aufgeteilt.

Denn auch die Navy brauchte für ihre trägergestützten Jagdmaschinen modernste Technologie, wie nach hinten gepfeilte Tragflächen für den Schnellflug.

Interessant ist, dass ein „Combined Intelligence Objectives Subcommittee", CIOS-Team im Juni 1945 in der Nähe von Rottweil am Neckar einen Horten H III F Nurflügel-Segler und einen Ho III H Segler in flugfähigen Zustand in Transportanhängern erbeuteten.

Beide Nurflügler wurden in die USA zum Wright Field nach Dayton, Ohio gebracht und später nach Freeman Army Air Field, Seymour, Indiana eingelagert.

Bei diesen kleinen Seglern lag der Pilot in einer „Prone Position", bäuchlings, leicht kniend auf einer Liege, wobei die Hüfte und die Knie angewinkelt waren, um die Ruderpedale zu bedienen. Eine gepolsterte Kinnstütze stütze den Kopf des Piloten. Trotz dieser günstigen Lage des Flugzeugführers, was insbesondere bei Flugmanövern mit hohen g-Kräften vorteilhaft war, da man so höhere Beschleunigungen besser aushalten konnte, kam man von der liegenden „Prone Position" wieder ab, da diese Stellung zu ermüdend für den Piloten bei längeren Flügen war und man schlecht die Instrumente ablesen konnte.

Vorversuche mit dieser neuen bäuchlings Haltung des Flugzeugführers wurden mit „Liege-Kraniche", umgebaute Segelflugzeuge und Hitler-Jungen durchgeführt.

Denn ein Nurflügler mit solch einer liegenden Anordnung für Jagdpiloten könnte ein bis heute unbekannt gebliebener kleiner Nurflügler gewesen sein, der innerhalb des Jäger-Notprogramms noch vor Kriegsende in der Entwicklung war. Ob die Horten-Brüder diesen Nurflügler entwarfen oder die Gothaer Waggonbau Flugzeugfirma, die die Go 229 als Linzens der Ho IX herstellte, ist unklar.

Denn dieser bis heute zensierte, etwa 4-5 m Spannweite kleine Nurflügler mit halb kniendem Piloten wird wohl deshalb geheim gehalten, da an den jeweiligen Enden der geschwungenen, parabolartigen Tragfläche sich Lorin-Rohre, Staustrahlrohre befunden hatten.

Somit müsste der Nurflügel-Jäger mit einer Schleuder in die Luft geschossen worden sein, damit bei ca. 400 km/h der Staudruck für die Lorin-Triebwerke zu wirken begann.

Zudem soll der Horten/Gotha Nurflügler mit einer einfachen Absauge-, oder An- und Ausblas-Anlage für eine höhere Ruderwirksamkeit ausgestattet gewesen sein.

Dann hätte der Nurflügler auf einer kleinen Waldlichtung landen können, wenn man die Ruder als Landeklappen bei der Landung anblies, um die Ruderwirkung zu verstärken und damit den Langsamflug für eine kurze Sacklandung zu erreichen, im die Landestrecke sehr kurz gehalten werden konnte („Landen auf einer Briefmarke").

Ob dieser geheim gehaltene Nurflügler in dem kleinen Rumpf eine ebenso kleine Saugturbine, ein bis heute geheim gehaltenes „Jumo 203" TL-Triebwerke eingebaut bekam, ist unklar.

Andererseits könnten die zwei Lorinrohre an den Flügelspitzen mit einem einfachen nuklearen Antrieb („Soft-Fission-Antrieb") für den Schnellflug und für eine längere Flugzeit ausgestattet gewesen sein.

Das Wissenschafts-Konzentrationslager „Lager Mecklenburg", das ausgelagert bei Kempten/Allgäu in Hindelang/Hinterstein Vorversuche mit diesem „Soft Fission-Antrieb" (keine Kernschmelze sondern nur atomare Hitze eines Brennstabes) durchführte, sollte wohl prüfen, wie ein solcher Atom-Kleinstantrieb praktisch funktionierte.

Die Lorinrohre, die etwa ein, eineinhalb Meter lang waren, enthielten neben nuklearem Brennstoff in Brennstäben (ob Bruchstücke von Uran oder Torium) einen Kadmiumstab zur Regelung des Schubausstoßes (mehr oder weniger Hitzeentwicklung durch herausziehen oder einfahren des Brennstabs) und einen Wärmetauscher, damit die atomare Hitze, die die Brennstäbe in dem Lorinrohr erzeugten, auf das zu übertragende Medium Luft erfolgen konnte.

Die eingerammte Luft am vorderen Teil des Lorinrohres wird ab 400 km/h automatisch im Rohr verdichtet, durch die nuklearen Brennstäbe und dem Wärmetauscher zusätzlich stark aufgeheizt, sodass der eingerammte Luftstrom sich explosionsartig ausdehnt, expandieren konnte und hinten am Rohrende als starker Schubstrahl austrat, um den Nurflügler auf hohe Endgeschwindigkeiten zu beschleunigen.

Da solche kleinen atomaren Brennstäbe eine Lebens-/Brenndauer von ungefähr 10-20 Stunden hatten, könnte theoretisch der Nurflügel-Jäger solange in der Luft bleiben, um feindliche Flugzeuge zu jagen und zu vernichten.

Eine andere Methode, die eingerammte Luft zur Expansion zu bringen, war die Luft stark abzukühlen, was von Karl Nowak vorgeschlagen wurde und ggfs. ebenso in einer Versuchsanordnung praktisch erprobt worden sein könnte.

Ob nach dem Krieg oder noch während der Kampfhandlungen ein Vesuchsträger mit einem kryogenen Antrieb erprobt wurde, bei dem die eingerammte Luft innerhalb eines Lorin-Staustrahlrohres stark und explosionsartig unterkühlt wurde, ist unklar.

Aufgrund eines möglichen „Soft-Fission-Antriebes" könnte deshalb dieser Nurflügel-Segler, der u.a. eine Weiterentwicklung der Segler gewesen sein könnte, die man bei Dietingen, (südlich von Stuttgart, wo sich auch Haigerloch, Schramberg (Junghans und „Impervium"), die Schwäbische Alp, Flugzeugfirma Hirth, Kircheim Teck und die Bachem Natter befunden hatten) wohlmöglich geheim gehalten und zensiert worden sein, nämlich wegen eines neuartigen Kleinst-Atomantriebes.

So heißt es, dass einen Monat nach Kriegsende ein Sondertrupp alliierter Luftfahrtexperten am 11. Juni 1945 die Nurflügel-Segelflugzeuge Ho III F und H im makellosen Zustand, dazu alle Fluginstrumente in Transportanhänger bei Rottweil fanden. Denn die Gebrüder Horten hielten sich auf dem Tierstein bei Dietingen gegen Kriegsende auf und beide sollen noch Versuchsflüge mit einem Horten IV Segler auf dem, in der Nähe liegenden Berg Klippeneck unternommen haben.

Die Horten III g, Werk-Nr. 31 wurde im Jahre 1944 in Göttingen von Horten Mitarbeitern gefertigt.

Der Erstflug erfolgte als Doppelsitzer Ho III g mit zwei nebeneinander liegend angeordneten Piloten. Die Maschine wurde später zu einem Einsitzer, Horten III h umgebaut und mit speziellen Versuchsapparaturen ausgestattet, um den Anstellwinkel bei gewissen

Flugzuständen zu messen. Ob hier auch an einer einfachen Absaugeanlage für bestimmte Flugzustände oder Start- und Landebedingungen geforscht wurde, ist unklar.

In Zimmern unter der Burg, Zollernalbkreis bei Rottweil in Baden Württemberg, westlicher Rand der Schwäbischen Alb (Albstadt-Ebingen, Truppenübungsplatz Münsingen, siehe auch Bachem Natter) wurden Versuchsflüge mit dem Horten III Gleiter und einer Messapparatur vorgenommen.

Der umgebaute Einsitzer Ho III h hatte interessanterweise eine aufgesetzte zweiteilige Kanzel im Zentrum des Mittelflügels, ähnlich der Ho IX/Go 229 mit Blechverkleidung an den Seiten und am Bug und nicht die üblichen Plexiglasbereiche, die mit der Flügelvorderkante bündig abschlossen, wie bei den anderen Ho III Gleitern.

Der Pilot in der umgebauten Ho III h saß aufrecht, wie bei den großen Ho IX Jägern.

Die Frage ist, welche Vorversuche man mit dem Einsitzer unternommen haben könnte und was später in den Serienbau der Go 229 mit einfließen hätte sollen?

Im Internet gibt es eine schöne (Desinformations-) Geschichte auf „Grey Falcon Horten H 229" über „Roswell and the Horten Brothers":

Eine U.S. Autorin mit Namen Anni Jacobsen verzapfte in ihrem Buch eine absichtlich geschriebenen Desinformation über die „Area 51", wohl basierend auf damalige U.S. Propaganda-Lügen, die Anstelle von der heute meist üblichen „Außerirdischen" Propaganda, auf die bösen Nazis und die Horten Brüder abzielte, die angeblich ihre Nurflügler oder gar von ihnen entwickelte Flugscheiben den Russen verraten haben sollen.

Wie immer bei der Propaganda stützt sich diese auf vorhandene Fakten, die von einem Zensor, einem Schreiberling entsprechend mehr oder minder gut oder schlecht abgeändert wird. Sodass man mehr oder minder gute Informationen noch herauslesen kann.

Hier einige beispielhafte Auszüge, die dies bestätigen:

„**During the first week of July 1947**, U.S. Signal Corps engineers began tracking **two objects with remarkable flying capabilities** moving across the **southwestern United States**. What made the aircraft extra-ordinary was that, although they flew in a traditional, forward-moving motion, the craft, whatever they were, **began to hover sporadically** before continuing to fly on."

Anmerkung:

Sporadisches Schweben bevor die Objekte weiterflogen.

Hat dies eventuell in Verbindung mit der Navigation der Flugobjekte zu tun?

"**The vehicle had no tail and it had no wings. The fuselage was round, and there was a dome mounted on the top.** In secret Army intelligence memos declassified in 1994, it would be referred to as a "flying disc". Most alarming was a fact kept secret until now, inside the disc, there was a very earthly hallmark:

Russian **writing. Block letters from the Cyrillic alphabet had been stamped, or embossed, in a ring running around the inside of the craft.**"

Anmerkung:

Scheibenförmige Drohnen als Spionageflugzeuge, die aufgrund Fehlfunktion abstürzen. Gut möglich, das gewisse Bauteile eine Beschriftung in Kyrillisch aufgewiesen haben könnten.

Falls man auf Geheimhaltungsgründen nicht gänzlich darauf verzichtet hatte, da man damit rechnet musste, dass über feindlichem Gebiet, also den USA oder den NATO-Ländern durch Fehlfunktionen, wie falsches Navigieren der autonomen Steuerung, die ggfs. noch auf Vorarbeiten aus Peenemünde stammte, es zu einem ungewollten Absturz auf fremden Territorium kam.

Oder man gab den Russen von Seiten der Amerikaner entsprechende Navigationsunterlagen, damit man in den Staaten auch sicher sein konnte, dass die russischen Spionageflüge die vorgeschriebenen, vereinbarten Flugrouten korrekt einhielten.

Woran sich die Sowjets, heute Russland nicht unbedingt hielten. Um dann zu erfahren, was sich die Russen illegal noch alles an Spionagewissen aus der Luft aneigneten, brauchte man „Luftraumspäher". Dafür spannte, und spannt man immer noch, die unwissende Bevölkerung ein, die aufgeregt ein „UFO" meldete. Handlanger des Militärs und der Geheimdienste, die für bestimmte „UFO"-Gruppen arbeiteten, meldeten dann diese Sichtungen der Bürger an geheime Stellen zu Auswertung weiter.

Heute zehren TV „Dokumentationen" von diesen Berichten, wie die „MUFON" in die USA, eine „UFO"-Gruppe, die in „Hangar 1" tausende von solchen Meldungen von russischen Drohnen über die letzten 70 Jahre ansammeln ließ.

Wobei im Fernsehen den weltweiten Zuschauern durch die angelsächsischen TV-Produktionen in jedem zweiten Satz die „Außerirdischen-These" eingehämmert wird. Nach dem Motto: „Wir wiederholen eine Behauptung so lange, bis diese schlussendlich geglaubt wird." Aktuell macht man dies mit dem „Klimawandel" und der CO_2-Lüge.

Es könnte natürlich auch zu Abstürzen von unkonventionellen Aufklärungsdrohnen aufgrund bestimmter äußere Einflüsse, wie Störstrahlung von Sendern, oder gar absichtlichen Abschüssen gekommen sein.

Wenn dann gar außerhalb eines Militärgeländes, oder wenn die Russen sich in zivile, bewohnte Gebiete vorwagten, um andere Ziele auszuspähen, dann benötigte man für die Öffentlichkeit unbedingt eine plausible Erklärung.

„In a critical moment, the American military had its worst fears realized. The Russian army must have gotten its hands on German aerospace engineers more capable than Ernst Steinhoff and Wernher von Braun, engineers who must have developed this flying craft years before for the German air force, or Luftwaffe. **The Russians simply could not have developed this kind of advanced technology on their own.** Russia's stockpile of weapons and its body of scientists had been decimated during the war; the nation had lost more than twenty million people. Most Russian scientists still alive had spent the war in the Gulag. But the Russians, like the Americans, the British, and the French, had pillaged Hitler's best and brightest scientists as war booty, each country taking advantage of them to move forward in the new world. And now, in July of 1947, shockingly, the Soviet supreme leader had somehow managed **not only to penetrate U.S. airspace near**

the Alaskan border, but to fly <u>over several of the most sensitive military</u>
<u>installations in the western United States</u>."

Anmerkung:

Auch diese Aussage könnte stimmen, dass nämlich die russische Flugscheiben-Technologie
auf erbeutete deutsche Ergebnisse und flugfähige Maschinen aufbaute, die die Russen in
Peenemünde und anderswo nach Kriegsende vorfanden.

Die Amerikaner, insbesondere diejenigen, die die geheimen Vereinbarungen von
genehmigten Überflügen sowjetischer Drohnen über bestimmte U.S. und NATO
Einrichtungen *nicht* kannten, hatten Angst, sie könnten ausspioniert werden, da unter diesen
Orten der geheimen Aufklärung sich auch Bereiche der nuklearen Forschung, diverse Orte
zum Bau von Atombomben und verschiedene militärische Einrichtungen, wie nukleare
Raketenabschussrampen befanden.

"The fears were legitimate: fears that the Russians had hover-and fly
technology, that their flying craft could **outfox U.S. radar**, and that it
could deliver to America a devastating blow. The single most worrisome
question facing the Joint Chiefs of Staff at the time was: **What if atomic
energy propelled the Russian craft**? Or worse, what if it **dispersed
radioactive particles**, like a modern-day dirty bomb?"

Anmerkung:

Wenn die beiderseitig genehmigten Überflüge über dem Territorium des jeweilig anderen
(USA und UdSSR, heute Russland) eingehalten werden, dann dürfen die ‚Russen nur mit
ganz bestimmten Aufklärungsdrohnen, zumeist einem „klassischen UFO", einer veralteten
EM-Technologie, basierend auf die „Lorenzkraft", U.S. Gebiete überfliegen.

Die Angst bestand wohl darin, dass die Russen sich nicht an die Vereinbarungen hielten und
auch mit anderen, moderneren und zudem atomar angetriebenen EM-Flugscheiben in die
USA eindringen.

"For the military, the very fact that New Mexico's airspace had been
violated was shocking. **This region of the country was the single most
sensitive weapons-related domain in all of America**. The White Sands Missile
Range was home to the <u>nation's classified weapons-delivery systems</u>. The
nuclear laboratory up the road, the Los Alamos Laboratory, was where
scientists had developed the atomic bomb and where they were now working on
nuclear packages with a thousand times the yield. Outside Albuquerque, at a
production facility called **Sandia Base**, assembly-line workers were forging
Los Alamos nuclear packages into smaller and smaller bombs. Forty-five
miles to the southwest, at the Roswell Army Air Field, **the 509th Bomb Wing
was the only wing of long-range bombers equipped to carry and drop nuclear
bombs**."

Anmerkung:

Alle diese Orte und Stätten amerikanischer nuklearer Forschung gehörten und gehören wohl
zu den Bereichen, die aus der Luft von Spezial-Aufklärungsdrohnen der Russen überflogen
und fotografiert werden dürfen.

Denn es muss nach dem Abbruch von „Operation Unthinkable", einem geplanten Totalen
Atomkrieg beginnend ab Sommer 1945, bei dem die ganze Welt untergegangen wäre, die

Angst umgegangen sein, dass Hartliner in Ost, wie West jederzeit erneut versuchen könnten, einen globalen Nuklearkrieg mit verheerenden Folgen vom Zaune zu brechen.

Diese Gefahr besteht heute und darüber hinaus immer noch, nämlich dass genügend Atomraketen in Ost und West, sogar zusätzlich noch in Fernost, vorhanden sind, ja neue Raketen und Marschflugkörper hinzukommen, die jederzeit zu einem Ende der Menschheit auf Erden führen kann.

Deshalb wollte man sich gegenseitig kontrollieren und im Notfall sogar die Atomraketen noch vor dem Start aus den Silos heraus unschädlich, funktionsuntüchtig machen, sodass ein Atomkrieg – vorerst – nicht wahrscheinlich werden würde.

`"Wendel said he knew of `**`radio-control experiments`**` being conducted by Siemens and Halske at their electrical factory in Berlin.`

`A former Messerschmitt test pilot named Fritz Wendel offered up some firsthand testimony that seemed real. The Horten brothers had indeed been working on a flying saucer-like craft in `**`Heiligenbeil, East Prussia`**`, right after the war, Wendel said. The airplane was ten meters long and shaped like a half-moon. It had no tail. The prototype was designed to be flown by one man lying down flat on his stomach."`

Anmerkung:

Hier beschreibt Fitz Wendel den, schon das vom Autor besprochene Nurflügel-Projekt, das entweder die Horten Brüder oder Gotha als Kleinstjäger für das Jägernotprogramm entwickeln sollte.

In Heiligenbeil, Ostpreußen, heute Mamonovo, Bezirk Kaliningrad, Russland, gab es einen Fliegerhorst, der 49 km südwestlich von Königsberg lag.

Dort auf dem Platz war südlich gelegen ein großes Fabrikgelände mit über 100 Gebäuden des „Industriewerks", einem Reparaturwerk der Luftwaffe. Ob dort auch ein Sonderkommando ausgelagert wurde, um an bestimmten Prototypen und Projekten zu arbeiten, wäre denkbar.

Im Jahre 1937 wurde das Industriewerk Heiligenbeil mit über 500 Mitarbeitern auf dem Flugplatzgelände angesiedelt. Dieses Werk war ein Tochterunternehmen der Schichau-Werke in Elbing, die u.a. U-Boote für die Kriegsmarine herstellte. In Heiligenbeil wurden Flugmotoren und Flugzeugzellen repariert und wieder flugtüchtig gemacht.

Die Infrastruktur hätte es hergegeben, dass dort ein Geheimkommando an einem unbekannten Flugzeugprototyp arbeiten hätte können. Ob dies tatsächlich der Fall war, ist unklar, aber kleine Grasflugplätze in der Nähe von Heiligenbeil beherbergten Schul-Segelflugzeuge für eine Vorschul-Pilotenausbildung. Ob dort auch ein Horten Nurflügel-Segelflugzeug stationiert war, wie eine Ho III oder ein anderer, einsitziger Gleiter, der zur Schulung und Erprobung genutzt wurde, ist möglich.

…

Das Besondere an diesem, bis heute geheim gehaltenen einsitzigen Nurflügler von ggfs 4m Spannweite wird entweder der Antrieb oder eine einfache Absaugeanlage (Grenzschichtabsaugung) gewesen sein. Beides Luftfahrttechniken, die heute immer noch einer militärischen Geheimhaltung unterliegen, sodass dieser Nurflügler weiterhin geheim bleiben wird und nur als „UFO" in der Propaganda, als außerirdisches Raumschiff auftaucht.

„The first real lead in the hunt came from **Dr. Adolf Smekal** of Frankfurt, who provided CIC with a list of possible informants' names."

Anmerkung:

Dr. Smekal hielt sich in Nieder-Roden bei Offenbach/Darmstadt nach dem Krieg auf, nachdem Smekal im Zuge einer U.S. amerikanischen Aktion zur Evakuierung von Wissenschaftlern aus der späteren SBZ, der sowjetisch besetzten Zone in die Westsektoren verbracht wurde.

Die Absicht der Amerikaner war wohl, so viele Wissenschaftler und Techniker den Russen zu entziehen, wie möglich.

Bei Nieder-Roden, Rodgau, Landkreis Dieburg in Hessen befand sich schon vor dem Krieg, ab April 1938 das „Strafgefangenenlager Rollwald".

Nach dem Krieg, zwischen 1945 und 1950 wurden in dem Lager bei Offenbach zeitweilig ehemalige Häftlinge aus Osteuropa untergebracht.

Die amerikanische Militärregierung besetzte das Lager ab 26. März 1945, entließ alle bis dato von den Nazis inhaftierten Strafgefangenen und nutze die Baracken zur Lagerung von Karteikarten, die die Namen aller deutscher, in Westalliierte Kriegsgefangenschaft geratenen Soldaten enthielten.

In dem Lager im Rollwald, das auch in kurzer Reichweite zu Darmstadt oder Frankfurt Rhein-Main lag, sind wohl auch die, aus der zukünftigen Ostzone herausgeholten Wissenschaftler von den Amerikanern zwischenzeitlich untergebracht worden.

Adolf Gustav Stephan Smekal, geb.: 12. September 1895 in Wien, gest.: 7. März 1959 in Graz, war ein österreichischer Physiker. Er studierte in Wien und Graz Physik und Chemie. Smekal beschäftige sich unter anderem mit Festkörperphysik.

Seit 1933 war Smekal Mitglied in der SS und war 1937 in die NSDAP eingetreten. Durch den „Abderhalden-Transport", genannt nach einem Wissenschaftler, der die Evakuierung von wichtigen Personen aus dem sowjetisch Einflussbereich organisierte, kam auch Dr. Smekal im Juni 1945 in die Nähe von Darmstadt in das Lager Rollwald.

Im Jahre 1923 veröffentlichte er seine Arbeit „Zur Quantentheorie der Dispersion", die im Zusammenhang mit Lichtquanten, spektralen Streulinien, Diffusion des Lichts, auch in Flüssigkeiten standen. Smekal befasste sich mit Kristalleigenschaften und ab 1936 war er Vorsitzender im VDI der Deutschen Glastechnischen Gesellschaft. Nach 1950 beschäftigte sich Smekla mit der Pulvermetallurgie in Verbindung mit den Metall verarbeitenden „Planseewerken" in Reutte, Tirol.

Dr. Smekal war im Reichsforschungsrat tätig. Ab 1938 war er für die Rüstung tätig und übernahm bestimme Aufträge, die mit seiner Tätigkeit im Zusammenhang mit Kristallforschungen standen.

Smekal war beratend bei der Herstellung von Plexiglas tätig und beriet die Firmen Krupp-Widia in Essen, sowie Glas- und Zementhersteller. Im Reichsforschungsrat leitete Dr. Smekal den Forschungskreis „Zerkleinerungsphysik".

Ob der Hinweis mit Metall verarbeitenden „Panseewerk" in Reutte und gewisse Festigkeits-, Duktilitäts-Eigenschaften, wie Oberflächenmodifikationen, Nitrieren, auch elektrostatische Zusatzeigenschaften bei bestimmten Metall-Legierungen mit speziellen kristallinen Strukturen für den Flugzeugbau in Verbindung mit Dr. Smekals Forschungen steht, wäre denkbar.

Siehe hier auch Friedrich Junghans in Schramberg (Metall „Impervium")und die Wieland-Werke in Ulm, die Metalle verarbeiteten.

Dr. Smekal war in der Forschung tätig. So heißt es über ihn in einem Schreiben von Prof. Lachner betreffend Prof. Richter, der über bestimmte Flugkörper, sowie die deutsche Atombombe berichtete:

„Als Richter noch in Wien war, haben wir Vorlesungen bei **Prof Smekal** besucht.

Smekal hat Kernreaktionen an die Tafel geschrieben für Atombomben und **Atommeiler**, auch lange vor dem Zweiten Weltkrieg über die Tritium-Lithium Atombombe, die erst jetzt in den USA realisiert, wie ich erfahren habe. **Wien war weit voraus**, wenigstens in der Theorie. Da man damals den Betrag der kritischen Masse nicht genau wusste, fand ich durch einen Konstruktionstrick einen Ausweg, der aber bald nicht mehr nötig war."

Außerdem hatte Smekal einen bedeutenden Beitrag in der Werkstoffphysik des 20. Jahrhunderts geleistet.

In welchem Zusammenhang steht die Erwähnung:

„The first real lead in the hunt came from **Dr. Adolf Smekal** of Frankfurt, who provided CIC with a list of possible informants' names."

„Der erste echte Hinweis bei der Jagd (nach den Horten-Brüdern und deren angeblicher Flugscheibe) kam von Dr. Adolf Smekal, Frankfurt, der den CIC (U.S. Geheimdienst) mit einer Liste möglicher Informanten versorgte."

Als eine Bedeutung wäre, dass Dr. Smekal auf Seiten der Werkstoffproduktion für bestimmte elektrostatische und elektromagnetische Flugkörper von Personen, Wissenschaftlern und Ingenieuren, auch aus Peenemünde Kenntnis hatte, die ggfs. den Russen halfen, neue, unkonventionelle Flugkörper mit unkonventionellen EM-Antrieben zu bauen und diese Namen dem amerikanischen Geheimdienst weitergab?

In dem Buch o.g. U.S. Autorin, die für die Propaganda schreibt und sich als williges Werkzeug amerikanischer Machenschaften hergibt, um damit auch noch Geld zu verdienen, scheint die tatsächlichen – genehmigten – Überflüge von sowjetischen Drohnen über U.S. Territorium mit der Legende von geheimen, phantastischen deutschen Nurflügelflugzeugen, die die Russen dafür verwendet haben sollen, um in die USA einzudringen, zu vermengen, um von den wahren Begebenheiten abzulenken.

Eines der Hauptaufgaben der Propaganda, Manipulation und Desinformation: die Ablenkung betreffend wirklicher Ereignisse, um hinter erfundenen Geschichten die wahren Absichten zu verschleiern!

…

Ob es eine Querverbindung der Horten-Brüder und deren Nurflügelsegler in Dietingen zu dem riesigen Truppenübungsplatz auf der Schwäbischen Alb gibt, ist unklar. Der Übungsplatz wurde 1895 gegründet und stetig erweitert. Im Jahre 1937 musste das Dörfchen Gruorn umgesiedelt und 1939 endgültig geschlossen werden. Die Häuser wurden für die Nahkampfausbildung und für Schießübungen, auch von Tieffliegern aus der Luft genutzt.

Nach dem Krieg besetzen die Franzosen das tausende Hektar große Übungsgelände auf der Schwäbischen Alp und verließen das Gelände erst 1992. Danach kam die Bundeswehr mit Panzern und verließ das 6.500 Hektar große Gelände mit dem letzten Schuss nach 110 Jahren Truppenübungsplatz Münsingen im Jahre 2005.

Auf dem ehemaligen Übungsplatz sollen gemäß Schätzungen heute noch an die 560.000 Geschosse mit Zünder und 3,9 Millionen ohne Zünder in der Erde herum liegen. Darunter Gewehrpatronen bis hin zu 50 Kilogramm schwerer 155mm Artilleriegeschosse.

Deshalb das strenge Wegegebot, wo man spazieren gehen kann und wo es zu gefährlich ist. Heute ist das fast naturbelassene Areal ein Naturschutzgebiet und Biosphärenreservat.

Auf der Schwäbischen Alb findet man auf einem Hochplateau auch den Großen Heuberg im Zollernalbkreis:

Der Truppenübungsplatz und das Lager Heuberg bei Stetten am Kalten Markt zeigt seit der Gründung im wilhelminischen Kaiserreich stets die militärische Entwicklung in diesem Abschnitt in Baden Württemberg:

Badische Einheiten, Erster Weltkrieg, SA-Ausbildungsstätte, Konzentrationslager, Wehrmacht, RAD, Strafdivisionen, SS-Einheiten, französische Besatzerarmee, Bundeswehr, U.S. Atomwaffen, Feldjäger und heute Kampfmitteltäumdienst.

Auf dem Heuberg stürzte am 1.März 1945 der Versuchspilot Lothar Sieber mit einer Bachem „Natter" tödlich ab.

Seit Kriegsende waren mehrere franz. Truppen im Lager Heuberg stationiert und auch deutsche Bundeswehr Panzergrenadiereinheiten waren immer wieder zu Gast bei den Franzosen.

So sollen Anfang der 1960er Jahre nördlich des Lagers Heuberg hinter hohen Zäunen atomare Gefechtsköpfe gelagert gewesen sein, die man auf, den Franzosen unterstehenden Flugabwehrraketen „Nike-Hercules" montiert hätte, um russische Atombomber, die im Kalten Krieg in den Westen eingedrungen wären, zu bekämpfen.

…

Die U.S amerikanischen Beuteflugzeuge der Me 262 HG, sind diese mit den normalen Schiffstransporten mit anderem deutschem Kriegsgerät, wie Do 335, Me 108, Ar 234, Ho 229 usw. auf ein und demselben Schiff in die USA verschifft worden, oder separat?

Gab es zwei unterschiedliche Auswertungstrupps der Amerikaner.

Ein Kommando für das „normale" Beutegut und ein hoch geheimes Unternehmen, wo Luftwaffengerät, das für die Amerikaner für WK III bestimmt war, heimlich abtransportiert wurde und von dem man wusste, dass dieses Beutegut für immer geheim gehalten werden sollte?

Denn neben dem Neubau-Leitwerk auf dem Schrottplatz auf einer amerikanischen Militärbasis ist ja noch ein Fi-103 Rumpf zu erkennen, der wohl aus Neu-Tramm stammte.

Dort in Neu-Tramm im Wendland könnten auch V-1, Fi-103 mit einem neuartigen Sprengkopf für „Supersprengstoff", sprich nuklearen Sprengmaterial gelagert gewesen sein, die die Amerikaner bei Kriegsende sichergestellt hatten.

Die zwei Neubauleitwerke, wobei das „normale" Seitenleitwerk ggfs. zu einer HG II Version und das vergrößerte Leitwerk zu einer HG III Variante gehört haben könnte, sind wohl ohne Kenntnis der wahren Bedeutung abgelichtet worden und später, Anfang des 21. Jahrhunderts auf eine Website über Fi 103 „Survivors" gelangt.

Wer weiß also heute noch von HG-Pfeilflüglern und ob diese Maschinen in „Bergkristall" heimlich für die Alliierten gefertigt wurden? Oder wer will dies heute noch wissen, da niemand zugeben möchte, dass das Dritte Reich von den Angelsachsen gesteuert wurde und Dr. Hans Kammler ein ausführender Agent der Engländer und Amerikaner war?

Denn niemand will die komplette, offizielle Geschichte des Zweiten Weltkrieges umschreiben oder unsere amerikanischen Freunde unnötig kompromittieren!

Anmerkung:

In der oben erwähnten Sendung des zweiten öffentlich-rechtlichen Fernsehens wurde über St. Georgen/Gusen und die dortigen Anlagen aus dem Zweiten Weltkrieg berichtet.

Interessanterweise wurde informiert, dass man die Geschichte um „Bergkristall/Gusen" neu schreiben müsste, da vieles bis jetzt unbekannt sei.

In der ZDF-Sendung wurde auch ein Foto gezeigt, das neben Kammler auch den österreichischen Architekten Dipl.-Ing. Karl Fiebinger zeigt, der mitverantwortlich für die Konstruktion von „Bergkristall" war.

Dieser wichtige Mann starb erst 2014 in Wien, Österreich.

Ingenieur Fiebinger hätte bestimmt einige konstruktive Aussagen über die Gegend bei St. Georgen/Gusen vornehmen können.

Hatte man Karl Fiebinger befragt?

Möglicherweise!

Wenn ja, sind seine Aussagen bis heute zurückgehalten worden.

Wenn dem so ist, dann sind die Aussagen bezüglich der neu vorzunehmenden Forschungen in Nieder-Österreich heuchlerisch, denn neben Dipl.-Ing. Fiebinger müssten hunderte, ja tausende Ingenieure, Architekten, Bauzeichner, Baufirmen und deren Verantwortlichen über dieses gigantische Bauprojekt auch lange nach dem Krieg Bescheid gewusst haben.

Es scheint hier eine Strategie in den Medien vorgenommen zu werden, um „scheibchenweise" einige Informationen zu lancieren, um möglicherweise die Neugier und den Forscherdrang Einzelner zu befriedigen, ohne aber all zu viel über die Wahrheit selbst preisgeben zu müssen.

Deshalb „weiß man heute von nichts", „wundert sich" und ist „erstaunt" über gewisse Begebenheiten, die damals in diesem Gebiet abgelaufen sind.

Das alte Spiel: „Wir stellen uns erst einmal dumm".

Wie auch immer.

Wie der Autor dieses Buches in seinen Publikationen schon des Öfteren erwähnt hatte, sieht es danach aus, das „Bergkristall" eine von mindestens drei gigantischen Festungsanlagen auf dem Boden des damaligen Dritten Reichs war, die für einen Totalen Nuklearen Dritten Weltkrieg von der SS und General der Waffen-SS, Dr. Hans Kammler errichtet worden waren.

Dafür sprechen einige weitere Indizien, die auch in einer Sendung des deutschen Fernsehens vom September 2019 angesprochen wurden:

Alliierte Luftaufklärer machten über Wochen Aufnahmen über Aktivitäten, wie von überlangen Güterzügen in der Gegend von Gusen/St. Georgen in der Ostmark, wo 500 und mehr Meter lange Transportzüge der Reichsbahn auf einem extra angelegten Nebengleis im Freien standen und entladen wurden. Wobei die Güter und Ausrüstung anscheinend in unterirdische Stolleneinmündungen und Gängen verschwanden, um dort weiter unterirdisch verteilt zu werden.

Denn neueste Forschungen (wen sollte es überraschen) zeigen auf, dass das weitläufige, ausgedehnte unterirdische Stollennetz wohl bis zu 30, 40 oder gar 50 Kilometer lang war, mit unzähligen Nebenstollen.

Genauso, wie im Eulengebirge und im Jonastal.

Das zeigten auch alliierte Luftbildaufnahmen, wo man eine enorme Abraumhalte, die mehr als 100 m lang und bis zu dreißig Meter dick ist, sehen konnte.

Dies deutet auf einen riesigen Abraum hin, den man aus dem Boden gekratzt hatte. Ob alleine mit „Man-Power", mit Häftlingen und KZ-Insassen oder auch schon mit modernen Baumaschinen, ist unklar.

Die Abraumhalte musste von einer Feldbahn angefahren worden sein und ggfs. wurde der Abraum gleich auf mehrere Förderbänder gekippt, die den riesigen Schuttberg aufgehäuft hatten.

Eine Großbaustelle mit sicherlich unzähligen Häftlingen, die den hohen Abraum-Berg zusätzlich beackern mussten.

Alles läuft ungestört vor Tieffliegerangriffen, auch das Entladen von überlangen Güterzügen. Nur feindliche Aufklärer überfliegen den Bereich regelmäßig und machen ungestört Luftbildaufnahmen.

Unsere Alliierten Freunde schienen zugeschaut zu haben! Könnte doch alles, was in St. Georgen in Österreich unternommen wurde, für die angelsächsischen Kriegstreiber und deren Dritten Weltkrieg vorgesehen gewesen sein.

Was passierte aber mit der riesigen Abraumhalde nach dem Krieg?

Ist sie heute noch vorhanden oder hatte man sie nach Kriegsende still, heimlich und leise abgetragen und den Schutt auf andere Deponien verteilt?

Wie viele andere unterirdische, Atombomben sichere Festungsanlagen gibt es noch, und an welchen Orten in der Welt?

In den ehemaligen deutschen Sperrgebieten in Lateinamerika, am Nord- und Südpol, in den USA und Russland, in Japan, Nord-Korea, China, überall dort, wo man im Krieg heimliche Bautätigkeiten ausführen konnte, die man rigoros geheim halten vermöchte?

Gibt es auch in der Schweiz Atombomben geschützte Bunkeranlagen im riesigen Alpenmassiv, wo sich z.B. die Elite und Privilegierte aus der Schweiz in einem Totalen Dritten Weltkrieg zurückziehen konnten und immer noch können?

Schon damals, während des Zweiten Weltkrieges angelegt, da bestimmte Kreise (siehe Informationen, wie „Die Weltwoche", Nr. 32/2011: „Scherrers Geheimnis", über den Schweizer Atomwissenschaftler Paul Scherrer) Kontakt zu amerikanischen Stellen, wie dem OSS oder Leslie Groves vom Manhattan Project hatten und man der - ausgewählten- Schweizer Bevölkerung versprach, sie könnten einen Dritten Nuklearen Weltkrieg geschützt in extra angelegten Schutzräumen in den Alpen überleben?

Wenn es überall auf unserer Welt ähnliche Festungsanlagen gibt, wie die drei erwähnten, die im Dritten Reich geplant und unter unmenschlichen Bedingungen gebaut wurden, dann ist dies Anlass zur Sorge.

Denn zumindest damals, vor mehr als 70 Jahren muss es im Hintergrund ernsthafte Überlegungen gegeben haben, wie man die nichts ahnende weltweite Bevölkerung in einem inszenierten Weltkrieg mit Hilfe nuklearer Waffen vernichten hätte können. Denn für nichts anderes machen diese Festungen, diese Abschussrampen für Nuklearraketen einen Sinn!

Diese - heimlichen - Planungen setzte sich zumindest bis zum Ende des Kalten Krieges fort und auch heute noch gibt es genügend Atomraketen, um die Welt mehr als einmal zu zerstören.

Das Grundprinzip der unterirdischen, schwer verbunkerten Festungsanlagen auf ehemaligem deutschem Boden war wohl bei allen drei Anlagen in Schlesien, in Thüringen und in Nieder-Österreich das gleiche.

Nämlich eine Produktionsstätte von Raketen als Trägersysteme für nukleare Sprengköpfe, die alle in den unterirdischen Anlagen autark von der Außenwelt produziert wurden, um sie direkt vor Ort auf den Feind aus unterirdisch angelegten Raketensilos abzuschießen.

Also müsste es auch in Niederösterreich irgendwo Raketensilos in der Erde geben, wo Raketen, die ein Zeitzeuge in der Anlage B-8 gesehen haben will, abgefeuert werden konnten.

Für die Ausstattung einer autarken, auch und gerade in einem Atomkrieg immer noch funktionierenden Festungslahnlage, die sich mit Atomstrom von einem Atommeiler selbst versorgen konnte, dafür wurden wohl die vielen Waggonladungen benötigt, zumeist Güter-, Kastenwagen beladen mit Geheimmaterial, Ausrüstung usw., das anscheinend aus dem ganzen Reich, von Firmen, Lagern, Militäreinrichtungen, Forschungs- und Produktionsstätten hier her, nach Nieder-Österreich zu der weitläufigen Festungsanlage „B-8" verfrachtet wurde.

Um eine gigantische unterirdische Produktionsstätte zu erschaffen, die bombensicher im Dritten Weltkrieg feindliche Stellungen, teilweise tief im Inneren der Sowjetunion angreifen hätte können.

Ein Augenzeuge in der Sendung berichtet ja darüber, dass die SS-Verantwortlichen in B-8 wussten, dass dort unten an Atomforschung gearbeitet und später alles dafür umgestellt werden sollte.

Der Augenzeuge sah auch zumindest Raketenkörper, evtl. A-4 und ggfs auch V-1, die neben dem Strahljäger Me 262 dort unten gefertigt oder endmontiert wurden.

Wie bereits vom Autor in seinen Büchern berichtet, hatte man auch in St. Georgen vor, die beteiligten Zwangsarbeiter und Kriegsgefangenen nach Beendigung ihrer (Bau-) Aufgaben als lästige Mitwisser ein für allemal zu beseitigen.

So heißt es in dem Buch von Klaus-Peter Rothkugel „*Was die Geschichte verschweigt*" über unterirdisch angelegte Konzentrationslager im Harz/Kohnstein, wo Raketen und den dazu gehörigen Atomsprengköpfen auf „Langsamen Spitzen" produziert wurden:

"P/X heard from a guard at the Buchenwald Kl, . . .

Dass an die 9.000 Gefangene in einer Untergrund-Fabrik bei Bad Langensalza an V-2 Raketen arbeiten, die sich **500 m unterirdisch** befindet . . ."

Weiter heißt es im obigen Buch des Autors:

„Welche Produktion könnten die 9.000 Arbeiter noch durchgeführt haben? Könnten die Zwangsarbeiter eventuell die Spitze der V-2 in Einzelkomponenten vorgefertigt haben, dazu zylinderförmige Wiedereintrittskörper, die auf die Spitze einer neuen A-4 Rakete gesetzt werden konnten, damit ein – nuklearer – Sprengkopf schon in großer Höhe in der Atmosphäre auf ein Ziel separat abgeworfen und gezündet werden konnte?

Wurde also gleichzeitig in, oder bei Nordhausen **dezentralisiert** und unabhängig voneinander die **Waffe/Sprengkopf** (Uranbombe) entwickelt und gebaut, die auf einer Mittel-/Langstrecke-A4/A8 montiert, in

einem „Dritte Weltkrieg Szenario", z.B. russische Ziele
(Truppenansammlungen, Kasernen, Flugplätze usw.) in Mittel-,
Ostdeutschland vernichten sollten?"

Auch in Bergkristall wurde wahrscheinlich nach demselben Prinzip gearbeitet:

KZ-Häftlinge mussten die Trägerraketen herstellen, auf denen die jeweiligen Sprengköpfe,
die wiederum andere Häftlingen in einem anderen Abschnitt des weitläufigen Stollensystems
produzierten, montiert wurden.

Die Endmontage, Komplettierung Sprengkopf mit Rakete wird wiederum in einem separaten
Abschnitt der riesigen Untergrundanlage vorgenommen worden sein.

Dies geschieht alles aus Sicherheitsgründen. Denn, wenn einer der jeweiligen
Produktionsanlagen aus irgendwelchen Gründen getroffen sein sollten und ausfällt, sind die
jeweiligen anderen Produktionszweige davon unberührt und können weiter arbeiten.

Ein anderes Beispiel, entnommen aus dem Buch „

Erlebnisbericht: „*The 3rd Armored Division History Foundation*", Robert T. Gravlin,,
Co. B, 23rd Armored Engineer Bn., „*Liberation of Nordhausen*":

„Die unterirdische Fabrik hieß "Dora". In den Anlagen
experimentierte man mit einer „V-3 Rakete" dessen Entwicklung noch
nicht abgeschlossen war.

Die V-3 war eine Art Flugabwehrwaffe.

Wir fanden ebenfalls heraus, dass alle politischen Häftlinge, die an
der V-3 arbeiteten **von Zeit zu Zeit liquidiert wurden**, sodass sie
keine Geheimnisse verraten konnten."

Unklar ist, was man mit der V-3 Rakete meinte.

Entweder ein Geschoß oder gar die Atomgranate, die der Autor in einer seiner Publikationen
besprochen hatte.

Hier, wie wohl auch in allen unterirdischen Fabrikationsstätten im Reich und den besetzten
Geibieten, die von Gen. Kammler und der SS kontrolliert wurden, wurden Mitwisser, die
militärische Geheimnisse kannten, an hoch geheimen Waffenentwicklungen und deren
Fertigung arbeiten, beseitigt, damit gewisse Information nicht an den Feind durchsickern
konnten.

Auch wurden diese Häftlinge nicht mehr in andere KLs verlegt, sondern verließen die Stätten
ihrer Zwangsarbeit nie mehr.

Warum gegen Kriegsende, wo jeder wusste, dass der Krieg für Nazi-Deutschland verloren
war, man noch ein so großes Geheimnis um bestimmte militärische Dinge machte kann man
nur verstehen, wenn klar wird, dass das Kriegsende im Mai 1945 nur das Ende des Zweiten
Weltkrieges markierte.

Für einen Dritten Nuklearen Weltkrieg waren die Untergrundanlagen gebaut und alles was dort unten entworfen und gefertigt wurde, um:

"To Subdue the Sovjets", um die Russen zu bezwingen! Wie einer der Hauptverantwortlichen des Manhattans Projects, Gen. Leslie Groves verächtlich äußerte.

Diese damalige Geheimhaltung spielt bis heute der Desinformation und Propaganda in die Hände, die wunderbar die geheimen Aktivitäten, die man im Dritten Reich für die eigentlichen und zukünftigen Kriegsherren unter großen Anstrengungen unternahm, als Verschwörung und als unmöglich abtut!

Gegebenenfalls waren manche sensible, kriegswichtige Abschnitte in der enormen Untergrundanlage sogar redundant, sodass bei einem Ausfall einer Produktionsstätte eine Ersatzproduktion in einem anderen Abschnitt einspringen konnte.

Alle drei erwähnten großen Festungsanlagen in Schlesien, Thüringen und in Nieder-Österreich werden alle nach demselben Grundprinzip unterirdisch aufgebaut gewesen und nur den topo- und geographischen Gegebenheiten der jeweiligen Gelände angepasst worden sein.

Alle diese drei Anlagen waren also „redundant" und wenn eine Anlage ausgefallen war, weil beispielsweise vom Feind, den Russen überrannt worden wäre, hätten die anderen Untergrundfestungen munter weiter produzieren und Atomraketen gen Sowjetunion abfeuern können.

Solche unterirdischen Abschussrampen bei gleichzeitiger Neuproduktion von Trägerraketen und Atomsprengköpfen wird es auch heute noch in geheim gehaltenen Orten in der Welt, in Ost, wie West geben!

Siehe das Jamantau Gebirge hinter dem Ural und ggfs. eine U-Anlage bei Jerusalem oder Tel Aviv in Israel.

Alles also heute immer noch militärisch geheim, sodass die ehemaligen deutschen Anlagen, die für WK III vorgesehen waren, auch weiterhin der Zensur und der militärischen Geheimhaltung für lange Zeit unterliegen werden.

Es wird spannend bleiben, ob die heutige, manipulierte deutsche Geschichtsforschung in den nächsten Jahren tatsächlich in der Lage ist, die ganze Wahrheit aufzudecken oder man wieder nur das bewährte Spiel inszeniert: „Gebe einen kleinen Teil der Wahrheit zu, dann kannst den großen Rest weiterhin für alle Zeiten dahinter verstecken!"

Übrigens:

Im Umfeld der Recherche des Autors bezüglich einer Fernseh-Dokumentation über Gusen, hier folgendes Schreiben an den Autor dieses Buches:

„Sehr geehrter Herr Rothkugel,

Danke für die Nachricht . . .

Ist Ihnen schon einmal die **Me-609** untergekommen. **In St. Georgen wird bis Kriegsende an diesem Bomber gebaut und an einem Bombenabwurfschacht gebastelt** sowie an einen **Zeitzündermechanismus für die Zündung in der Luft.**

Offiziell wurde dieser Typ nie gebaut, doch es wird bis zur **Befreiung** daran gearbeitet.

Diverse Originalakten dazu liegen vor . . .ʺ

Anmerkung:

Was ist von dieser „Information" zu halten?

Hier als Beispiel ein Eintrag bei „Wikipedia" bezüglich der Me 609:

„Die Messerschmitt Me 609 war ein Entwurf eines deutschen Schnellbombers bzw. Zerstörers gegen Ende des Zweiten Weltkrieges.

Analog zur Messerschmitt Bf 109 Z-Reihe sollten bei der Me 609 zwei Rümpfe der Messerschmitt Me 309 zusammengebaut werden.

…

Da die Entwicklung der Me 309 **bereits nach 4 Prototypen eingestellt** wurde, ist dieses Projekt nicht über die Entwurfsphase hinaus gekommen."

Zur Messerschmitt Me 309 heißt es bei Wikipedia:

„Die Messerschmitt Me 309 war ein Jagdeinsitzer der Messerschmitt AG aus der Zeit des Zweiten Weltkriegs. **Nach vier Prototypen** wurde das Projekt unter anderem aufgrund **nicht zufrieden stellender Flugleistungen eingestellt.**

…

Eine Spezialausführung der Me 309 sollte **unter** der rechten Tragfläche eine SC-1000 Bombe und unter der linken Tragfläche einen 260-l Behälter tragen. Es erscheint mehr als fraglich, ob sich diese asymmetrische Anordnung in der Praxis hätte durchführen lassen.

…

Da die Maschine noch viele Kinderkrankheiten hatte, **die Leistung nicht befriedigte** und die von der Konkurrenz bereits projektierte FW 190 D eine bessere Leistung versprach, wurde das Projekt am 26. Januar 1943 nach dem Bau der vier Prototypen V1 bis V4 durch das RLM eingestellt und für den Export freigegeben. Der japanische Militärattache in Berlin Osamu Otani interessierte sich für die Maschine, **ohne dass ihm jedoch die Probleme und Testergebnisse bekannt waren.** Die Verschiffung der V3 nach Japan kam allerdings nicht zu Stande, da sie bei einem Bombenangriff zerstört wurde. Auch mit einem weniger radikalen Versuch zur Weiterentwicklung der Bf 109 in Form der Me 209 **scheiterte** Messerschmitt 1944."

Anmerkung:

Aber in „Bergkristall" holt man diesen gescheiterten Entwürfe wieder hervor und verzettelt sich in den letzten Kriegmonaten mit der Weiterentwicklung der Me 609 und einem

„Bombenabwurfschacht" - was immer dies bei einem weiterentwickeltem Me 109 Jagdbomber auch sein soll, der die Bomben normalerweise an ETC-Trägern unter den Tragflächen mit sich führt - und einem „Zeitzündermechanismus für die Zündung in der Luft".

SS-Genral Kammler sollte für die West-Alliierten funktionierende Strahlflugzeuge neuester Generation bauen und keine veralteten Kolbenmotorjäger, dazu auch noch eine kaum luftkampftaugliche Zwillingsversion mit „Bombenschacht".

Die diversen „Originalakten" über diese Me 609 würde der Autor gerne einsehen, wenn es sie denn gibt.

Auch in dem hier erwähnten Kriegstagebuch - Technische Luftrüstung der letzten Kriegsmonate ist die Messerschmitt Me 609 Z mit keinem Wort erwähnt!

Dieser Hinweis einer Person, die im Umfeld der Produktion der Fernseh-Dokumentation anzusiedeln ist, hält der Autor als, für schlicht und ergreifend Unsinn!

Ein versprochenes Gespräch und die Zusendung des Fotos eines Neubau-Rumpfes der Me 262, wie in der Sendung ausgestrahlt, kam natürlich nie zustande.

Interessant ist, dass diese Person von den Büchern des Autors zumindest wusste, wenn er sie auch nicht gelesen hat.

Es wird sich in den Medienkreisen, in der L-Presse herumgesprochen haben, dass gewisse Geheimnisse aus dem Zweiten Weltkrieg erneut zur Sprache kommen.

Das schlechte Gewissen, für dunkle Mächte tätig zu sein, an allem, nur nicht an der Wahrheit interessiert zu sein, wird an manchem dieser Erfüllungsgehilfen der Propaganda, Manipulation und Desinformation nagen. Wie schon erwähnt, soll die zukünftige Geschichtsschreibung über solche Leute richten!

Interessant ist auch, dass die L-Presse Dokumente, Informationen und Begebenheiten als Grundlage heranzieht, wie hier aus dem Zweiten Weltkrieg, die von einem Zensor zensiert, umgeschrieben oder massiv verfälscht wurden, diese als „echt" verkauft, um darauf ein weit verzweigtes Lügengespinst aufbauen zu können.

Dies gilt für viele inszenierte Ereignisse weltweit, wie aktuell, 2019 den „Brexit" in England.

So ist es, zumindest nach Meinung des Autors dieses Buches, unwahrscheinlich das SS Obergruppenführer Hans Kammler in U.S. Dokumenten auftaucht.

So heißt es auf einer Internet-Seite zu Hans Kammler des Zweiten Deutschen Fernsehens:

„Ein auf den **30. Mai 1945** datiertes Dokument des Geheimdienstes der US-Luftwaffe listet eine Reihe hochrangiger deutscher Kriegsgefangener auf, die zum Verhör zur Verfügung stehen:

neben Albert Speer und Hermann Göring auch Hans Kammler - drei Wochen nach dessen angeblichem Tod.

Im **November 1945** ordnete der Militär-Geheimdienstchef der U.S. Air Force (Europa) an, Kammler aufgrund seines Wissens über die wichtigsten bombensicheren unterirdischen Rüstungsanlagen zu vernehmen, **da Erkenntnisse darüber für künftige mit Raketen und Atombomben geführten Kriege von Bedeutung sein könnten** (Ausschnitt des Dokuments als Foto vorhanden).

Weitere Dokumente belegen die weitreichenden Zuständigkeiten des SS-Generals bei den Geheimprojekten: Raketen, Atomenergie und Düsenflugzeuge. Zudem kontrollierte er ein Netz wichtiger Rüstungsstandorte unter Tage und Forschungseinrichtungen."

Hier zur Betonung nochmals hervorgehoben:

„... Kammler aufgrund seines Wissens über die wichtigsten bombensicheren unterirdischen Rüstungsanlagen **zu vernehmen**, da Erkenntnisse darüber für künftige mit **Raketen und Atombomben** geführten Kriege von Bedeutung sein könnten . . ."

aus:

ZDF Presseportal, Pressemitteilungen

„ZDF-History" zeigt Belege: Hitlers Geheimwaffenchef Kammler hat den Krieg überlebt
14.08.2019, 15:00 Uhr - Reportagen/Dokumentationen.

Hinweis:

Nazi-Deutschland hatte doch gar keine nennenswerte Atomforschung, geschweige den Atombomben, die man auf Trägerraketen hätte montieren können. Es gab doch angeblich nur die V-2 und die wurde nie mit einem Atomsprengkopf versehen, zumindest offiziell nicht.

Wie hätte da Kammler Auskunft geben können? Von Atombomben hätte er doch gemäß offizieller Geschichtsschreibung gar nichts wissen können, da Nazi-Deutschland gemäß offizieller Darstellung in den Medien und der Geschichtsschreibung keine A-Bomben bauen konnte.

Natürlich hatte das Dritte Reich aufgrund angelsächsischen Bestrebens, das zukünftige Schlachtfeld Deutschland für den Dritten Weltkrieg hochzurüsten, die Möglichkeit erhalten, Atombomben in den drei großen unterirdischen U-Anlagen in Schlesien, Thüringen und Nieder-Österreich herzustellen und gleich die ebenfalls in den genannten U-Anlagen produzierten Raketen damit zu bestücken. Das war Kammlers Hauptaufgabe.

Im Gegenzug stellte Kammler und die SS denjenigen Amerikanern, die gemeinsam mit den Nazis gegen die Russen kämpfen wollten, deutsche Hochtechnologie zur freien Verfügung, um diese in einem Dritten Weltkrieg gegen die Sowjetunion einsetzen zu können.

Anmerkung:

SS-General Hans Kammler könnte auch für einige nicht Eingeweihte oder erst nach Kriegsende in Kenntnis gesetzte Nazis und Wehrmachtsangehörige, die als hochrangige Gefangene in speziellen alliierten Verhörlagern saßen, als Verräter gegolten haben, wenn herausgekommen wäre, dass er mit den West-Alliierten, den Angelsachsen kollaborierte und ihnen deutsche Geheimentwicklungen zukommen ließ.

So, wie auch die Nazi-Führungsriege dies taten, wie Göbbels, Himmler oder Göring, die von den Verstrickungen mit den Angelsachsen wussten.

Alle diese Personen hätten dann alle *nicht* im Interesse des deutschen Volkes gearbeitet und das ihnen anvertraute Volk an die West-Alliierten, die Angelsachsen, wie Engländer und Amerikaner schamlos verraten und verkauft!

Das Volk, es wird von den Herrschenden jeden Tag gnadenlos verführt und in die Pfanne gehauen, seit eh und je, bis zum heutigen Tag und darüber hinaus.

So, wie man es auch im aktuellen Berlin heute noch praktiziert.

Deshalb wird sich Göbbels und Familie umgebracht haben, wenn sie nicht eh hingerichtet wurden. Weil sie und alle anderen Eingeweihten, in einer Zeit nach dem Nationalsozialismus und der Gefahr, die Wahrheit über das getürkte Dritte Reich würde herauskommen, als Hochverräter gebrandmarkt würden und ggfs. um ihr Leben hätten fürchten müssen.

So wie heute Politiker aufgrund ihrer verfehlten Politik zurücktreten, weil sie Angst um sich selbst und ihre Familie haben.

Es bleibt vorerst unklar, ob sich Kammler als einer der Hauptagenten der Verschwörung um das Dritte Reich nach Kriegsende tatsächlich noch im besetzten Deutschland, wie in Kransberg bei Usingen oder in einem Lager für hochrangige Gefangene in Luxemburg, aufgehalten hatte.

Oder, ob man Kammler schnellstmöglich aus der Schusslinie entfernte, damit er nicht anfängt zu reden oder von anderen des Verrates beschuldigt wurde, da der versprochene nächste Krieg, Seite an Seite mit den Angelsachsen gegen die Russen zu kämpfen, nicht zustande kam.

Denn, wie allgemein bekannt, „Operation Unthinkable" und der Dritte Weltkrieg unter angelsächsischer Führung mit willigen deutschen Kräften kam ja nicht. Die Amerikaner und Briten haben Deutschland erst benutzt und dann ganz einfach fallen gelassen. So wie diese kriegstreibenden Länder dies heute noch praktizieren! Siehe aktuell die Kurden, die die Drecksarbeit machten und nun fallen gelassen werden. So sind sie, unsere angelsächsischen Freunde (wobei die Russen kein Deut besser sind)!

Die von Kammler gebauten Raketen und Atombomben für WK III ab Sommer 1945 gingen nun als Kriegsbeute in die USA. Ob die Vereinigten Staaten je vorhatten, mit Verrätern aus Deutschland einen Dritten Weltkrieg zu führen, müsste geklärt werden. Alles, was man bestimmten Nazis versprochen hatte, könnte nur eine Finte gewesen sein, sodass auch die Verräter nur verraten wurden!

Eines der vielen doppelten Spiele, die unsere amerikanischen Freunde bis heute weltweit praktizieren, um ihre Vormachtstellung in der Welt rücksichtslos weiter auszubauen.

Da hätten einige aus der Nazi-Riege, oder aus der Wehrmacht aus Wut und Verzweiflung über den Verrat der USA auspacken, reden, sich verplappert haben können!

Warum taten diese Mitwisser der amerikanischen Verschwörung dies nicht?

Wenn doch, werden auch diese Ereignisse bis heute vertuscht und streng geheim gehalten.

So muss man sich auch fragen, wie es in Nürnberg, beim Nürnberger Tribunal ab dem 20. November 1945, dem Kriegsverbrecherprozess der Alliierten gegen die Nazis wirklich zugegangen ist?

Vor der Kamera wird vieles inszeniert.

Wie viel „Schmierentheater" zeigen die bewegten Bilder aus dem Gerichtssaal zu Nürnberg bei den dortigen Schauprozessen?

Wer hat was versprochen bekommen, um vor der Kamera als Kriegsverbrecher abgeurteilt zu werden? Zumindest diejenigen, die Beschied gewusst hatten, wie Speer, Göring, Hess usw.?

Was für ein Skandal könnte man bezüglich des Nürnberger Tribunals aufdecken, gäbe es eine Gelegenheit und Recherche dafür? Gab es dort auch wieder jede Menge Deals, Verrat und Intrigen?

Wer wird in der Öffentlichkeit heute über den wahren Sachverhalt der Nürnberger Prozesse berichten? Die Medien? Eine „Historie-Dokumentation" im ZDF?

Fragen zum Fliegerhort Parchim in West-Mecklenburg zu Geheimoperation in Schweinfurt/Unterfranken in 1944

„Kennen Sie den Groß-Lastensegler "Goliath", der wie das DFS 203 Projekt aus einem Doppelrumpf bestanden haben soll, mit 90 m Flügelspannweite? Haben sie weiterführende Informationen über diesen Großsegler?

Was machte ein riesiger Lastensegler, ähnlich der Messerschmitt „Gigant" im Jahre 1945 in Parchim? Wie lange stand er da? Kam der Großsegler aus Istres, Marseille, Frankreich nach Parchim? Wie wurde der „Goliath" geschleppt? Mit einer Heinkel He 111, wie der Gigant, oder mit z.B. einer Junkers Ju 90. War die Schleppmaschine auch in Parchim? Flog der „Goliath" gegen Kriegsende aus Parchim heraus, ggfs. im Auftrag der Alliierten, der Engländer oder Amerikaner?

Für wen hatte der Großlastensegler „Goliath" welche Fracht nach Parchim transportiert oder von dort weitertransportiert? Als Ziel z.B. Goslar am Harz, oder andere Plätze in alliierter Hand nach dem Waffenstillstand?

Haben Sie Fotos, Dokumente oder andere Augenzeugenbeschreibungen über den „Goliath", oder wo kann ich diese finden?

Was machten Messerschmitt Me 163 „Komet" Raketenjäger in Parchim? Wie viele davon waren in Parchim?

War es eine reguläre Staffel des JG 400, ein Sonderkommando, oder Erprobungsflugzeuge, die ggfs. in Verbindung mit Rechlin, Tarnewitz oder Gotenhaven-Hexengrund standen?

Wurden Übungsflüge von ausgewählten, freiwilligen JG 400 Piloten in Parchim vorgenommen? Spezielle Flugmanöver, die nicht zu den üblichen Jagdflugfiguren bei Jagdeinsätzen mit der „Komet" gehörten? Wie schnelles Abkippen im Segelflug ohne laufendes, stillstehendes Walter-Triebwerk, um aus einer Gefahrenzone mit Höchstgeschwindigkeit im Sturzflug heraus zukommen, sich so weit wie möglich zu entfernen?

Gab es mit der Me 163 bestimmte Versuchseinsätze? Scharfe Starts mit untergehängten Lasten und Abwurfversuche auf Pappziele oder Ziele im Wasser eines Sees (Müritz)?

Sind Ihnen Erprobungen in Parchim mit dem raketenbetriebenen Bombentorpedos BT 1000 bekannt? War der BT 1000 in Parchim und ggfs. auch in der Muna Rastow?

Gab es Querverbindungen der Raketenjäger oder deren Erprobungsstellen mit Husum oder Wittmundshafen an der Nordsee, auch mit Sondereinsätzen des BT 1000?

Wurden bei den Raketenjäger-Piloten oder auf dem Platz getuschelt, über Sondereinsätze ungewöhnlicher Art mit außerordentlichem Ergebnis?

Gab es alliierte Beuteflugzeuge in Parchim? Gab es Querverbindungen zu einem Beutepark der Luftwaffe? Wurden ggfs. Teile, Ersatzteile aus geborgenen, abgestürzten oder notgelandeten feindlicher Flugzeugen für ein bestimmtes alliiertes Bombenflugzeuge nach Parchim geliefert? Wenn ja, wann und was?

War ein amerikanischer, wieder flugfähig gemachter U.S. Bomber, entweder B-17, B-24 oder gar B-29 kurzzeitig in Parchim, der außerhalb des regulären Flugbetriebes in einem Außenbereich, Abstellfläche getarnt abgestellt und streng bewacht wurde?

Gab es kurzfristig, wegen eines Sondereinsatzes Querverbindungen zu Ludwigslust und dem dortigen Heinkel Reparaturbetrieb?

Stand in Parchim im Sommer, Anfang Oktober 1944 kurzfristig eine oder zwei Heinkel He 111 mit Sonderumbauten, z.B. als Fernsteuer-Flugzeug, Messflugzeug, ect., ggfs. mit anderer Bemalung, ohne Kennung als üblich, außerhalb des regulären Flugbetriebes herum, wurde bewacht, getarnt, vor neugierigen Blicken versteckt?

Gab es Querverbindungen von Parchim zur Muna in Rastow/Ülitz?

Waren im Sommer, Spätsommer 1944 Personen aus Rechlin, Tarnewitz, vom RLM in Berlin, von Forschungsinstituten in Parchim für Vorbereitungen eines geheimen Sondereinsatzes der Luftwaffe? War dies geheim und wurde nur unter der Hand darüber geredet?

Waren Personen unbekannter Herkunft und Land in Parchim, wurden abgeschirmt und gesondert bewacht, bewirtet, abseits untergebracht?

War ggfs. der Atomphysiker Werner Heisenberg einmal im Sommer 1944 in Parchim, oder andere Atomwissenschaftler, von der Auer-Gesellschaft oder anderen Atomforschungsstellen aus der Nähe?

Gab es auf dem Platz Gerüchte, „Latrinenparolen" über etwas Besonderes, dass stattfinden sollte? Fielen in einem bestimmten Zeitraum im Sommer 1944 ungewöhnliche Aktivitäten in Parchim auf?

Geheimhaltungsmaßnahmen, Abschirmen von Personen und Flugzeugen, das Aufziehen von Wachmannschaften, entweder unbekannter Luftwaffensoldaten oder Wachen der SS ect., die nicht zum Stammpersonal gehörten und wurde darüber getuschelt? Gegebenenfalls Aktivitäten auch im Zusammenhang mit anderen Plätzen, Schattenplätzen, die zu Parchim gehörten, anderen Fliegerhorsten, wie Ludwigslust, Rechlin, dem RLM in Berlin usw.?

Wurde ggfs. eine spezielle Bombe, die evtl. aus dem Harz, Kohnstein kam, nach Parchim geschafft und dort streng bewacht? Gab es darüber ggfs. „Latrinenparolen"?

Wurden für einen geheimen Sondereinsatz ggfs. Anfang Oktober 1944 spezielle Junkers Ju 188, oder andere Luftwaffen Maschinen als

Trägerflugzeuge in Parchim, neben Rechlin, vorübergehend stationiert, abgeschirmt und streng bewacht?

Bekamen diese Ju 188 ggfs. eine spezielle Traglast untergehängt, die ggfs. mit Sprengstoff von der nahen Muna in Rastow bestückt waren?

Kamen diese Außenlasten aus Rechlin, Tarnewitz und wurden vor der Stamm-Mannschaft in Parchim geheim gehalten?

Flog man für diesen Sondereinsatz, der evtl. Anfang Oktober 1944 erfolgte, einem einfliegenden angloamerikanischen Bomberpulk hinterher, der aus England über die Deutsche Bucht kam?

Hängte dieser deutsche Verband sich dem, von der Deutschen Bucht einfliegenden U.S. Verband, der sich später auf verschiedene Ziele in Deutschland verteilte, bei Lübeck an, flog nach Süddeutschland und kehrte nach erfolgreichem Einsatz am Nachmittag, ca. 15. Hundert Uhr, evtl. am Samstag, den 7. Oktober 1944 wieder nach Parchim und Rechlin/Tarnewitz zurück.

Gab es eine kleine Feier, Jubel, floss Champagner in Parchim nach diesem Einsatz Anfang Oktober 1944?

Ist bei diesem Sondereinsatz mal das Stichwort der deutschen, unterfränkischen Stadt mit den kriegswichtigen Kugellagerfabriken, Schweinfurt gefallen? Dazu die U.S. Angriffsziele Leuna/Merseburg?

Flog ggfs. an jenem Einsatztag Anfang Oktober 1944 auch ein amerikanischer Beute-Großbomber von Parchim ab, der zuvor mit einer hochexplosiven Ladung bestückt wurde?

Ist Ihnen der Begriff „Lager Mecklenburg", ggfs eine Sondereinheit innerhalb eines Wissenschafts-KL bekannt, die geheime Forschungsaufträge und Sonderentwicklungen vornahmen, wie Versuchseinrichtungen für Mini-Atom-Antriebe (Lorin-Rohr mit Brennelementen und Wärmetauscher), ob Lüneburger Heide oder ausgelagert, Hindelang, Kempten usw. und gibt es Querverbindungen zu einem Standort in West-Mecklenburg und Forschungen in der Muna Rastow?"

Anmerkung:

Falls ein Leser dieses Buches diese oder einige der Fragen beantworten möchte, kann sich gerne vertrauensvoll an den Autor wenden!

Nachträge

Flugabwehrrakete mit Supersprengstoff?

Im Rahmen von "Operation Paperclip" kamen kurz nach Kriegsende im Jahre 1945 die Wissenschaftler und Ingenieure Dr. Wolfgang Noeggerath, Dr. Rudolf Edse und Dr. Gerhard Braun nach Dayton, Ohio und wurden im "Foreign Exploitation Section of the Air Documents Division, Intelligence, T-2, Wright Field" beschäftigt.

Dr. Braun wurde dem "Aircraft Laboratory" zugeteilt, während Dr. Edse und Dr. Noeggerath im "Rocket Laboratory" untergebracht wurden.

Dr. Braun arbeitete für die Luftwaffe und hatte großen Anteil an der Entwicklung der „Hecht" und den „Feuerlilie" Flugabwehrraketen bei Luftfahrtforschung Hermann Göring E.V., LFA Braunschweig.

Dr. Braun befasste sich in Braunschweig mit Hochgeschwindigkeitsraketen, zusammen mit Dr. Edse und Dr. Noeggerath, die beide für Antriebsfragen zuständig waren.

Am 15. Oktober 1945, verlangte die "Army Air Force" einen Konstruktionsvorschlag für eine Flugabwehrrakete von den drei genannten Wissenschaftlern Braun, Edse und Noeggerath.

Dr. Braun war hauptsächlich für die Organisation und diverse Einzelheiten des Projektes zuständig.

Die U.S. Army forderte folgende Spezifikationen für eine neue Flugabwehrrakete:

In 20.000 m Flughöhe eine Höchstgeschwindigkeit von Mach 2, bei einer Reichweite im Gleitflug von 65 km und einer Zuladung von 20 bis 50 kg (pro Leitwerk?).

Dr. Rudolf Zinsser wurde am 17. Juli 1945 verhört. Dr. Edse könnte zur selben Zeit in Dayton befragt worden sein.

Zu Rudolf Edse heißt es, dass er an der Ohio Stadt Universität Raketentechnik lehrte und 1998 verstarb. Ein Student von Dr. Edse war geehrt von diesem Raketenpionier unterrichtet zu werden. Seine Lehrbücher bestanden aus 500 und mehr Seiten, mit drei Löchern abgeheftete Kopien seiner handschriftlichen Notizen. Dr. Edse war ein großer, schlanker und hagerer Mann, der ganze Schultafeln voller Formeln und Zeichnungen füllen konnte. Er kannte sich hervorragend mit Gasdynamik, Raketenantrieben und Verbrennungsdynamiken aus.

Was keiner seiner Studenten wohl ahnte, war, dass Dr. Edse ggfs. in ein hoch geheimes und fragwürdiges Atomexperiment eines „Dead Man" über Schweinfurt verwickelt gewesen sein könnte, und Dr. Rudolf Edse sich hütete, je darüber in der Öffentlichkeit zu reden und lieber sein Wissen mit ins Grab genommen hatte.

Die Rakete, die die drei o.g. Wissenschaftler entwerfen sollten, entstand sie aus dem „Nichts" oder wurde der Entwurf für Wright Field aus dem Gedächtnis nach einer bereits vorhandenen Raketenkonstruktion rekonstruiert?

Gab es diese oder eine ähnliche Rakete, mit einem ähnlichen Antriebssystem bereits im Krieg in Deutschland?

CH-64 „Chow Hund" – American Anti-Aircraft Missile Designed by Captured German Engineers

Aus dem „Retro Mechanix" Bericht im Internet ist folgendes zu der „Chow Hund" zu entnehmen:

Die Flugabwehrrakete sollte eine Geschwindigkeit von Mach 2 in 20.000 m erreichen und eine Nutzlast von 20 bis 50 kg Sprengstoff mit sich führen können.

Am 27. Dezember 1945 stellten die o.g. deutschen Ingenieure ihren Vorschlag vor.

Aus dem englischen Text heißt es in Auszügen:

„Die Raketenstudie wurde humorvoll die „CH-64 „Chow Hund" (Hund war natürlich das deutsche Wort für „hound") genannt und war für die damalige Zeit sehr fortschrittlich und beinhaltete Erfahrungen aus vorherigen Experimenten mit der „Hecht", Feuerlilie und anderen deutschen Flugabwehrraketen während des Krieges."

Anmerkung:

Unklar ist der Spitzname "Chow Hund" im Zusammenhang mit einer Flakrakete.

Chow ist amerikanischer Slang für „essen/fressen".

Ein „Chowhound" könnte man mit „Vielfraß" übersetzen.

Ob dieser „Vielfraß" ein interner Spitzname der deutschen Ingenieure auf Wright Field war oder ob er sich auf den Einsatzzweck der CH-64, beziehungsweise auf die Bezeichnung „CH-64" bezog, ist unklar.

„Dr. Edse bereitete die Entwicklung der „Booster Rockets", der Starthilferaketen vor.
...

Die Rakete sollte im Überschallbereich operieren können.
...
Aus diesem Grund entwickelten vier Pulverstartraketen einen Gesamtausstoß von 48.000 kg Schub für eine Brenndauer von drei Sekunden. Die Hilfsraketen verbrauchten dabei insgesamt 720 kg Pulver.
...

Eine Steuerung mit den Startraketen war nahezu unmöglich und die
Hilfsraketen sollten deshalb so schnell wie möglich in ungefähr 500
m Höhe abgesprengt werden.

Die Pulverraketen wurden in ähnlicher Weise an den Raketenkörper
angebracht, wie bei „Feuerlilie" oder „Enzian".
...
Um Gewicht zu sparen waren die Außenwände der Brennkammern der
Hilfsraketen sehr dünn ausgelegt und es fand eine
Niederdruckverbrennung statt.

Eine Pulvermischung aus Nitroglyzerin und Nitrozellulose wurde
verwendet. Außerdem sah man vor, Raketenpulver mit sehr hohen
Brennwerten, die unter Niederdruck stattfinden sollten, zu verwenden,
sodass die Nutzung von **Plastikmaterial** für den Aufbau der
Brennkammern herangezogen werden konnte, um damit zusätzliche
Auslassdüsen zu sparen."

Anmerkung:

Siehe hier der Hinweis des Autors in einer seiner Publikationen über Plastikraketen, die im
Zusammenhang mit den „Drehflügeln", den „fliegenden Handgranaten", Streumunition über
Schweinfurt in Unterfranken im Jahre 1943 gegen U.S. Bomberpulks ausbrachten.

Ob die Ingenieure der CH-64 „Vielfraß" die über Schweinfurt im Jahre 1943 getestete
Trägerrakete, die möglicherweise entweder komplett aus Plastik, oder zumindest in Teilen aus
FVK bestanden hatte, zum Vorbild für die Konstruktion der „Chow Hund" nahmen?

Die Rakete für die Streumunition sollte aus Plastik sein, da sie sich ja einerseits zerlegen
sollte, um die Streumunition freizusetzen und andererseits, die restlichen Teile der Rakete
bereits in der Luft verbrennen sollten, damit keine schweren Raketenteile auf bewohntes
Gebiet fallen und Schäden an Mensch und Material hervorrufen konnte.

„Um Schäden am Boden, an Mensch und Gebäuden zu vermeiden, wenn die
„Boosters" wieder den Erdboden erreichten, sollten die vier seitlich
angebrachten Starthilferaketen nach dem Absprengen mit dem
Fallschirm zu Boden schweben.
...
Eine andere Möglichkeit war, bereits in der Luft die Pulverraketen
in viele kleine, ungefährliche Einzelteile zu sprengen.
...
Die erfolgreiche Durchführbarkeit des Absprengens mit Hilfe von
Pulverladungen hatten schon Versuche mit der Flak-Rakete
„Enzian" verdeutlicht.

...

Der Abschuss der Flak-Rakete kam mit Hilfe bereits in großer Anzahl
produzierter Lafetten für Kanonen und dergleichen erfolgen, in dem
man Abschuss-Schienen, statt der sonst vorgesehen Rohre auf die
Lafetten montiert. Solche vorhanden Lafetten sind eine einfache,
stabile und sichere Methode, in der Höhe und seitlich auszurichtende
Raketen abfeuern zu können.

Dazu kann die Lafette mit Hilfe eines Radars ferngesteuert auf das
zu bekämpfende Ziel ausgerichtet werden.

Für Hochgeschwindigkeitsziele sind mechanische Rechner nicht nur
notwendig, sonder unbedingte Voraussetzung.

Für den Start einer Flak-Rakete können die Startschienen auf 12 bis
15 m Länge begrenzt sein."

Anmerkung:

Genau solche eine oder mehrere Startlafetten mit zwei Startschienen von ungefähr 15 m
Länge könnten auf dem Wehrmachts-Truppenübungsgelände Brönnhof bei Schweinfurt
gestanden haben, um eine oder mehrere atomare Flak-Raketen auf die U.S. Bomberpulks
abzufeuern.

Wie war eigentlich die deutsche Bezeichnung dieser neuen, bis heute unbekannt gebliebenen
Flak-Rakete, die ausschließlich ein Projekt der Luftwaffe und nicht von Peenemünde war, und
wohl u.a. von Görings LFA in Braunschweig entwickelt wurde?

„Dr. Noeggerath bearbeitete das Antriebssystem. Der Hauptantrieb
sollte einen Schub von 6.000 kg in 5.000 m Flughöhe erzielen.
...
Die Treibstoffzufuhr zur Verbrennungskammer erfolgte mit Hilfe von
Helium, das in zwei sphärischen Tanks unter 220 Atmosphären Druck
gelagert war."

Anmerkung:

Nicht eine Hochdruck-Förderpumpe drückte den Flüssigtreibstoff in die Brennkammer,
sondern das nicht brennbare Edelgas, das unter 220 atü in zwei kugelförmigen Behältern
ausströmte, förderte den benötigten Treibstoff zur Verbrennung nach hinten zum Heck, wo
sich die Brennkammer der CH-64 befand.

...

„Der einfachen Steuerung der Rakete wegen wurde ein Kreuzleitwerk,
bestehend aus vier einzelnen Steuerflächen ausgewählt.

Die Steuerflächen, die Steuerklappen wurden entweder durch einen
Gyroskopen, ein Kreiselgerät angesteuert oder durch einen Leitstrahl
über Hochfrequenzinstrumente entweder in der Rakete oder vom Boden
aus fernbedient.

...

Für Hochgeschwindigkeitsflüge, die hauptsächlich vertikal, senkrecht
nach oben zum Ziel führten, war die Rakete mit einer schmalen,
widerstandsarmen Rumpfkontur ausgelegt worden.
...
Am praktikabelsten war es, den Zielanflug der Rakete durch eine
automatische Rechnereinheit vornehmen zu lassen, um dann bei der
Endphase des Zielanfluges korrigierend durch eine Fernsteuerung die
Flak-Rakete mit dem zu verfolgenden Ziel kollidieren zu lassen.

...

In 20.000 m Flughöhe war die Steigrate der Rakete 798 m pro Sekunde. Schallgeschwindigkeit in dieser Höhe ist 293 m/s, sodass rechnerisch Mach 2,7 erreicht werden kann. Maximale Flughöhe wurde mit 70.000 m kalkuliert. Angenommen, die Rakete wäre in einen Sinkflug übergegangen, wäre der Gleitwinkel 1:1,7, d.h. 1 Kilometer Sinken entspricht eine Flugstrecke von 1, 7 km, sodass eine Reichweite von 65 Kilometer möglich wäre.

Anmerkung:

Wobei man sich fragen muss, was die Rakete in 70.000 m bekämpfen sollte, außer sie würde gleichzeitig als „ABM", „Anti-Ballistic Missile", als Flugabwehrrakete für hereinkommende ABM, Langstreckenraketen konzipiert gewesen.

Hier wollten wohl die Amerikaner wissen, wie solch eine Rakete heran nahende russische Raketen auf ihr „Homeland" bekämpfen konnte. In dem die Flak-Rakete über Mach 2 bei mehreren zehn Kilometern Flughöhe, z.B. vor den Küsten der USA eine feindliche Langstreckenrakete in bis zu 70.000 m Höhe hätte abfangen und bekämpfen können.

Hier wurde in die Zukunft, den Dritten Weltkrieg oder den Kalten Krieg geplant!

Abschließend heißt es in dem „Retro Mechanix" Bericht:

„Der CH-64 „Chow Hund" Vorschlag war ein interessantes Beispiel **deutscher Ingenieurskunst**, um es amerikanischen Sicherheitsbedürfnissen anzupassen, was die zukünftige Verwundbarkeit des Territoriums der Vereinigten Staaten betrifft, sowie der Bedrohung durch schnell eindringende strategische Bomber.

Der Vorschlag war auch deshalb so wichtig, weil er detailliert die zeitgenössische Bauart deutsche Raketenkonstruktionen und deren Konstruktionsweisen beschreibt, die zu **jener Zeit das Beste auf diesem Gebiet** darstellten."

-Ends-

Sie „Full Text" weiter unten.

Wie sieht es aber mit dem genauen Einsatzzweck der Flakrakete aus?

Welche Sprengwirkung hatte sie, welcher Sprengstoff wurde verwendet, und wo war er in der Rakete verbaut?

So heißt es in dem Bericht, bzw. erkennbar auf einer der beigefügten Zeichnungen aus dem Internet:

„Each fin filled with 25 kg of explosives, fin area 15 Q Meter."

Dies beschreibt nämlich eine der beigefügten Zeichnung als Seitenansicht.

Wobei wohl gemeint ist, je 25 bis 50 Kilogramm Sprengstoff pro Raketenflosse der insgesamt 8 Finnen, also pro zwei Kreuzleitwerke a 4 Flossen.

Jede Flosse ist mit 25 Kilogramm Sprengstoff befüllt, bei einer Flossengröße von 15 Quadratmeter.

Wie die Flossen aufgebaut waren, die zum Beispiel innen hohl sein mussten, um den Sprengstoff aufzunehmen, geht leider nicht aus dem „Retro Mechanix" Bericht hervor.

Auch nicht, um was für einen Sprengstoff es sich handelte, ob in Pulverform oder in einer Kassette oder in zylindrischen Druckkörper verbaut, der in der Mitte der Flosse steckte, wo die Tragflächenwölbung am dicksten ist, und wie der Sprengstoff gezündet werden sollte.

Der sonst übliche Bereich der Unterbringung des Sprengkopfes in der Raketenspitze scheint bei der „Chow Hund" nicht gewählt worden zu sein. Denn laut beigefügter Skizze der Seitenansicht des Raketenrumpfes heißt es zur Raketenspitze:

„Control Device, 50 kg".

Der vordere Raketenrumpf beinhaltet u.a. die Helium Tanks, in der Mitte einen großer Tank für HNO_3, wo auch der Schwerpunkt der Rakete liegt, dahinter der „ERGOL" Tank und ganz am Heck die Brennkammer und dazugehörige Austrittsdüse.

Also keinen Stauraum mehr für einen Sprengkopf oder eine Sprengladung im Raketenkörper selbst!

Wo ist der Sprengstoff?

In den acht Flossen!

Wobei der Sprengstoff dann entweder bereits bei der Montage, dem Zusammenbau der oberen und unteren Hälften der gewölbten Steuerflächen eingebaut werden musste!

Oder beispielsweise Uransprengstoff in Bruchstücken befand sich in hohlen Röhren, ähnlich derer von Brennstäben, die gleichzeitig als Steckverbindung der Flossen am Rumpf fungierten.

Man musste wohl die empfindlichen, explosiven Flossen extra lagern und transportieren, um sie dann vor Ort, vor Abschuss der Flak-Rakete zu montieren und diese mit einem internen Zündsystem zu verbinden, was aufwendig ist und Zeit in Anspruch nimmt.

Was für ein Sprengstoff hätte verwendet werden können?

Hier nochmals der Hinweis von Historiker Karlsch über Dr. Edse:

„Dr. Rudolf Edse hatte Kenntnis von der Suche nach Transuranen und der Entwicklung von **Ultrazentrifugen** unter der Leitung von **Prof. Hartek**. Nach seiner (Edses) Auffassung wurde die Entwicklung einer Atombombe in Deutschland **bis Ende 1944** erwartet . . ."

Hatte Dr. Edse Kenntnis von Uransprengstoff, weil dieser in die Flak-Rakete innerhalb eines entsprechenden Zylinders in jeder der acht Flossen der Rakete verfüllt werden sollte?

Entweder ein jeweiliger großer oder kleiner zylindrischer Behälter von 30-40 cm Länge, eingefügt in der Mitte der je 8 Steuerflossen zu je 15 m^2, der einen Urankern enthielt, zusammengesetzt aus Uran-Dorn, der in die Ausbuchtung eines Uran-Zylinders – „Kanonenprinzip" – mit großer Kraft gedrückt wird (entweder mit herkömmlichen Sprengstoff oder z.B. durch Druckluft), um das Uran überkritisch und zur Explosion zu bringen?

Wurde eine oder mehrere solcher Flak-Raketen auf dem Wehrmachts-Truppenübungsgelände „Brönnhof" bei Schweinfurt in Unterfranken stationiert, um dafür verwendet zu werden, wie in dem „Wochen-Echo" Artikel, einen U.S. Bomberverband von 145 Bombern mit atomaren Flugraketen, inklusive eines Bombers mit einem „Dead Man", einer Uranbombe an Bord, zu vernichten?

Oder gab es nur eine atomare Flab-Rakete, die einen entsprechend umgebauten Atombomber vernichtete, der sich innerhalb, oder am Ende eines kleinen U.S. Bomberkontingentes befand, der für das Experiment geopfert wurde?

Ein Versuch, so ähnlich wie im Jahre 1943 bei dem „Black Thursday" Angriff, wo man mit Plastik Flak-Raketen und Streumunition bei Schweinfurt U.S. Bomber bekämpfte?

Sind die Unterlagen, die in dem „Retro Mechanix" Bericht verwendet wurden, unvollständig, weil zensiert und nicht komplett freigegeben.

Fehlen Zeichnungen, was den Sprengstoff betrifft, wie er eingebaut war und wie er gezündet werden sollte?

Was ist heute noch so geheim, was die Sprengwirkung einer damaligen Flak-Rakete betrifft, das man dies zensieren muss?

Würden doch weitere Zeichnungen darauf schließen lassen, um was für eine deutsche Flak-Rakete es sich handelte?

Hadelte es sich eventuell um eine nuklear bestückte Flugabwehrrakete, um feindliche Atombomber mit samt der nuklearen Ladung zu vernichten, bzw. eindringende Langstreckenraketen schon auf ihrem Scheitelpunkt in 70.000 m Höhe abzuschießen, bevor der eigentliche Sprengkopf separiert werden konnte?

War es Zufall, das auf der Seitenansicht der beigefügten und freigegebenen Zeichnungen, der Hinweis mit den Flossen und dem Sprengstoff nicht zensiert, retouchiert wurde, dies dem Retoucheur entgangen ist? Das diese Zeichnung als Mikrofiche heute vorliegt und niemand bemerkte, dass dieser Hinweis, der eigentlich hätte entfernt werden müssen, noch vorhanden ist?

Mussten die drei genannten Ingenieure aus Deutschland auf Wright Field die deutsche atomare Flak-Rakete aus dem Krieg nachkonstruieren, damit man in den USA, in Dayton, Ohio das damalige Experiment vom Oktober 1944 über Schweinfurt nochmals nachvollziehen konnte?

War der Hinweis über die „Flugscheibe Qualle" in dem „Wochen-Echo" Zeitungsartikel aus 1950, wie vom Autor bereits vermutet, eine Ablenkung, um nicht über atomare Flak-Raketen, wie die im Kalten Krieg verwendete „Nike-Hercules" berichten zu müssen, aber trotzdem auf das atomare Ereignis in Schweinfurt im Sommer 1944 hinzuweisen?

…

Originaltext aus "Retro Mechanix":

"After World War II, the United States undertook a secret operation known as Project Paperclip, the aim of which was to exploit German scientists and engineers for American research, and to deny the technical expertise of these individuals to the Soviet Union. **More than 1,600 scientists and their dependents were recruited and brought to the United States by Paperclip** and its successor projects from the late 1940s through the early 1970s. Among these technical personnel **were Dr. Wolfgang Noeggerath, Dr. Rudolf Edse and Dr. Gerhard Braun, who were employed in the Foreign Exploitation Section of the Air Documents Division, Intelligence, T-2, Wright Field beginning in 1945.**

Dr. Braun was assigned to the Aircraft Laboratory, while Drs. Edse and Noeggerath were employed in the Rocket Laboratory. The author has uncovered little else about these engineers beyond their activities in Germany. **Dr. Braun worked for the German Luftwaffe and was largely responsible for the creation of the "Hecht" and "Feuerlilie" anti-aircraft rocket projects at LFA Braunschweig.** There, he directed activities concerning **high-speed missiles with Drs. Edse and Noeggerath**, who were responsible for propulsive details in addition to their other projects.

On October 15, 1945, the **Army Air Force requested a design for an anti-aircraft rocket from Drs. Braun, Edse, and Noeggerath.** Dr. Braun was primarily responsible for the organization and principle details of the project. The Army requested that the anti-aircraft missile incorporate the following performance characteristics:

Velocity at 20,000 m: Mach 2
Range: 65 km
Payload: 20 - 50 kg

In response, the engineers issued their proposal report on December 27, 1945. The missile study, humorously labeled the CH-64 "Chow Hund" (Hund of course being the German word for "hound"), **was quite advanced for its day** and incorporated what had been **learned in previous experiments with the Hecht, Feuerlilie and other German anti-aircraft missiles during World War II.** The following is a summary of this rather technical but interesting report.

Boosters

Dr. Edse prepared the analysis and comments concerning the booster rockets.

His personal experience and general theoretical investigations had shown that boosters were employed to advantage in anti-aircraft rockets. This was due to the fact that the missile received the kinetic energy of the boosters more or less without penalty, since the mass of the boosters did not require further lifting or accelerating after they were exhausted.

Inasmuch as the **rocket was to fly at supersonic speeds**, it appeared practical to install boosters sufficiently powerful that sonic speed was attained by the time the boosters dropped. In this manner, the difficulties of achieving an aerodynamic form suitable for both supersonic and subsonic speeds were avoided; other known solutions of this problem involved a compromise of supersonic aerodynamic characteristics. It was therefore possible to choose dimensions especially for the supersonic speed range since negligible stability difficulties were encountered at subsonic speeds due to the high accelerations during takeoff.

A high initial acceleration shortened the time between takeoff and the strike at the target, providing a tactical advantage. Acceleration was not of such magnitude, however, that the stress limitations of the power plant and steering apparatus was exceeded, or that a weight penalty was introduced by very high combustion pressures in the boosters, which would have necessitated greater wall strength.

For these reasons, **four powder boosters** with identical combustion chambers developing a total thrust of **48,000 kg for a combustion period of three seconds** were decided upon. Thus, the total impulse of the booster rockets was equal to **3 x 4 x 12,000 = 144,000 kg/sec.** The booster rockets would have **burned 720 kg of powder.** The burning time of the boosters were not of long duration, since **steering was practically impossible until the boosters were jettisoned** and since the boosters were to have **been dropped from as low an altitude as possible.** The altitude chosen for **the booster release** was **approximately 500 m.** The boosters were attached to the rocket fuselage in a similar arrangement to the ones used on **the Feuerlilie and "Enzian" rocket projects in Germany.** If attached behind the rocket, the boosters almost certainly wouldn't have damaged the main rocket when released, but tandem mounting had the great disadvantage that the center of gravity was shifted towards the rear, necessitating exceptionally large control surfaces.

In order to achieve **light weight, the walls of the combustion chamber had to be relatively thin,** and **combustion had to take place at low pressure.** The full benefits from this weight saving could not be completely realized, however, since the thrust necessarily decreased with a reduction in the rate of expansion.

Experiments were to have determined the type of powder used. **Double Base Powder (Nitroglycerine - Nitrocellulose),** Di-nitro Di-glycol Powder, and Penta-Erithrite-Tetra-Nitrate were to have all been investigated; such powders were considered of great importance for the future development of rockets. It was also intended to **further develop powders that possessed extremely high combustion velocities in a low pressure range, which would permit the use of plastic materials for the construction of rocket combustion chambers,** eliminating the need for a nozzle.

Certain difficulties could have also resulted from uneven combustion or stalling of one or more of the boosters. This was avoided in the Feuerlilie by connecting the four boosters with equalizing pipes. Since such an arrangement was impractical for the CH-64, **the booster nozzles were inclined towards the axis of the fuselage, so that the thrust of each individual booster was directed though the center of gravity of the missile.** Thus, the failure of a booster did not cause a moment around the center of gravity but only a component force resulting small lateral movement only.

In order to minimize damage, **the jettisoned boosters were to have descended by means of parachutes.**

Another way of reducing the damage caused by falling boosters **was to break up the powder chamber in the air by blasting it into small pieces.** This was difficult to accomplish, however, since the booster material was too tough to be readily broken up, and since any blasting charge placed around the outside of the booster exploded before the end of combustion due to the high temperature developed in the combustion chamber (800 degrees Centigrade on the Feuerlilie).

Booster data:

Overall Length with Nozzle: 4,500 mm

Outside Diameter: 250 mm

Length of Nozzle: 200 mm

Weight of Chambers: 250 kg

Weight of Charge: 200 kg

Casing and Parachute: 50 kg

Thrust: 12,000 kg

Combustion Period: 3 seconds

The weight of the experimental boosters to be used repeatedly in experiments was to have been increased to 350 kg to insure sufficient structural strength to withstand experimental abuse. **Each booster was fastened to the main rocket at two points.** The front fastening was located immediately aft of the helium bottles and served to transmit longitudinal thrust to the fuselage. The rear fastening carried only lateral forces. This method of mounting had the advantage that the nitric acid tank located to the rear of the front support was placed in tension by the longitudinal thrust of the boosters, which eliminated buckling tendencies and made lighter construction possible. The structural components forward of the front fastening, on the other hand, had to demonstrate great stiffness for aerodynamic and other reasons.

Jettisoning of the boosters was accomplished **by the explosion of a powder charge** installed in the front and rear booster mounting assemblies. A negligible lateral impulse was caused by the explosion since opposite pairs of boosters were thrown off simultaneously. The powder charges in both cylinders were of such strength and proportions that the boosters were thrown free of the main rocket without damaging fuselage or fins. **Tests on the "Enzian" had shown that such a method was feasible.** Size of the charges was to have been determined with mock-ups preliminary to ground tests.

Launching

Launching was to have been accomplished from a device that, for practical purposes, could have been **a mass-produced gun carriage**, using **launching rails** instead of a gun barrel. This would have provided a cheap, sturdy, mobile undercarriage capable of adjustment in the vertical and horizontal planes. **A gun carriage remotely controlled by a radar device would have been best.** For **high-speed targets, mechanical computing devices appeared to be practical and even necessary**. For high initial acceleration, the length of the rails could have been comparatively short (12-15 m)

Power Plant and Fuel

Dr. Noeggerath worked out the proposal for the rocket motor, work program, and essential requirements for development of the "Chow Hund" propulsion unit. The power plant of the main rocket was designed to deliver a **thrust of 6.000 kg at 5.000 m**. This value was to have been smaller at lower altitudes and greater at higher altitudes. The rocket power plant had the following characteristics:

Oxidant: 98% HNO_3, specific gravity 1,51

Fuel: Ergol (self-igniting with nitric acid), specific gravity approximately .97

Fuel Pressurization: **Pressurized with Helium**

Ignition: Not required – use of **self-reactant fuels** was contemplated

Pressure in combustion chamber: 25 atmospheres

Thrust: **6.000 kg at 5.000 m**

Mixing ration of oxidant to fuel: 3,8: 1 by weight (assumed value)

Total weight dry: 813 kg

Fuel and pressurization weight: 1.107 kg

Total weight wet: **1.920 kg**

Length: 5.841 mm, **5, 80 m**

Diameter: 640 mm, **64 cm**

Volume: 1,88 Kubikmeter

Specific weight of power plant (wet): 1.02 kg/lt

Specific weight/unit momentum: .00915 lbs/lb sec

Specific volume/unit momentum: 8,98 lt/ton sec

Delivery of fuel to the combustion chamber was accomplished **by pressurized Helium**, which was contained in **two spherical tanks at a pressure of 220 atmospheres**. A weight saving of 42 kg was realized by using Helium instead of Nitrogen. In order to insure an uninterrupted supply of propellant fluids during transverse accelerations, the tank risers, or standpipes, were equipped with a flexible "trunk." The free end of this trunk, being subject to the same accelerations as the fluid, would have been always immersed. The transfer pipes that conducted the pressurized Helium to the fuel tanks were of the same cross-sectional area as those carrying fuel to the combustion chamber. They were arranged in two symmetrical groups outside the skin, and were covered by a sheet metal hood.

Operation was started by electric detonation of an explosive protection valve located between the Helium tank and the pressure reduction valve, which admitted Helium to the fuel tanks at a pressure of 35 atmospheres. The liquids were forced through the standpipes and transfer pipes in the mixing nozzle, **where spontaneous ignition occurred**. The HNO_3 was routed through the cooling jacket where it served to hold the temperature of the discharge nozzle and combustion chamber within proper limits before it was admitted to the mixing nozzle. At the points where the Helium entered the fuel tanks, cheek valves were installed to prevent any transfer of fluids between tanks after combustion had ceased. Adequate protection against the mixing of propellant liquids during storage was provided by installing blow valves in all fuel outlet lines, and between the Helium pressure reduction valve and the tanks. These valves completely isolated each tank and were designed to rupture at a pressure difference of approximately 5 atmospheres. For test purposes other necessary valves could have been installed so that the tests could have been stopped at any desire point.

Axial thrust of the boosters was applied to the rocket forward of the nitric acid tank, which stressed the entire power plant in tension during the initial acceleration period. This arrangement was necessary to avoid undue structural weight, since stress values were approximately ten times as large at that time as during subsequent flight. Lateral forces from the booster rockets were equalized by a transverse tubular spar which passed through the fuselage between the mixing nozzle and Ergol tank. To eliminate the possibility of failure by buckling during the second acceleration period, when the power plant was subject to compression, the Ergol tank was reinforced by wing structure projections and the HNO_3 was strengthened by a layer of corrugated sheet metal.

Tank construction was of high grade, weldable steel. The tanks were to have been hydrostatically tested to pressures of 320 atmospheres for the Helium tanks and 50 atmospheres for the propellant tanks, which induced a tensile stress of 3.800 kg/cm$_3$ in the material. The HNO3 tank was protected against acid corrosion by an internal lining of pure aluminium. The combustion chamber and discharge nozzle were made of steel, the mixing nozzle of light alloys and steel, the piping of light metal, and accessories of light alloys and stainless steel.

A decision had to be made as to whether the apparatus was intended to be expendable, since this consideration greatly influenced construction design. Full operating requirements were to have been made available, such as the temperature in which launching was to occur, length of time the apparatus was to be stored ready for firing, etc.

Design was also greatly influenced by fuel consumption and the weight ratio of oxidant and fuel, but these values could only have been determined by tests of full scale motors. Items such as the mixing nozzle, combustion chamber, exhaust nozzle, and individual accessories were to have been developed and ultimately perfected by basic preliminary tests on a small scale with later supplementary full-scale tests. To expedite this work, Dr. Noeggerath proposed making these tests in three steps:

Preliminary tests with small combustion chambers of 200 kg thrust, to determine the optimum mixing nozzle system and to obtain construction data for a combustion chamber and exhaust nozzle where adapted to the proposed fuel system.

Tests with a medium size motor of approximately 2.000 kg thrust.

Tests with the full-scale motor of 6.000 kg thrust.

The reliable operation of the power plant and the rate of consumption depended essentially on the design of a mixing nozzle for the particular fuel to be employed. On the basis of existing knowledge, and especially in view of the possibilities existing in the US to improve fuels, it was assumed that such development would proceed rapidly and yield valuable results.

The exhaust nozzle, the shape of which influence fuel consumption considerably, could be correctly dimensioned only after the combustion characteristics of the particular fuel decided upon had been determined by tests.

In general, accessories such as expansion valves, safety valves, fuel distributor parts, inlets with vents, flexible standpipes, and pressure reduction valves had to be specially developed, since the design requirements for rockets were difficult to achieve and often contradictory. In 1945, relatively few rocket engines had been completely developed, and the available data merely served to establish general principles of construction and to indicate that accessories had to be designed and tested for each individual case. The construction of the pressure reduction valve had to be best assigned to the appropriate firm.

The tanks could have been constructed before the exact mixing ratio had been established since subsequent changes in volume had to be made by altering tank length, which would not have affected construction. The details of construction and the manufacture were to have been assigned to a firm specializing in this type of work.

An Ergol, such as had been developed by the LFM in Germany, was proposed for a fuel. Due to the fact that the reactions of the Ergols greatly depended upon their chemical composition, on the amount and type of chemical impurities present in the primary substances used to produce them, and since the primary materials available in the US were probably not chemically identical to those used in Germany, it would have been necessary to subject fuels developed in the US to further investigation and experimentation. Since conditions were very favourable in the US for obtaining fuels that were not available in Germany, and since it could be expected that further improvements in the Ergols could be achieved by minor changes in their composition, it seemed justified to conduct further laboratory tests before final selection of the fuel was made.

To obtain data useful to future projects, a thorough evaluation of tests conducted in connection with the development of this missile was to have been made. In order to establish basic principles for this purpose, however, extensive thermodynamic calculations had to be first performed. On the basis of these considerations, a work program for the development of the CH-64 rocket was proposed.

Size

The size of the rocket (weight and volume of the fuselage) was a function of the required altitude, speed, and specific consumption of the propellants of the power plant.

The overall aerodynamic and structural data for the proposed Chow Hund CH-64 anti-aircraft rocket were as follows:

Take-off weight with boosters: 4.500 kg

Take-off weight, boosters jettisoned: 2.400 kg

Powder weight, boosters: 800 kg

Fuel: 1.100 kg

Warhead: 100 kg

Length: 7,5 m

Diameter: 0,64 m

Volume: 2,0 qm

Maximum thrust of boosters: 48.000 kg

Booster combustion period: 3 sec

Maximum thrust of rocket: 6.000

Combustion Period: 35 sec

Velocity at 60,000 ft: 800 m/sec

Approximate ceiling: 70.000 m

Range, in excess of: 65 km

Directional Control

Anticipated methods for direction control largely determined the choice of number of fins or wings. A two wing design (monoplane) possessed the advantage of smaller drag and wing weight, and, for a specified total wing weight; exhibited a smaller turning radius than the four wing counterpart since the wing area of the former, in the plane of the wings, was greater. Since the type of control was not specified, and since **two-winged missiles were somewhat more difficult to steer**, a **cross-winged** (*Kreuzleitwerk*), (four wing) construction was chosen**, despite the aerodynamic disadvantages.

For cross-winged construction, **control was accomplished by two methods**. The first required that the **lateral axis of the rocket remained horizontal during all flight attitudes**, which necessitated the incorporation of a **stabilizing device into the missile** to eliminate any rolling motion about the longitudinal axis. With this arrangement **one set of elevator surfaces** at all times controlled pitch and the other lateral motion. Thus, if the ground control device were so designed that **its manipulation and effect on the missile were similar to a conventional airplane control stick,** fore and aft motion of the "stick" actuated only the set of elevators on the missile controlling pitch, and sideways motion actuated the set of elevators controlling lateral motion, or turning. If, on the other hand, the missile **were permitted to roll during flight** (roll being induced by any slight unsymmetrical irregularities of the aerodynamic shape), a device was required to coordinate the movements of the ground control "stick" with the movements of either or both of the sets of elevators for any instantaneous angular position of the missile. In this case a fore and aft motion of the ground control "stick" caused a motion of either elevator separately, or both together in the proper proportion. **Control surfaces were actuated by a gyroscope in the rocket,** or by **polarized radio wave transmission** with **high frequency instruments either built into the rocket or on the ground** (_Leitstrahl, bzw. DPM-Anwendung_).

The rocket was symmetrical in both the horizontal and vertical planes (planes intersecting on the longitudinal axis of the rocket and at right angles to each other) since the "upper" and "under" side of the rocket had identical aerodynamic functions and since lateral motion in a given direction was equivalent to lateral motion in any other direction during vertical flight. The requirement for **high speed necessitated a slender fuselage** (fineness ration 1:11,75) and **small wings** since the drag had to be held to a minimum to keep the power plant small. Small wing surfaces resulted in large radii of turn in the trajectory, but this did not appear to be a disadvantage since at such high velocities it was not possible to change the trajectory sharply enough to accomplish pronounced manoeuvres in pursuit of a target. Furthermore, since this rocket was **designed for essentially vertical flight**, it was felt that controllable horizontal or descending flight was impossible, for various technical reasons. A miss would have always resulted, therefore, even with larger wings, if the rocket reached the altitude of its objective without demolishing it. It appeared most practical **to aim the missile by means of an automatic computing device**, and then to **correct the flight path by** remote control **till collision with the target occurred.**

Small wings were also desirable for strength considerations. If larger wings were used to achieve smaller radii of turn, air loading on the wings became so great that the whole rocket fuselage was heavily stressed, which required heavier construction with greater weight. A bi-convex airfoil section of 8% thickness was selected for the wing section, but a double-wedge section of the same thickness was also considered. In case the drag of the latter was shown to be only slightly larger, it was to have been given preference because of simplicity of construction.

The fuselage was a **body of revolution** with cylindrical midsection of 640 mm diameter. The tip of the fuselage had an **ogival shape**, the radius of the curvature being equal to ten times the fuselage diameter. At a distance of approximately 650 mm from the rear end of the rocket the fuselage tapered sufficiently to enclose the nozzle."

Anmerkung:

Der Rumpf der Rakete war drallstabilisiert und das mittlere Segment hatte eine zylindrische Form von 64 cm im Durchmesser. Die vordere Raketenspitze war gewölbt. Circa 65 cm vom Heck begann der Raketenrumpf sich zur Auslassdüse am Heck hin kontinuierlich zu verjüngen, um die Düse aerodynamisch zu umschließen.

"Since this missile was designed to operate through a wide range of velocities, considerable movement of the center of pressure was taken into consideration, which necessitated a **very effective empennage**. At the time, very little information was available about downwash in the supersonic range. It was safely assumed, however, that the empennage would have created less disturbance than by the wings since the wings constituted the larger assembly. For this reason, **a canard type arrangement** was selected (i.e., empennage located forward of the wing).

It was anticipated that considerable difficulty would have been encountered in the design of control surface actuating mechanisms since it was probable that very large hinge moments would have had to of been overcome. Wind tunnel and flight tests would have been required to develop an empennage shape with a relatively stable center of pressure. If such a shape was found, then the whole empennage was to have been installed as a rudder, exerting force around axis of rotation that passed through the center of pressure. If such shape was not found, **controls of the type designed by Professor D.H. Wagner for subsonic speeds were to have been investigated for possible application to the missile**. Dr. Wagner's control had the advantage **of small hinge moments** and could have proven useful at supersonic speeds.

Because of the limited knowledge regarding supersonic speeds, it was possible to calculate only a rough approximation of static stability in that region. The calculated value indicated great static stability. Control surface deflections of approximately 1,75 degrees were shown to produce a change in angle of attack of one degree, which was believed adequate for satisfactory control.

For a flight performance estimate, drag surface for incompressible flow was assumed to be 0,82 m_2 square meters. Since very little data regarding skin friction at supersonic speeds were available, the calculations were only approximate. Fuselage drag was estimated from projectile data, the wind drag was obtained from airfoil measurements, and a correction was added for interference effects. At 20.000 m, **climbing speed was estimated to be 798 m/sec**. Since sonic speed at this altitude was 293 m/sec, this velocity corresponded to a **Mach number of 2.7**, amply fulfilling performance requirements. **Maximum altitude was roughly estimated to be 70.000 m**. If it was assumed that the rocket descended with a gliding angle equivalent to 1:1,7 after attaining this altitude, it would have achieved a range of 65 Kilometer. This range could have been great exceeded, however, since the best gliding angle was flatter than 1:1,7. Range could have been further increased by launching the rocket in other than a vertical direction in order to utilize the lift of the wings.

Wind Tunnel Tests

Aerodynamics as a science of continuities deals with partial derivatives that determine flow; these are of the fourth order and are not linear. A prediction of the aerodynamic loads and their distribution was only possible, therefore, when a new design was similar to the one whose characteristics were already known. The CH-64 was so dissimilar from designs of other anti-aircraft rockets, due to performance requirements, that it was impossible to calculate an exact performance mathematically. Extensive wind tunnel tests were considered necessary. These tests were to have not only furnished information as to the resultant aerodynamic loads and moments about the complete model, but would have indicated the distribution of the load between the individual components of the rocket, and the possibilities for improving the design. Data for solving the above problems were to have been made available by a comprehensive wind tunnel program.

Division of Labor

Although **Dr. Braun** desired to work on the development of an anti-aircraft rocket as an **aerodynamicist and mechanical engineer**, he stated that he would have only been able to work on a small part of such a complicated project. His proposed contribution to this work was as follows:

Performance and supervision of wind tunnel tests.

Evaluation of combustion chamber and wind tunnel tests for trajectory computations.
Trajectory computations to determine the most suitable stabilizing apparatus and controls, expected dispersion due to wind, variation in the combustion time and take-off weight, effective area of fire of the missile, and to establish a basis for an automatic lead computer.

Collaboration with the group responsible for construction was undertaken, in order to assure incorporation of desired aerodynamic characteristics and to supply the aerodynamic basis for stress analysis.

Accomplishment of tests to achieve satisfactory jettisoning of boosters.

Performance of flight tests and launching experiments to determine the aerodynamic characteristics of the rocket at high velocity.

To accomplish this work within a reasonable time, the personnel requirements would have included eight computers, two laboratory technicians, two construction engineers, and one aeronautical engineer.

Dr. Braun was not a specialist on the following unsolved problems:

Development of boosters and the rocket motor.

Construction of rocket structure and launching devices.

Investigation of explosion effects in the air to determine effective blast area and blast pressure distribution.

Development of mechanical and electronic controls.

Stress analysis.

Investigations to determine most satisfactory control methods, using models.

These problems were left to Dr. Edse, Dr. Noeggerath, and other specialists to solve.

Rejection

Despite the advanced features of the CH-64, the Army Air Force elected not to undertake development of it. The author's research has thus far not uncovered the exact reasons for its rejection, though one can make several reasonable speculations. It may have been a case of "too much, too soon", in which the proposal was deemed too ambitious or risky. The existence of other AAM programs, such as the Nike missile, could have also been a deciding factor. The fact that the proposal originated from a group of unknown foreign scientists in a relatively obscure part of the AAF, and not a major aircraft manufacturer, also probably didn't help the CH-64's chances. Or it could have been the most common reason – lack of funding.

The CH-64 Chow Hund proposal remains an interesting example of German know-how being applied to an American security problem, i.e. **the future vulnerability of its territory and forces to high speed strategic bombers.** The proposal is also compelling because of its **detailed description of contemporary German missile design and construction practices, which were then at the leading edge of the field**. Though the CH-64 was turned down for development, it seems likely that the considerable expertise of Dr. Wolfgang Noeggerath, Dr. Rudolf Edse and Dr. Gerhard Braun was subsequently put to use on other programs. If any readers have more information on the careers of these German engineers, please contact the author.

All images from NARA Archives II, College Park, MD, RG 18

Sources:

Dr. Wolfgang Noeggerath, et al, "Preliminary Proposal for a Guided Missile," Intelligence T-2, Air Documents Division, Foreign Exploitation Division, Air Technical Service Command, Wright Field,

Dayton, Ohio, December 27, 1945, in the files of the National Archives II at College Park, MD, RG 18.”

Aus:
Retro Mechanix, Yesterday´s Wings of Tomorrow:CH-64 “Chow Hound” – Anti Aircraft Misselioe Designed by Caputerd German Engineers, Internet

Schlussbetrachtung:

Gab es die “Chow Hund” Flugabwehrrakete, bzw. ein ähnliches oder baugleiches Modell während des Krieges in Deutschland?

Wie war die deutsche Bezeichnung und wie der Tarnname?

Wurde in Volkenrode bei Braunschweig durch die Luftwaffe mit Hilfe u.a. der deutschen Ingenieure Dr. Edse, Dr. Braun und Dr. Noeggerath eine kleine ca. 5m lange Hochgeschwindigkeits-Abfangrakete konstruiert und in einer Kleinserie gebaut?

Wollten die Angelsachsen wissen, ob man mit einer solchen Rakete feindliche, eindringende Bomber wirkungsvoll bekämpfen, abschießen und mit samt einer an Bord befindlichen Atombombe vernichten konnte, sowie Fernraketen rechtzeitig abfangen zu können?

War auch Dr. Zinsser, der gegebenenfalls den Suchkopf der Rakete mitentwickelte, in diese neue Flab-Rakete mit involviert?

Wurde die Rakete, da im Krieg oder gegen Kriegsende die Unterlagen und Dokumentation dieser Flugabwehrrakete ggfs. von den Deutschen vernichtet wurden, in Wright Field in Dayton, USA nachkonstruiert, damit die Amerikaner das Einsatzkonzept nochmals detailliert studieren konnten?

Wurde die Rakete deshalb nicht realisiert, weil Bell und andere U.S. Hersteller bereits ähnliche Raketen in der Entwicklung hatten und auch schnellsten für einen kommenden Krieg realisieren konnten?

Hätte in Deutschland eine solche Rakete mit Uransprengstoff ausgestattet werden können?

Interessanterweise hatte der Rumpf der Rakete, die mit vier Starthilferaketen beschleunigt und schnellstens auf Höhe gebracht werden sollte, keinen Stauraum für einen Sprengkopf. Weder am Bug noch sonst an einer Stelle im Raketenkörper, wo in der Mitte die Tanks für das Haupttriebwerk lagen und an der Nasenspitze das Steuergerät zum Lenken der Rakete.

Also wurden die Sprengsätze in die vier oder acht Flossen der Rakete verbaut.

Unklar ist, wie die Bewaffnung der „Chow Hund“ im Einzelnen ausgesehen hatte. Denn der Bericht, der gemäß FOIA in den USA freigegeben wurde, beinhaltet nicht die Seiten, worin über die Bewaffnung, die Ausrüstung mit Sprengstoff gesprochen wird.

Wohlmöglich unterliegen diese Angaben immer noch der Geheimhaltung und sind bis auf weiteres zensiert.

Wenn der verwendete Sprengstoff der Zensur, der Geheimhaltung unterliegt, könnte man herleiten, dass es kein normaler Sprengsatz war.

Dann käme ein atomarer Sprengsatz in Frage, der sich eben auf vier oder acht Flossen verteilte, wo er in der Verdickung der Steuerflächen verbaut gewesen sein musste.

Da die Rakete entweder durch Aufprall auf ein Zielobjekt - Aufschlagzünder, wie auf einen oder mehrere U.S. Bomber, explodierte, oder durch Annäherungszünder zur Explosion gebracht wurde, bei gleichzeitigem Zünden der vier oder acht nuklearen Sprengsätze, wäre es egal gewesen, wo der Atomsprengkopf innerhalb der Rakete untergebracht gewesen war.

Denn bei gleichzeitigen Zünden, ggfs. durch einen zentralen Zündmechanismus, aller vier oder acht in den Flossen untergebrachten Atomsprengsätzen und den dadurch entstehenden nuklearen „Blast", der entstehenden heftigen atomaren Detonation und den daraufhin auftretenden nuklearen Effekten, wäre es unerheblich gewesen, ob die Detonation an der Bugspitze oder außen an den Flossen erfolge.

Die verheerende Wirkung, wie über Schweinfurt im Sommer 1944 geschehen, wäre dieselbe geblieben.

Wie sah der Atomsprengsatz aus, der in die hohlen Metallflossen eingebaut wurde?

Zumal vor der Endmontage der Flossen für die Flab-Rakete zuerst der Sprengsatz montiert werden musste, bevor man die Flosse fertig stellen und an dem Raketenkörper anbringen konnte.

Es sei denn, die fertig montierten Flossen hatten eine spezielle Öffnung an den Flossenwurzeln, um z.B. einen passenden Metallzylinder einführen zu können.

Eine Möglichkeit wäre, eine innen hohle Rohr-Steckverbindung der Flossen mit dem Raketenrumpf gleichzeitig als Träger für Sprengstoff, der in dem Rohr verfüllt wurde, auszubilden.

So dass dieses speziell präparierten und innen ausgekleideten Alu-Metallrohr bei der nuklearen Ausführung als eine Art „Brennelement" diente (wie auch bei dem „Soft-Fission-Antrieb"), zusätzlich mit einer Zündvorrichtung versehen, die ggfs. zentral im Heck alle acht Flossen simultan ansteuerte, um eine Atomexplosion auszulösen.

Wurde die „Chow Hunt" Flab-Rakete, oder wie auch immer die deutsche Bezeichnung im Krieg lautete, tatsächlich unter Anleitung von LFA Braunschweig gebaut?

Insert

Neben Berlin Adlershof, der DFS in Darmstadt und der AVA in Göttingen wurde 1935 die DFL, die „Deutsche Forschungsanstalt für Luftfahrt" in Braunschweig gegründet. Im Jahre 1938 wurde die DFL in „Luftfahrtforschungsanstalt Hermann Göring" (LFA) umbenannt.

Der Leiter der Versuchsanstalt wurde Hermann Blenk. Sein Stellvertreter, Ernst Schmidt wurde von Göring im Jahre 1943 zum „Bevollmächtigten für den Strahlvortrieb" ernannt.

Somit wurde Braunschweig das Zentrum zur Entwicklung von Feststoffraketentechnik.

Eine Außenstelle befand sich in Trauen bei Fassberg.

Der in dem Wright Field Bericht über die „Chow Hund" genannte Ingenieur Dr. Hermann Braun von der LFA entwickelte u.a. die F-25 „Feuerlilie" Forschungsrakete mit Feststoffantrieb, die in den Ardelt-Werken bei Breslau gebaut, und in Leba, Pommern am Sandstrand getestet wurde.

Eine andere Versuchsrakete aus der Feuerlilie-Serie war die F-55, die von der LFA und Dr. Braun ab Mai 1944 in Leba entwickelt und getestet wurde. Die Hilferaketen „Pirat" aus Festtreibstoff wurden für den Start verwendet. Gegebenfalls waren dies auch die „Boosters" für die Atomrakete.

Die „Rheintochter 1" von Rheinmetall, die unter Anleitung von Dr. Braun entworfen wurde, war eine zweistufige, durch Funk ferngesteuerte Flugabwehrrakete, die vom Boden aus gegen angloamerikanische Bomberverbände verschossen werden sollte. Sechs Flossen stabilisierten die Rakete.

Ein Infrarot Zielsuchkopf mit einem Annäherungszünder sollte die Flab-Rakete in der Mitte eines Bomberpulks zur Detonation bringen.

Die „Rheintochter 1" wurde von der „Rheintochter 3" abgelöst. Diese hatte wieder zwei Starthilferaketen an den Seiten montiert bekommen. Sowohl Flüssig-, wie auch Feststreibstoff standen je nach Verfügbarkeit zur Auswahl des Antriebes, für „Rheintochter 3f" (Flüssig) und „Rheintochter 3p" (Feststoff).

Lenk- und Steuereinrichtungen der letzten Version der „Rheintochter" waren identisch mit den Vorgängermodellen 1 und 3. Die Rakete rotierte zur Stabilisierung und hatte nur vier Flossen. Gegebenfall rotierte auch die Atomrakete.

Die Rakete hatte ein Zeitzünder eingebaut bekommen, der die Rakete nach 50 Sekunden Flug durch die Luft ohne Treffer automatisch zur Detonation brachte, damit keine schweren Bauteile oder die gesamte Rakete Beschädigungen am Boden hervor rufen konnte.

Die Rheintochter 3 hatte einen Aufschlagzünder, einen speziellen Annäherungszünder, der entweder akustisch wirkte, infrarot ausgelöst oder per Funk gesteuert wurde und trug 25 kg Sprengstoff mit sich.

Alle diese, von Dr. Braun konzipierten Raketen hatten kurze Reichweiten und eine Gipfelhöhe von circa 6 Kilometer, die letzte Version erreichte 400 m/s, also Überschall

Im Gegensatz ist die oben angesprochene Flab-Rakete von Dr. Braun aus Braunschweig, die in den USA nochmals nachkonstruiert wurde, wesentlich schneller und konnte auch weiter fliegen. Auch das Antriebssystem unterschied sich von den zuvor entwickelten Raketen. Eine solche Rakete hätte auch schnell fliegende Strahlbomber und ankommende Langstreckenraketen abfangen können.

Auch wird diese Rakete die Besonderheit aufweisen, einzelne, schnell fliegende Ziele zu bekämpfen.

Die anderen Flugabwehrraketen, die man im Krieg noch einsetzen wollte, schossen alle zumeist wahllos in die Mitte eines großen Bomberpulks nach dem Motto. „Eine Rakete wird schon treffen", wie die „Wasserfall".

Wenn nur ein einzelnes, dazu noch Überschall schnelles Ziel, wie eine Fernrakete oder ein mit Mach 1 und mehr eindringender Strahlbomber bekämpft werden musste, dann nützen fächerförmige Salven nicht viel. Eine Abfangrakete musste exakt ins Ziel gelenkt werden können, so wie mit dem DPM-Verfahren, das die Deutschen noch im Krieg entwickelten.

Gab es zwei Gruppen an Entwicklern, die Dr. Braun in Braunschweig leitete?

Eine Gruppe bearbeitete herkömmliche Flab-Raketen, die ausreichten, einen langsam fliegenden angloamerikanischen Bomberverband in mittleren Höhen zwischen, 5-, 8- oder 10.000 m Höhe zu bekämpfen.

Während eine andere Gruppe bereits weit in die Zukunft zu planen schien, nämlich in einem Dritten Weltkrieg mit schnell operierenden Strahlflugzeugen und Interkontinentalraketen die dafür geeigneten Abfangraketen mit Mach 2 plus und Gipfelhöhen von 70.000 m und mehr zu entwickelt und dazu noch die notwenigen Zielsuch- und Lenksysteme, um ein Einzelziel wirksam treffen und vernichten zu können.

Wurde dies in Schweinfurt ausprobiert?

War man in der Lage, aus all den möglicherweise 145 normalen Bombern genau den einen Atombomber herauszupicken, zu „beleuchten" und erfolgreich auszuschalten?

Oder musste man die, in der Fläche auf 5.000 m abgeschossen vier Flugscheiben als „Fächer" verwenden, um den Atombomber überhaupt wirksam treffen zu können?

War diese Methode eine Alternative, wäre die Flab-Rakete von Dr. Braun nicht rechtzeitig einsatzbereit gewesen? Und hatte der Autor des österreichische „Wochen-Echo" Zeitungsartikels aus 1950 eben diese alternative Methode in seinem Bericht den damaligen Lesern versucht darzulegen, um eine Atomrakete, wie sie die USA bereits besaßen oder in der Entwicklung war, geheim zu halten?

…

Wurde neben den offiziell bekannten, herkömmlichen und in einem nächsten Krieg bereits teilweise veralteten Flab-Raketen also auch eine Hochgeschwindigkeits-Rakete entworfen, tatsächlich gebaut und zudem erprobt, die baugleich mit der „Chow Hund" war?

Gehören zu dem, von den deutschen Ingenieuren erstellten Bericht auch Unterlagen zu der Art des mitgeführten Sprengstoffs und eine Abhandlung über die Funktionsweise eines neuen Zielsuchkopfes? Unterliegen diese Dokumente aber weiterhin der militärischen Geheimhaltung, weil immer noch hoch aktuell und werden diese zensierten Unterlagen deshalb bis auf weiteres nicht freigegeben?

Durchaus möglich!

Die Entwicklung und den Bau, ja die ersten Erprobungen mit dieser neuen Luftwaffe-Rakete wäre technisch und organisatorisch machbar gewesen und wurde wahrscheinlich auch ausgeführt.

Wurde diese atomare Flugabwehrrakete in Schweinfurt für einen „Live-Test" eingesetzt?

Denkbar.

Hatte man bereits 1944 in Deutschland die Vorgaben aus den USA erfüllen können, nämlich ganz gezielt ein Atombomber aus allen anderen Bombern herauszufischen, um nur diesen einzelnen Bomber mit einer Hochgeschwindigkeits-Flab-Rakete zu bekämpfen und mit einer nukleare Sprengladung zum Absturz zu bringen, bei gleichzeitiger Vernichtung der Atombombe?

Ga es eventuell ein unkalkulierbares Risiko?

Das Risiko, dass die Hochgeschwindigkeits-Flab-Rakete mit den acht atomaren Sprengsätzen in den Flossen ihr Ziel verfehlte, weil das Zielsuchsystem versagte, noch zu ungenau war?

Gab es die Befürchtung, dass die Atomrakete aufgrund ihrer hohen Steiggeschwindigkeit über das Ziel hinausgeschossen wäre und nach 50 Sekunden sich automatisch zerlegte, wäre ein Selbstzerstörungsmechanismus eingebaut worden?

Was wäre danach mit den vier oder acht nuklearen Sprengköpfen in den Flossen passiert?

Wären die Behälter durch die Selbstzerstörung ebenfalls vernichtet worden? Hätten diese gezündet und in der Luft eine atomare Detonation ausgelöst? Oder wären die Behältnisse mit dem strahlenden, atomarem Sprengstoff zu Boden gefallen, ohne Schaden anzurichten?

Hätte es ein Problem gegeben, dass im Oktober 1944 es durch unglückliche Umstände zu einer ungewollten Atomexplosion aufgrund Fehlfunktion einer Atom-Flab-Rakete gekommen wäre, die nach 50 sekündigem Flug durch die Atmosphäre irgendwo über Deutschland in der Luft detoniert wäre? Schlimmstenfalls außerhalb des begrenzten Erprobungsgebietes über Schweinfurt, bzw. dem Truppenübungsplatz Brönnhof, weil die Rakete einen guten Gleitwinkel hatte und noch sehr weit geflogen wäre, bevor sie sich selbst zerstörte?

War zudem die analogen Rechner zur Steuerung der Rakete, oder der entsprechende Zielsuchkopf, der einer Beleuchtung des Zielobjektes folgen musste, noch nicht zuverlässig genug? Barg die Dreipunkt-Methode für den Zielanflug noch Risiken, die unkalkulierbar mit einer Atomrakete war?

Drängten die Amerikaner trotzdem darauf, den Atom-, den „Dead Man" Versuch noch im Jahre 1944 durchzuführen? Zu einer Zeit, wo Nazi-Deutschland noch nicht vollständig von den Alliierten eingenommen worden war, um halbwegs ungestört verwerfliche Waffentests heimlich in Nazi-Deutschland durchführen zu können?

Griff man deshalb auf bewährte Technik zurück und verwendete die „Qualle" Ramm-Flugscheiben für den nuklearen Versuchseinsatz, Anstelle einer noch nicht vollständig erprobten und einsatzreifen nuklearen Flab-Rakete mit Zielsuchkopf?

Kam diese neue Rakete über Projektstudien auf dem Papier im Krieg nicht hinaus?

Oder beobachte Dr. Zinsser in der Luft aus dem Heinkel Beobachtungsflugzeug heraus, wie sein entwickelter Suchkopf in der Spitze der Rakete unter allen 145 Bombern genau die (zuvor mit DPM beleuchtet, vom Boden aus funktechnisch markierte) B-29 mit dem „Dead Man" verfolgte und auch zielsicher traf, die erforderliche nukleare Kettenreaktion auslöste und die B-29 samt mitgeführter Atombombe rückstandslos einäscherte?

Wer weiß mehr?

Eine Version der Nike, die Nike Ajax Anti-Aircraft Rakete hatte insgesamt drei Sprengköpfe, weil ein einzelner herkömmlicher Sprengsatz die Rakete nicht als ganzes in viele kleine Schrapnells, wie bei einer Schrotflinte zerlegen konnte.

Es war vorgesehen die komplette Rakete in hunderte von Einzelteilen zu zerlegen, sodass ein Sprengkopf in der Nase, einer in der Mitte der Ajax und ein dritter im Heck untergebracht war.

Das Ziel dieser Version der Ajax Flugabwehrrakete war, die Luft mit unzähligen kleinen, schnell umher fliegenden Bruchstücken, Schrapnells aus der komplett auseinander brechenden Rakete auszufüllen, in dessen tödlichen Wolke von Bruchstücken ein Feindflugzeug hinein fliegt, um die Maschine an allen wichtigen Stellen mit Treffern zu übersähen, damit es letztendlich zu einem Absturz kommt.

Siehe hier auch in jüngster Zeit den Abschuss einer niederländischen Passagiermaschine über der Ukraine, die von einer sich zerlegenden russischen „Bug" Flugabwehrrakete durchsiebt wurde.

Hätten konventionelle Sprengsätze, die sich nur in den Flossen die „Chow Hunt" Flab-Rakete befanden, diese ebenfalls in viele kleine Bruchstücke auseinander brechen lassen können?

Wohl eher nicht! War also die deutsche Kriegsversion der „Chow Hund" eine kleine, leichte, schnell fliegende, rein atomar bewaffnete Flugabwehrrakete?

Wohlmöglich wird man dies alles nie erfahren, weil die gesamte Entwicklung, die Erprobung und ein möglicher Einsatz dieser ehemaligen Luftwaffen-Rakete weiterhin für Jahrzehnte geheim gehalten werden wird.

Denn deutsche „Wunderwaffen", zu denen auch die Flab-Rakete gehörte, sollten für einen nächsten Krieg eingesetzt werden. Da dieser nicht kam und der Kalte Krieg im Grunde die Fortsetzung dieses geplanten Dritten Weltkrieges war, wenn auch er auch – noch nicht – in die heiße Phase gelangte, werden alle deutschen Entwicklungen, die in Ost, wie West in neue Waffensysteme der einstigen Alliierten einflossen, geheim gehalten, um keine Rückschlüsse auf einen schon zuvor geplanten Nuklearkrieg im Sommer 1945 ziehen zu können.

Denn die diversen deutschen Entwicklungen, die bis heute vertuscht werden, sind mittlerweile in anderen Waffensystemen aufgegangen und somit waffentechnisch bekannt. Eine Geheimhaltung wegen einer überlegenen Technologie macht keinen Sinn. Der Sinn der Geheimhaltung liegt darin, das ein Krieg im Sommer 1945 mit erbeuteter oder freiwillig zur Verfügung gestellter deutscher Hochtechnologie geführt werden sollte, und diese Waffen alle ab den 1950er Jahren aufwärts in den Arsenalen der beiden Großmächte für den Kalten Krieg als Eigenentwicklungen vorhanden waren.

Keiner der Großmächte, ob USA oder die vormalige UdSSR, jetzt Russland will zugeben, dass die Waffen, mit denen die beiden Kontrahenten sich grimmig im Kalten Krieg gegenüberstanden, teils aus deutschen Vorarbeiten herrührten, ja sogar bereits im Zweiten Weltkrieg in ihrem Auftrag erprobt wurden und eigentlich schon längst zehn und mehr Jahre zuvor, in 1945 hätten eingesetzt werden sollen.

Insert

Beispiel entnommen aus der Des-Informationgeschichte „*Roswell and the Horten Brothers*", ein absichtlich gefälschter Bericht aus dem Buch von Annie Jacobsen, „*"Area 51: An Uncensored History of America's Top Secret Military Base*":

"It was nighttime on the Rio Grande, 29 May 1947, and Army scientists, engineers, and technicians at the White Sands Proving Ground in New Mexico were anxiously putting the final touches on their own American secret weapon, called "Hermes".
…
Two of these German scientists were now readying „Hermes" for its test launch. One, Wernher Von Braun, had invented this rocket, which was the world's first ballistic missile, or flying bomb. And the second scientist, Dr. Ernst Steinhoff, had designed the V-2 rocket's brain. That spring night in 1947, the V-2 lifted up off the pad, rising slowly at first, with von Braun and Steinhoff watching intently. „Hermes" consumed more than a thousand pounds of rocket fuel in its first 2,5 seconds as it elevated to fifty feet. The next fifty feet were much easier, as were the hundred feet after that. The rocket gained speed, and the laws of physics kicked in: Aything can fly if you make it move fast enough. „Hermes" was now fully aloft, climbing quickly into the night sky and headed for the upper atmosphere. At least that was the plan. Just a few moments later, **the winged missile suddenly and unexpectedly reversed course.**

Instead of heading north to the uninhabited terrain inside the two-million-square-acre White Sands Proving Ground, **the rocket began heading south toward downtown El Paso, Texas.**

Dr. Steinhoff was watching the missile's trajectory through a telescope from an observation post one mile south of the launch pad, and having personally designed the V-2 rocket-guidance controls back when he worked for Adolf Hitler, Dr. Steinhoff was the one best equipped to recognize errors in the test. In the event that Steinhoff detected an errant launch, he would notify Army engineers, who would **immediately cut the fuel to the rocket's motors via remote control**, allowing it to crash safely inside the missile range.
…
-Ends-

Anmerkung:

Hier konnte man bei der "Hermes" die Treibstoffzufuhr von außen ferngesteuert unterbrechen.

Das Hermes-Projekt, das vom 15. November 1944 bis 31. Dezember 1954 in den USA lief, wurde als Antwort auf die deutschen Raketenangriffe aufgelegt, um herauszufinden, welche Raketen die U.S. Army zukünftig benötigte, um einen Feind mit modernen Waffen wirksam begegnen zu können.

Am 20. November 1944 erhielt die U.S. Firma General Electric Company einen Auftrag zur Entwicklung von Langstreckenraketen, die sowohl für Bodenziele als auch Luftziele, wie hoch fliegende Flugzeuge geeignet waren.

Gegebenenfalls war zu diesem Zeitpunkt die deutsche Flab-Rakete von Dr. Braun bereits wirkungsvoll über Schweinfurt getestet worden und galt als Vorbild für weiterentwickelte U.S. Raketen.

Dabei wurden Raketenmotore wie Staustrahlantriebe, Fest- und Flüssigstoffantriebe, sowie Hybridantriebe, also eine Stufe mit Flüssigtreibstoff und eine zweite mit Feststoff untersucht. Dazu entwickelte GE das gesamte Bodenzubehör, wie Feuerleitstelle, Zielsuchsysteme und Fernsteuerung (die man auch über Schweinfurt in 1944 bereits hätte erprobt haben können, um die Erfahrungswerte den Amerikanern weiterzuleiten).

Projekt Hermes war das zweite Raketentestprogramm der U.S. Army.

Das erste war ein Vertrag, der mit dem California Institute of Technology und den „Guggenheim Aeronautical Laboratories" (Guggenheim, Förderer von Robert Goddard, dessen Raketen Vorbilder für das spätere A-4-Programm in Peenemünde wurden) geschlossen wurde, um Lenkraketen zu entwickeln.

Das Hermes-Programm sollte zuerst alle verfügbare Literatur über Raketen heraussuchen, sowie in Europa deutsche Raketen aufspüren und untersuchen (ggfs. über Spionage oder freiwilliges Weitergeben von Informationen - eventuell über die „Sonderprojektgruppe Breslau" - an U.S. Stellen, wie über „Büro Laux" via Lissabon, Portugal).

Im Dezember 1944 wurde eine erste Analyse der V-2 vorgenommen. Alle Teile, die man nur habhaft werden konnte, wie aus abgestürzten Raketen, Versagern, die in Schweden und anderswo herunterkamen, wurden genauestens untersucht. Dazu brauchbare Teile wieder aufgearbeitet, wieder zu Untergruppen zusammengebaut oder gar neu gefertigt, V-2 Teile modifiziert, um die Funktions- und Wirkungsweise der Rakete herauszufinden.

Hinzu kam noch der geheime Austausch an Informationen, Blaupausen, Mikrofilmen ect., der unter anderem, neben Schweden, über Lissabon in Portugal lief, wo innerhalb der Diplomatenpost auch geheime Unterlagen aus Peenemünde den Besitzer wechselt haben könnten.

Wobei auch umgekehrt, General Electric den Deutschen Vorschläge unterbreitet haben könnte, um Langstreckenraketen für das zukünftige Schlachtfeld USA vs. UdSSR in Peenemünde und anderswo zu konstruieren. Siehe als Beispiel der mögliche Vorschlag einer Mach schnellen Langsteckenabwehrrakete, die das Homeland der USA schützen sollte, wie die „Chow Hund", die über Schweinfurt auf Eindrucksvollerweise getestet worden sein könnte.

Wobei man sich fragen kann, was die offizielle Geschichtsschreibung noch alles außer Acht lässt, was den geheimen und tatsächlichen Entwicklungsstand bezüglich diverser Raketen, ob für Flugabwehr oder Langstreckenraketen betrifft. Ob als Projekte in den USA und abgewandet, nachvollzogen in Nazi-Deutschland und Peenemünde, um diese noch im Krieg auf Tauglichkeit und auf das zukünftige Einsatzkonzept zu testen.

Denn einen so großen Krieg, den die Alliierten auch noch aus dem Hintergrund kontrollierten, den man gleichzeitig als riesigen Truppenübungsplatz und Versuchsgelände heimlich nutzen konnte, um unter anderen tödliche Atomwaffen an lebenden Menschen auszuprobieren, diese Gelegenheit ist bis heute nie wieder gekommen und wird auch in diesem Ausmaß nie wieder kommen!

Denn die Amerikaner brauchten dringend Raketen, um ihr Territorium vor Angriffen des zukünftigen Gegners Sowjetunion zu schützen, oder mit Langstreckenraketen den kommunistischen Gegner im Osten anzugreifen. Und das ab Sommer 1945 und nicht erst im später aufkommenden Kalten Krieg, wie einem die Propaganda gerne weiß machen möchte, die natürlich davon ablenken will, dass auch ein Dritter, weltweiter Totaler Atomkrieg gewünscht und aus dem Hintergrund abgeknickt war!

Sodass man gezwungenermaßen auf Peenemünde und Wernher von Braun und deren großartigen Erfahrungsschatz angewiesen war, ja sich darauf verlassen musste, da dort eine große und funktionierende Organisations- und Forschunkstruktur vorhanden war und die Möglichkeit bestand, die neuen Waffensysteme gleich vor Ort in einem militärischen Einsatz ausprobieren zu können. Denn Nazi-Deutschland diente ja als riesiger „Proving Ground", als Truppenübungsplatz, um all die neu entwickelten, zuvor nie da gewesenen Waffen live zu testen, was in der demokratischen USA in dieser brutalen Härte mit unzähligen Toten unmöglich war.

Schoss also eine oder mehrere der neuen Flab-Raketen, konstruiert für die Luftwaffe, die 145 U.S. Bomber im Oktober 1944 am Himmel von Schweinfurt mit samt dem Atombomber ab, die alle in einem Nuklearen Blast verdampften und deren Reste als „dampfende Knödel", als zusammen gebackene Aluminiumhaufen zur Erde segelten?

Oder griff man zur Sicherheit lieber auf den bewährten Rammstoß, hier mit kleinen, unbemannten und nuklear bestückten Flugscheiben mit Rammschiene zurück, die die Bomber rammten, daraufhin explodierten und in einem atomaren Holocaust den U.S. Bomberverband dahin schmelzen ließen?

Wer die Dokumente dazu vorliegen hat, sollte sie eines Tages bitteschön veröffentlichen!

Major Robert L. Cardenas

Hier ergänzend einige Informationen zu dem, von Ernst Heinkel erwähnten Major Cardenas, der versäumt hatte, ob aus Unkenntnis oder Absicht, dass der Chefkonstrukteur und äußerst talentiert Flugzeugkonstrukteur Siegfried Günter im Westen blieb, oder in die USA ging.

Stattdessen lancierte man Dr. Günter in die SBZ und weiter nach Russland, damit er half, die Russen überhaupt erst zu einem ebenbürtigen Kriegsgegner im nächsten Krieg zu machen.

In dem Buch „*Stürmisches Leben*", Sonderausgabe Europäischer Buchclub, o.D. schreibt Ernst Heinkel u.a.:

„In Landsberg machte ich halt und suchte Siegfried Günter, der Mitte **April 1945** in den letzten Kriegswochen noch mit etwa fünfunddreißig anderen Angestellten meines Konstruktionsbüros nach Landsberg ausgewichen war und nochmals ein primitives Büro eingerichtet hatte. Ich fand ihn, den bedeutendsten Flugzeugstatiker und Aerodynamiker, den Europa in jener Stunde besaß, mit seiner Frau in einem kleinen Zimmerchen.

Er arbeitete mit zehn meiner anderen Leute, drunter Töpfer, in einem Technischen Büro, das der **amerikanische Major Cardenas** auf einem **Flugplatz in Pensing bei Landsberg eingerichtet hatte.**

In den ersten Wochen nach dem Einmarsch der Amerikaner in Landsberg, Ende April, hatte Töpfer vergebens versucht, die amerikanische Militärregierung auf die Anwesenheit und Bedeutung Günters aufmerksam zu machen.

Günter war, wie in all den vielen Jahren zuvor, selbst zu weltfremd, um sich in den Vordergrund zu spielen. Erst später war Cardenas von einer höheren amerikanischen Dienststelle gekommen und hatte das Büro eingerichtet, in dem Günter bei meinem Besuch gegen ziemlich klägliche Bezahlung, aber trotzdem glücklich, überhaupt, als Wissenschaftler tätig sein zu können, arbeitete.

Seine Arbeit umfasste nicht nur alles, was wir seit der Ablehnung der He 280 und unabhängig von der He 162, sozusagen als Griff in die Zukunft, an unbekannten Strahlflugzeugprojekten entwickelten, sondern er beschäftigte sich **überwiegend auch mit neuen Nurflügelflugzeugen.** Ich hoffte bei diesem Besuch in Landsberg, daß Günter hier oder in Amerika selbst ein dauerndes Tätigkeitsfeld finden würde.

Ich kannte ihn. Es gab für Günter nur intensive Arbeit. Ich sagte dies auch **Cardenas**, als er einige Zeit später mit Günter zu einem kurzen Besuch zu mir nach Windsbach kam.

Aber wenige Wochen später, **Ende September 1945, löste Cardenas das Büro in Pensing auf.** Er fuhr nach England. Er teilte Günter zwar noch mit, daß der Aufbau eines größeren Büros in Wiesbaden geplant sei und daß er ihn dann holen werde, aber Cardenas gab niemals mehr ein Lebenszeichen von sich, und von amerikanischer Seite wurde niemals mehr nach Günter gefragt, obwohl Töpfer noch mehrmals auf ihn und seine außerordentliche Bedeutung aufmerksam machte.

Günter blieb hoffnungsvoll bis zum Frühjahr 1946 in Landsberg, bis seine letzten Mittel erschöpft waren. Er äußerte in den letzten Wochen Töpfer gegenüber immer häufiger, er könne nicht anders, er müsse Flugzeuge entwickeln. Und wenn ihn der Westen nicht mehr haben wolle, dann müsse er vielleicht für den Osten arbeiten.

. . .

Stattdessen zog ihn (Günter) das sowjetische Spezialflugzeug-Konstruktionsbüro OKB IV in Berlin-Friedrichshagen zu sich hinüber. Günter führte dort unsere letzten Projekte fort und wurde in die Sowjetunion gebracht, wo er nach meiner Überzeugung an Konstruktionen mitarbeitete, die heute für die außer-sowjetische Welt vielfach zu Problemen geworden sind. (MiG-15 in Korea, Anm.d.A.) Erst als sein Aufenthalt und seine Leistungen in der Sowjetunion bekannt wurden, erhielt ich eine ständig wachsende Anzahl amerikanischer Anfragen nach Günter und seinem Schicksal."

Wer war Major Cardenas? Gehörte Cardenas, wie auch Major Hazen, zur „Technical Intelligence Section" der USAAF?

Im Jahre 1939 meldete sich Cardenas zur „California National Guard, wurde 1940 Flugschüler und wurde „Second Lieutenant" im Army Air Corps in 1941.

Er half im Jahre 1942 die „Army Air Corps Glider School" zu gründen. Er wurde nach Wright Field abkommandiert machte schnell Karriere und wurde letztendlich Leiter der „Flight Test Unit", „Experimental Engineering Laboratory", Wright Field.

Major Cardenas, hatte ab 1942 auf der berüchtigten und geheimnisumwitterten U.S. Basis Wright Field, Dayton, Ohio im dortigen „Material Command" eine sichere Funktion als Testpilot.

Interessant ist, warum nun Maj. Cardenas in Europa, im Januar 1944 als B-24 Bomber Pilot bei der „506 Bomb Squadron" eingesetzt wurde. Seinen ersten Einsatz flog Cardenas am 21. Januar und im März 1944, bei seinem 20. Einsatz wurde „Commanding Pilot", Capt. Cardenas in seiner B-24 „Liberator" durch Flak und Jägerangriffe abgeschossen.

Die „Liberator" wurde schwer beschädigt, zwei Triebwerke brannten und ein Flak-Splitter durchbohrte Cardenas Stahlhelm und verletzte ihn am Kopf.

Sein Kopilot navigierte den B-24 Bomber geistesgegenwärtig in Richtung der neutralen Schweiz. Da aber die Maschine zu schwere Beschädigungen aufwies, musste die Besatzung notgedrungen die B-24 aufgeben und mit dem Fallschirm abspringen.

Die Trümmer der „Liberator" stürzten bei Fehralthof auf Schweizer Boden. Cardenas landete dummerweise auf der deutschen Seite des nahen Bodensees mit seinem Fallschirm. Um den Nazis und einer Gefangenschaft in einem Stalag Luft zu entgehen, schwamm er durch den See hinüber auf die Schweizer Seite. Dort wurde Cardenas in ein Schweizer Lager für internierte amerikanische Flugzeugbesatzungen eingeliefert. In Adelboden gab es ein Internierungslager nur für amerikanische Offiziere. Später wurde Cardenas nach Dübendorf, nahe Zürich befehligt, um Schweizer Offiziere auf erbeuteten amerikanischen Bomber einzuweisen.

Am 27. September 1944 konnte Cardenas mit Hilfe Schweizer Zivilisten nach Frankreich fliehen, wo er Unterstützung von französischen Widerstandsgruppen enthielt. Er wurde nach England ausgeflogen und zurück in die Vereinigten Staaten geschickt.

Anmerkung:

In Adelboden schienen schon andere Internierte eine Flucht im Jahre 1944 versucht zu haben. Man wollte über Italien die Alliierten in Rom erreichen.

Für internierte Strafgefangene, darunter eben auch alliierte Soldaten, die aus der Schweiz fliehen wollten, gab es in Wauwilermoos eines von drei Strafgefangenenlager für alliierte Soldaten, wo sehr strenge Bedingungen herrschten. Der Lagerkommandant in Wauwilermoos war ein Freund, ein Sympathisant der Deutschen und behandelte die Ausländer, auch die amerikanischen Flieger dementsprechend schlecht.

Captain Robert L. Cardenas, der in Adelboden einsaß, konnte das Lager in Wauwilermoos besuchen und schildert in seinen Erinnerungen, dass die Schlafgelegenheiten aus alten Holzplanken bestanden oder nur Stroh auf dem Boden . . . Amerikanische Strafgefangene, die einen Ausbruch versuchten, oder sich sonst wie verdächtig machten und unangenehm auffielen, wurden physischer Gewalt ausgesetzt und litten an Hunger, Kälte und krankheitsbedingten Leiden, da unter anderem keine sanitären Einrichtungen im Lager vorhanden waren. Die Bedingen im Schweizer Lager Wauwilermoos waren praktisch identisch mit den unhaltbaren Verhältnissen in deutschen KLs.

Interessant, dass Cardenas, der in der Schweiz amerikanische Flugzeuge für Schulungszwecke fliegen durfte, auch andere Lager besuchen konnte, wo Kameraden aus der USAAF interniert waren.

Alles in allem eine tolle Geschichte über diesen Mann! Cardenas ein wahrer „American Hero", der einen Absturz bei Friedrichhafen überlebte, wo die „Manzell Werke" von den Amerikanern angegriffen wurden. Trotz Kopfverletzung durchschwamm er den Bodensee, um auf der richtigen, rettenden Seite, in der neutralen Schweiz, Schutz vor einer Gefangennahme durch die Deutschen zu erhalten.

Anmerkung:

In Ortsteil Manzell von Friedrichshafen befanden sich unter anderem die Dornier Flugzeugwerke. Dort wurde die Do 335 „Pfeil" in Serie gebaut.

In Friedrichshafen befanden sich zudem die „Luftschiffbau Zeppelin", die A-4 Raketen herstellten, die Maybach Motorenwerke (Panzermotoren), Zahnradgetriebeherstellung sowie eben die Dornier Werke.

Ein lohnendes Ziel für alliierte Bombenangriffe, das natürlich auch schwer verteidigt wurde. Genau hier wurde Cardenas, ein Offizier und wertvoller Erprobungspilot aus Wright Field abgeschossen.

Als Internierter in der Schweiz hatte Cardenas sogar das Vergnügen, Schweizer Piloten das Fliegen auf U.S. Bombern beizubringen.

Ja, sogar Kontakte zu Schweizer Zivilisten ermöglichten Cardenas später, aus der Schweiz zu entkommen, obwohl er wusste, was flüchteten alliierten Soldaten, und somit auch ihm in der Schweiz blühen konnte. Nämlich unter anderem in das Lager in Wauwilerrmoos zu kommen, wo die Lebens- und Haftbedingungen unter aller Sau waren. Auch in Frankreich erhielt Captain Cardenas prompt Hilfe und konnte, wahrscheinlich mit einer Westland „Lysander", ein Verbindungs- und Spionageflugzeug zum Absetzen von Agenten hinter feindlichen Linien, schlussendlich nach England entkommen.

Wahrlich, ein Film-, Hollywood reifes Abenteuer, dass man als amerikanischer Offizier in der mächtigen USAAF in den 1940er Jahren erleben konnte.

Jetzt hatte aber die Schweiz, die alles andere als neutral war, zumindest inoffiziell, bestimmt Kontakt zu U.S. Stellen, wie den OSS in Bern und weiteren U.S. Einrichtungen auf Schweizer Boden.

Sodass man von amerikanischer Seite sehr wohl gewusst haben könnte, wer als Offizier und wichtige Person in Schweizer Gefangenenlager für alliierte Piloten einsaß.

Cardenas schien wichtig gewesen zu sein, dass man seine „Flucht" ermöglichte! Unternahm Cardenas inoffiziell, unter dem Deckmantel eines abgeschossenen Piloten in der Schweiz bestimmte Maßnahmen, von denen keiner etwas wissen sollte?

Wohlmöglich bekam Cardenas, nach einer eventuellen geheimen Tätigkeit in der neutralen Schweiz, massive Hilfe und Unterstützung, was die „Ausreise" aus der Schweiz, die

„Einreise" nach Frankreich und die dortige Hilfe durch französische Widerstandsgruppen betrifft. Man organisierte ein Flugzeug und holte Cardenas zurück in die USA, wo er gleich wieder nach Ohio zurückkehren konnte, von wo er einst nach Europa auszog, um gefährliche Bombermissionen hautnah miterleben zu können.

Was machte der U.S. Offizier Cardenas, der seinen schönen Job auf Wright Field, Ohio gegen gefährliche Bombermissionen über dem europäischen Kriegsschauplatz und über Nazi-Deutschland in B-24 „Liberator" Bombern eintauschte, von März bis September 1944 in der neutralen Schweiz?

War es unheimliches Glück, dass er den Absturz überlebte, er schwimmend in die Schweiz entkommen konnte und in der Schweiz selbst sogar wieder fliegen durfte?

Vielleicht hatte sich damals alles genauso zugetragen, wie es in der öffentlich zugänglichen Biographie über Robert L. „Bob" Cardenas bis heute zu finden ist.

In November 1944 nahm Cardenas in den USA an einem Lehrgang für Fluglehrer auf B-24 teil und wurde wieder Testpilot in Wright Field, Ohio. Dort nahm er an weiteren Schulungen der „Experimental Flight Test School" teil und wurde später stellvertretender Chef der „Bomber Section", „Bomber Operation Section", „Flight Test Division" auf Wright Field.

1945 flog Cardenas deutsche Beutemaschinen, wie den zweistrahligen Arado Ar 234 Bomber oder die Me 262. Er wurde Chef-Testpilot für Bomber und flog und testete für die nächsten vier Jahre alle neuen Maschinen, die für das Inventar der USAF vorgesehen waren.

Interessant ist, dass der Aufenthalt von Cardenas in dem besiegten Deutschland kurz nach Kriegsende, wo er ja unter anderem den talentierten Flugzeugkonstrukteur Siegfried Günter oder Ernst Heinkel traf, nicht in seiner geschönten, zensierten Biographie Erwähnung findet.

Major Cardenas schien sich von ungefähr April/Mai bis September 1945 in Deutschland aufgehalten zu haben.

Warum werden diese circa sechs Monate, in denen sich Major Cardenas (mit Unterbrechungen?) in Deutschland und ggfs. in anderen Bereichen in Europa aufhielt, unerwähnt gelassen?

Major Cardenas richtete ein Konstruktionsbüro für Heinkel-Flugzeugkonstrukteure bei Landsberg ein (He 162 und weitere Heinkel-Strahl-Projekte) und wollte sogar bei Wiesbaden ein weiteres Büro für deutsche Luftfahrtingenieure aufbauen.

Was war die Aufgabe von Major Cardenas, der mit Sicherheit nicht der einzige Experte war (Cardenas hatte sich auf Bombenflugzeuge spezialisiert), der aus Ohio kam und den man mit anderen Kollegen aus Wright Field in das besetzte Deutschland ausschwärmen ließ, um auf Beutezug, auf Plünderung deutscher Hochtechnologie im Luftfahrtbereich zu gehen, alles Wichtige abzugreifen und in die USA zu verlagern?

Eine andere geheimnisvolle Figur war Major A.C. Hazen von der Air Technical Intelligence Section (zu der Abteilung, in die auch Major Cardenas abkommandiert wurde, als er sich im besetzten Deutschland aufhielt?) der als Projekt-Offizier für die DM-1 von Dr. Alexander Lippisch verantwortlich zeichnete und ggfs für den bereits realisierten, oder den, zumindest sich im Endstadium der Konstruktion befindlichen, flugfähigen Lippisch P-13 Staustrahljäger zuständig war.

Major Hazen führte diese Projekte General Patton in Prien am Chiemsee kurz nach der Besetzung Bayerns, am 9. Mai 1945 vor, sodass der U.S. General und evtl. Heerführer einer zukünftigen angelsächsischen/deutschen Armee für den Kampf gegen die Sowjetunion, daraufhin den Weiterbau dieses deutschen Hochtechnologie-Flugzeuges befahl (das interessant für die USA in einem Dritten Weltkrieg gewesen wäre).

Major Hazen, auch ein Abenteurer, der die wunderbare Finte inszenierte, in seinem offenen BMW Sport-Coupe, requiriert von einem deutschen Arzt in Rosenheim, gefälschte Unterlagen über bestimmte Staustrahlprojekte von Lippisch zu platzieren, damit sie von russischen Spionen entwendet werden konnten. Was auch geschah. Trotzdem führte das Spielmaterial, oder absichtlich lanciertes Material, das den Russen in die Hände fallen sollte, zu spätern russischen Staustrahlprojekten („Ajax") in der Sowjetunion.

Machte Major Cardenas etwas Ähnliches?

War auch Cardenas ein Projekt-Offizier zur Überwachung und Fortführung bestimmter deutscher Flugzeugprojekte, die für die Angelsachsen wichtig und notwendig für einen Dritten Weltkrieg und schnellen Sieg gegen die Russen gewesen wären?

Organisierte er den Weiterbau, die Weiterentwicklung bestimmter deutscher Flugzeugprojekte?

Wählte er bestimmte, viel versprechender deutsche Hochtechnologie, die für einen Sieg der USA gegen die Sowjetunion von Vorteil waren, aus, um diese deutschen Projekte von rekrutierten deutschen Flugzeugkonstrukteuren, wie Dr. Günter realisieren zu lassen?

Sollte deshalb bei Wiesbaden ein großes Design-Büro für Flugzeugbauer entstehen, in dem auch Dr. Siegfried Günter die „MiG-15", das entsprechende deutsche Heinkel-Strahljägerprojekt, nun für die Amerikaner entwickeln und bauen sollte?

Flugzeuge, die bei Heinkel in der Projektierung waren und in der einen oder anderen Art und Weise für die Amerikaner realisiert werden sollten? Wie später die MiG-15, an der Dr. Siegfried Günter bei den Sowjets arbeitete und von der Ernst Heinkel behauptete, er hätte diesen Strahljäger selbst gebaut, hätte der Krieg noch länger gedauert?

Waren die Majore Cardenas, Hazen und eventuell noch einige weitere Angehörige der ATIS aus Wright Field, wo man sich mit deutscher Hochtechnologie im Flugzeugbau sehr gut auskannte, dafür ausersehen, in Deutschland das Feld für einen Dritten Weltkrieg vorzubereiten?

Als der nächste, atomar geführte Weltkrieg nicht kam, verschwand Cardenas spätestens im September 1945 aus Deutschland, ließ Ernst Heinkel und vor allen Dingen Dr. Günter hilflos zurück, der nun sehen musste, wie er seine Familie ernähren konnte und deshalb (freiwillig oder auf Anweisung bestimmter Kreise) zuerst nach Ost-Berlin und später nach Russland ging, um die MiG-15 zu realisieren, die eine wichtige Rolle im Koreakrieg spielte, u.a. als Kanonenfutter für die amerikanische NAA F-86 „Sabre" Jets.

Wanderten einige der deutschen Projekte, die für einen Dritten Weltkrieg von den Amerikanern und Briten vorgesehen waren, dann auf verschlungene Pfade in die Sowjetunion, damit die Kommunisten im Kalten Krieg einen ebenbürtigen Gegner mimen konnten?

Wie die Mig-15, bzw. das entsprechende deutsche Projekt von Heinkel, oder Lippischs Staustrahl-Hochgeschwindigkeitsjäger und Bomber, woraus dann später das russische „Ajax-Projekt" wurde?

Wird deshalb die Tätigkeit von Major Cardenas in Deutschland in der unmittelbaren Zeit nach Ende des Zweiten Weltkrieges und des möglichen Beginns des Dritten Weltkrieges vertuscht, zensiert, da es ja keine abtrünnigen U.S. Truppen geben darf, die mit willigen deutsche Soldaten gegen Russland gekämpft hätten?

Wusste Cardenas etwas von diesen geheimen Machenschaften, der Kollaboration mit den Deutschen und hatte der (inszenierte) Aufenthalt von Cardenas in der neutralen Schweiz im Jahre 1944 mit dem nächsten Krieg zu tun?

Ob Major Cardenas und die anderen Experten aus Wright Field wirklich Freunde der Deutschen waren, darf bezweifelt werden. Sie arbeiteten für die USA, die „Herren der Welt", die alles nur Erdenkliche unternehmen, um ihre Macht und Einfluss auf der Welt weiter auszubauen und zu festigen. Falls gewisse Strategien nicht funktionieren, werden sie abgebrochen und daran Beteiligte lässt man einfach fallen. Dies war damals mit den Nazis der Fall, und eine ähnliche Vorgehensweise kann man auch aktuell (Stand 2019) von der Trump-Administation in den USA erkennen.

Was war die wirkliche Mission von Cardenas, ob in der Schweiz oder nach Kriegsende in Deutschland? Man weiß es nicht!

Wie auch die Spekulation über die 44th Bomb Group, die B-24 „Liberator" und ihre Besatzungen für verschiedene Angriffsmissionen auf Ziele in Nazi-Deutschland oder im besetzten Europa stellte:

Die 44th Bombardment Group war die erste „VIII Bomber Command" B-24 „Liberator" Staffel, die in England stationiert worden war.

Die Staffel flog u.a. einen gefährlichen Einsatz gegen Marine-Einrichtungen der Wehrmacht in Kiel im Mai 1943. Dafür erhielt die Staffel eine "Distinguished Unit Citation", eine dementsprechende Belobigung für den ungewöhnlichen und gefährlichen Einsatz über Norddeutschland.

Von Juni bis August 1943 flog die 44. Gruppe Einsätze von Libyen, Nord Afrika aus gegen Süd-Europa. Außerdem beteiligte sich die Staffel an der Bombardierung der Ölraffinerien in Ploesti, Rumänien. Dafür bekam die Gruppe wieder eine Belobigung.

Im Oktober 1943 wurden die Messerschmitt-Werke in Wiener Neustadt angegriffen, bei der sich die Gruppe mit insgesamt 25 Maschinen beteiligte und dabei acht eigene B-24 Bomber verlor.

Zwischen Oktober 1943 und Juni 1945 flog die Staffel strategische Bombereinsätze über Europa. Insgesamt flog die 44. Gruppe 343 Missionen in 8.009 Einsätzen und warf 18.980 to

Bomben ab. Die 44. Gruppe verlor 153 Flugzeuge, „Missed in Action", MIA, die im Kampf verloren gingen, abgeschossen oder schwer beschädigt wurden.

Die 44. war die Staffel, die die meisten B-24 Liberator Bomber von allen Liberator-Staffeln verlor, hatte die meisten deutschen Jäger abgeschossen und operierte länger in Europa, als jeder andere B-24 Staffel.

Und ausgerechnet in dieser Staffel mit hohen Verlustraten und gewagten Einsätzen flog Major Cardenas als Pilot mit.

Warum flog Major Cardenas nicht Fighter Missions in U.S. Jagdflugzeugen, wie P-51 Mustang? Aber er war ja Experte für Bomberflugzeuge und sollte wohl Erfahrungen mit echten Bombenmissionen über Feindgebiet für Wright Field sammeln, damit man zukünftige amerikanische Bomber dementsprechend verbessern konnte, was die Einsatztauglichkeit, wie u.a. eine wirkungsvolle Abwehrbewaffnung betrifft.

Die Angaben der 44th Group ab 1944 sind recht wage gehalten und Schweinfurt als ein Bombenziel wird nicht erwähnt.

Die 44. Group flog Angriffe innerhalb der „Big Week" Missionen im Februar 1944 gegen deutsche Flugplätze und deutsche Flugzeugwerke und Bombenmissionen in Vorbereitung zur Invasion in der Normandie. Die letzte Einsatzmission wurde am 25. April 1945 geflogen, im Juni 1945 kehrte die Staffel zurück in die USA.

Jetzt könnte man _hochgradig spekulieren_, ob bei dem Leuna-Merseburg Raid am 7. Oktober 1944 . . . , wobei es bei Wikipedia dazu heißt:

„7. Oktober 1944: 114 Bomber der Typen B-17 und **B-24**, 12.25 bis 12.38 Uhr, 278 t Bomben (1.112 Stück). Pathfinder. 2 Maschinen Verlust."

. . . ein gewisses Kontingent, z.B. der 44th Bomb Group von z. B. 14 oder 45 Maschinen aus den 114 Maschinen über Leuna herausgelöst wurde, um nach Schweinfurt umdirigiert zu werden.

Dort sind diese B-24 dann alle in dem Atomexperiment und der heißen Atomexplosion vernichtet worden, spurlos vom Himmel verschwunden.

Es müssen also nicht unbedingt 145 Maschinen gewesen sein, wie der „Wochen-Echo" Zeitungsartikel aussagte, sondern es könnten nur eine kleine Gruppe, von zwanzig, dreißig oder gar vierzig Maschinen beteiligt gewesen sein, die für das Atom-Experiment her halten mussten.

Ob neben vielen anderen Stellen im In- und Ausland, eben auch Wright Field in den Geheimversuch involviert war, ist unklar. Aber man könnte annehmen, wenn die Atomrakete von den deutsche Ingenieuren noch in 1945 in Dayton, Ohio nachkonstruiert wurde, das Wright Field zumindest Kenntnis von dem Atom-, dem „Dead Man" Experiment über Schweinfurt, Unterfranken gehabt habe könnte. Und zwar schon lange vor dem tatsächlichen Ereignis und dafür einige Monate zuvor bereits Vorarbeiten zur Durchführung leistete.

Koordinierte Maj. Cardenas in der Schweiz beim OSS, in Zusammenarbeit mit den deutschen Geheimdiensten und Fachleuten der Atomforschung (Prof. Heisenberg, der in die Schweiz kam) und Allan Dulles vom OSS den Geheimeinsatz über Schweinfurt?

Nach Ende des Atomversuches kehrte Cardenas im Oktober 1944 wieder in die Staaten zurück, um in Wright Field seine zuvor ausgeübte Tätigkeit wieder aufzunehmen.

Wie gesagt, dies ist nur eine wundersame Verschwörungstheorie des Autors und muss nicht, aber auch gar nichts mit der Wirklichkeit zu tun haben.

Was nicht über den Werdegang von Major Robert L. Cardenas im unten genannten Bericht vermerkt ist, ist, dass er sich kurz nach Kriegsende wieder in Europa und in Deutschland aufhielt und zumindest mehrmals den Flugzeugkonstrukteur Ernst Heinkel getroffen hatte.

```
... Ich (Ernst Heinkel) kannte ihn (Maj. Cardenas). Es gab für Günter
nur intensive Arbeit. Ich sagte dies auch Cardenas, als er einige
Zeit später mit (Dr.) Günter zu einem kurzen Besuch zu mir nach
Windsbach kam.
```

Aber wenige Wochen später, **Ende September 1945**, löste Cardenas das Büro in Pensing auf. **Er fuhr nach England.** Er teilte Günter zwar noch mit, daß der Aufbau eines **größeren Büros in Wiesbaden** geplant sei und daß er ihn dann holen werde, aber **Cardenas gab niemals mehr ein Lebenszeichen von sich**, ...“

Anmerkung:

In Pensing bei Landsberg musste Maj. Cardenas wohl Informationen abgegriffen haben, was Flugzeugprojekte von Heinkel betraf, und was die Ingenieursgruppe um den talentierten und besten Flugzeugkonstrukteur in Europa, Dr. Siegfried Günter unter Aufsicht der Amerikaner ausarbeiten, nachkonstruieren oder neu entwerfen musste.

Wohlmöglich war Maj. Cardenas dafür zuständig, alle interessanten und geheimen deutsche Flugzeugprojekte ausfindig zu machen - in Zusammenarbeit mit anderen Offizieren, die denselben Auftrag, wie Maj. Hazen hatte, also alles Wichtige aus der deutschen Flugzeugproduktion abzugreifen, auf Tauglichkeit für zukünftige Luftkriege zu prüfen und alles Wichtige unverzüglich in die USA, wie z.B. nach Dayton zu schaffen. Wenn möglich sogar mit dem dazugehörigen, qualifizierten Personal (s. Dr. Edse, Dr. Braun und Dr. Noeggerath in Wright Field).

Und ausgerechnet den besten Flugzeugkonstrukteur in Europa, Dr. Siegfried Günter wollten die USA nicht haben?

Merkwürdig!

Dafür verhalf Dr. Günter den Russen zu dem besten und erfolgreichsten Strahljäger, der in Korea als Jagdflugzeug zum Einsatz kam, die MiG-15!

Zufall?

Ob bei Wiesbaden (Schierstein?) tatsächlich ein Konstruktionsbüro unter Aufsicht der USA eröffnet werden sollte, oder dies nur eine Hinhaltetaktik war, um die arbeitslosen deutschen Flugzeugkonstrukteure zu beruhigen, ist unklar.

Auf alle Fälle schien Maj. Cardenas ein wichtiger Mann innerhalb der Erprobungs- und Auswertungsgruppe auf Wright Field gewesen zu sein. Deshalb ist es unklar, warum man diesen Spezialisten auf gefährliche B-24 Bombermissionen über Europa befehligt hatte. Wobei der Abschuss in seiner B-24 ja auch tödlich für Cardenas hätte enden können. Und damit seine weitere Karriere bei der U.S. Luftwaffe ein abruptes Ende gefunden hätte. Nimmt man an, dass die Biographie von Maj. Cardenas, so wie sie heute nachzulesen ist, tatsächlich stimmt!

Wie gesagt, der Major schien ein Held gewesen und seine Flucht muss Filmreif gewesen sein.

Anhang

Ein bisschen

Science Fiction
und
Verschwörung

1. Kapitel

Mike saß mit seiner weiblichen Begleitung in seinem italienischen Lieblings-Ristorante und wartete auf die vorhin aufgegebene Bestellung.

Er schaute amüsiert dem Pizzabäcker und Besitzer des Lokals zu, der vor allen Gästen eine große Pizza, seine Pizza Speziale zubereitete.

Der Meister italienischer Spezialitäten begann zuerst mit der Herstellung des Teigs.

Der italienische Bäcker nahm einen großen Klumpen Teig, drückte ihn etwas auseinander und ließ den dicken Fladen langsam in einer flachen Hand rotieren.

Durch die Fliehkraft und des immer schneller Drehens mit der flachen Hand dehnte sich der Teig immer weiter aus, bis er endlich die gewünschte Größe zum Belegen mit den typischen Pizzazutaten erreicht hatte.

„Siehst du, Jenny, wie der Teig immer flacher und weiter auseinander gezogen wird? So, wie Kaugummi, den man auseinander ziehen kann, bis er reißt?"

„Klar, der Untergrund der Pizza muss schön flach und groß sein, damit ich auch genug zu essen bekomme! Denn ich verhungere gleich, wenn Luigi nicht bald mit der Dreherei aufhört!"

Mike lachte und nahm Jenny bei der Hand.

„So ist es mit dem Universum . . . !"

„Was ist mit dem Universum, Mike?"

„Es dehnt sich aus, aufgrund der Fliehkraft, der Rotationsgeschwindigkeit . . . !"

„Na und?"

„Und mit dem Kosmos alles, was je in ihm geschehen ist . . . !"

„Was soll´s!"

„Sommer 1979, und dann ab in die 1980er . . . Das wäre es doch, oder nicht!"

„Du spinnst mit deinen 80er Jahren . . . !"

„Zeitreisen . . . meine Liebe. Time Travel . . . !"

„Das geht doch gar nicht, Mike, das weißt du auch!"

„Ja, was vergangen ist, ist weg, passé!"

„Na, also Mike, geht doch!"

„Unsere Welt ist akausal . . . Das sagen doch genügend Autoren und so!"

„Ich dachte, das wären die Außerirdischen, die vor Jahrtausenden die Erde besucht hatten, mein lieber Mike!"

„Bullshit! Rückstände von Raketenabschüssen, Atombombenexplosionen, den Willys Jeep, den man im 19. Jahrhundert in Malta ausgegraben hatte. Alles irdische Technik der 1940er Jahre aufwärts. Nix mit außerirdisch! Alles das übliche Propagandagequatsche, um gewisse Dinge zu vertuschen, von dem der Pöbel nichts wissen soll!"

„Das sagt der richtige!", lachte Jenny und ließ sich endlich ihre heiß ersehnte Pizza von Luigi kredenzen. Auch Mike bekam seine „Speziale".

„Siehst du, ich ziehe an dem Teig und er . . ."

„Reißt, du Heini!", lachte Jenny und mampfte genüssliche ihre Pizza. „Ich dachte, mit Essen spielt man nicht!"

„Die Schwarzen Löcher . . . Da reißt das Raum-/Zeitgefüge . . . !"

„Bei dir ist auch schon einiges gerissen, gell, Mike!"

„Klar! Der ganze Raum mit allem was darin bis heute geschah, er ist durch die Fliehkraft auseinander gezogen. Solange das ganze nicht reißt, kann man wieder zurück in die Vergangenheit. Wie auf einer Schallplatte, wo Rille für Rille bei einer LP mehrere Musikstücke hintereinander eingraviert sind. So komme ich wieder in die 1980er . . . !"

„Wie soll das gehen?"

„Nix fünfte Dimension, nix Parallelwelt. Entgegengesetzt der Fliehkraft oder besser gesagt, schneller als die Fliehkraft. Mit Überlicht . . . , auf der Schallplatte, entgegen der Drehrichtung, zurück Richtung Zentrum, der Mitte, wo die Platte auf dem Zapfen rotiert, und da aufhören, wo die 1980 beginnen . . . "

„Na, dann viel Spaß!"

„Warte es ab . . . !"

2. Kapitel

„Da drüben ist General Patton. Gerade angekommen!"

„Mit ihm eine ganze Armada an Waffen und Ausrüstung. Ist die Wasserstoffbombe dabei?"

„Yes, Sir!"

„Dann werden wir es den Russen jetzt mal zeigen . . . !"

Ein Eingeborener aus dem tiefen Dschungel Latein Amerikas servierte den beiden U.S. Air Force Offizieren gerade ihre Drinks.

„Kommt aus Brasilien . . . !“

„Dann spricht er portugiesisch?“

„Englisch natürlich!“, grinste Ed.

„What else! Brasilien gibt es doch noch gar nicht.“

„Das ganze Universum wird Englisch sprechen . . . !“

„Wenn wir uns beeilen . . .“

„Hier auf unserer künstlichen Insel vor Brasilien, wie lange werden wir noch sicher sein?“

„Solange die Luftabwehr hält und unsere schnellen Flugabwehrraketen die ICBMs der Russen abhalten . . . !“

„Sonst geht „Atlantis“ unter . . . !“

"Wir werden nie untergehen!"

. . .

-Ende-